しくみがわかる

Kubernetes

Azureで動かしながら学ぶ コンセプトと実践知識

阿佐 志保 著
真壁 徹 著・監修

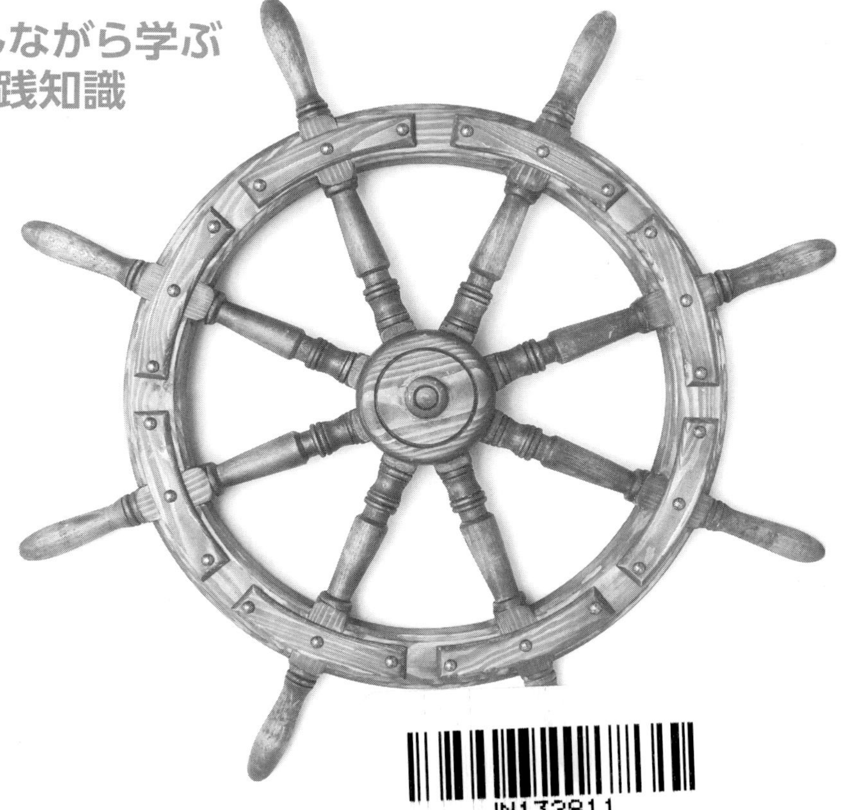

本書内容に関するお問い合わせについて

このたびは翔泳社の書籍をお買い上げいただき、誠にありがとうございます。弊社では、読者の皆様からのお問い合わせに適切に対応させていただくため、以下のガイドラインへのご協力をお願い致しております。下記項目をお読みいただき、手順に従ってお問い合わせください。

●ご質問される前に

弊社Webサイトの「正誤表」をご参照ください。これまでに判明した正誤や追加情報を掲載しています。

正誤表　https://www.shoeisha.co.jp/book/errata/

●ご質問方法

弊社Webサイトの「刊行物Q&A」をご利用ください。

刊行物Q&A　https://www.shoeisha.co.jp/book/qa/

インターネットをご利用でない場合は、FAX または郵便にて、下記"翔泳社 愛読者サービスセンター"までお問い合わせください。
電話でのご質問は、お受けしておりません。

●回答について

回答は、ご質問いただいた手段によってご返事申し上げます。ご質問の内容によっては、回答に数日ないしはそれ以上の期間を要する場合があります。

●ご質問に際してのご注意

本書の対象を越えるもの、記述個所を特定されないもの、また読者固有の環境に起因するご質問等にはお答えできませんので、予めご了承ください。

●郵便物送付先およびFAX番号

送付先住所　〒160-0006　東京都新宿区舟町5
FAX番号　03-5362-3818
宛先　（株）翔泳社 愛読者サービスセンター

はじめに

Dockerが登場してはや6年、コンテナーを取り巻く状況もKubernetes（クーバネティス）を中心とした強力なエコシステムができあがりつつあり、グローバルに展開する先進的なWebシステムだけでなく、いよいよ企業の業務を支えるシステムの領域でもコンテナー技術は大きな広がりを見せ始めています。Kubernetesを企業システムに導入するときは、業務要件やシステム特性を熟考し、アプリケーション開発の方法論も含めたうえで基盤アーキテクチャーを選定することが必要でしょう。その際、Kubernetesが持つプロダクトの良さを最大化するためには、Kubernetesの提供機能だけでなく「Kubernetesが目指すもの」「Kubernetesのしくみ」を正しく理解することが重要です。

本書は、Kubernetesの基本的なしくみを解説した入門書です。抽象化した概念が多く、初学者にとってはやや敷居の高く感じられるKubernetesですが、内部でどのように動いているのか、なぜそのような動きをするのかを、やさしい言葉や図でまとめました。さらに、実際にシステムに導入する際に検討しなければいけないシステムの可用性や拡張性、保守性など、実践的な考え方を丁寧に説明しています。

Kubernetesは、分散システムでコンテナーを運用するためのノウハウが詰まった洗練されたオープンソースソフトウェアです。世界中の優秀な技術者が開発に携わり、現在もなお活発に開発が進んでいるため、本書で網羅的にすべての機能を紹介することはできません。しかし、本書を通して基礎となる考え方を共有し、今後は読者の皆さんと共に進化するKubernetesを学び続けていければ、筆者としてはこの上ない喜びです。

最後になりましたが、タイトなスケジュールの中、多大なるサポートをいただきました翔泳社の皆様にお礼を申し上げます。

また、数々のエンタープライズシステムのアーキテクトとして培われた確固たる高い技術力と、知性と人間性あふれるアメリカンジョークで常に執筆をリードしてくださった共著／監修の真壁徹氏、Kubernetesの生みの親であり、現在も素晴らしいプロダクトを創り続けているBrendan Burns氏に心から感謝いたします。Kubernetesの価値を多くの人々に届けられること、そして彼らと同僚として共に働けることを誇らしく思います。

そして、体もすっかり大きくなりいろいろなことが自分でできるようになった息子のけいたくん、元気にすくすく育ってくれてどうもありがとう。

筆者代表　阿佐 志保

本書を読む前に

対象読者

本書は主に次の方を対象としています。

- Kubernetesをはじめて使う業務アプリケーション開発者
- Dockerの基礎知識がある方

本書の特徴

本書は、Kubernetesをはじめて使うアプリケーション開発者、Dockerの基礎知識がある方を対象として、コンテナーオーケストレーションツールであるKubernetesのしくみ——基本的な機能とその内部動作など——を解説した書籍です。限られた時間で効率よく理解できるよう、できる限り抽象的／難解な言葉を避け、図やイラストを入れて丁寧にわかりやすく解説しているのが本書の大きな特徴です。さらに、実際にシステムに導入する際に検討しなければいけないシステムの可用性や拡張性、保守性などの基礎となる考え方も詳解しています。

動作確認環境

以下のクライアントPC環境で、動作を確認しています。

- OS　：Windows10 Enterprise（1809）
- CPU：インテル Pentium Gold Processor 4415Y
- RAM：8.0GB

本書の表記

紙面の都合によりコードを途中で折り返している箇所があります。1行のコードを折り返す場合は、改行マーク➡を行頭につけています。その他、以下のような囲みで補足説明をしています。

Note

Kubernetesを理解するにあたり知っておくと役に立つ情報です。

Kubernetesに見え隠れするUNIX哲学

Design Principlesでは、一般的な原則としてEric Raymondの「17 UNIX Rules」が挙げられています。1つの目的をうまくこなす機能、シンプルでわかりやすい機能を組み合わせるというUNIXの哲学が根っこにあると感じられます。

Kubernetesは世界中の開発者がアイデアを持ち寄って作られている先進的なソフトウェアです。歴史あるUNIX哲学がそこに見え隠れするのは、興味深いと思いませんか。時は流れても、普遍的な原則は色あせません。

サンプルアプリケーションのダウンロード

本書で説明する環境を構築するコードやサンプルアプリケーションは、GitHubで公開しています。

https://github.com/ToruMakabe/Understanding-K8s

サンプルアプリケーションをダウンロードするときは、次のgitコマンドを使用します。

```
$ git clone https://github.com/ToruMakabe/Understanding-K8s
```

目次

第3部　実践編

NOTE

CHAPTER

01

コンテナーとKubernetes

昨今、ビジネスそのものをITによって変革させるデジタルトランスフォーメーションへの期待が高まりつつあります。その背景で、開発したアプリケーションをなるべく小さな単位で、かつ短いサイクルでデプロイしたいという開発者のニーズは、日に日に大きくなっています。しかしながら少人数の管理者で、大規模な分散環境を安定して運用管理するには、多くの克服すべき課題がたくさんあります。そこで大きく注目されているのがコンテナー技術とコンテナーオーケストレーションツールです。ここでは本書で取り上げるKubernetesとはどのようなものかを説明します。まずは、ざっくり全体像をつかみましょう。

1.1 コンテナー技術の概要

Kubernetes（クーバネティス）はオープンソースのコンテナーオーケストレーションツールです。Kubernetesを理解するうえで、背景にあるコンテナー技術がどのようなものであるかを知ることが重要です。まずは、コンテナー技術の概要について見ていきましょう。

コンテナーとは

コンテナーとは、ホストOS上に論理的な区画（コンテナー）を作り、アプリケーションを動作させるのに必要なライブラリやアプリケーションなどを1つにまとめ、あたかも個別のサーバーのように使うことができるようにしたものです。ホストOSのリソースを論理的に分離し、複数のコンテナーで共有して使います。コンテナーはサーバー仮想化に比べオーバーヘッドが少ないため、軽量で高速に動作するのが特徴です。

通常、物理サーバー上にインストールしたホストOSでは、1つのOS上で動く複数のアプリケーションは、同じシステムリソースを使います。このとき、動作する複数のアプリケーションは、データを格納するディレクトリを共有し、サーバーに設定された同じIPアドレスで通信します。そのため、複数のアプリケーションで使用しているミドルウェアやライブラリのバージョンが異なる場合などは、お互いのアプリケーションが影響を受けないよう注意が必要です。

これに対しコンテナー技術を使用すると、OSやディレクトリ、IPアドレスなどのシステムリソースを、個々のアプリケーションが占有しているように扱うことができます（**図1.1**）。

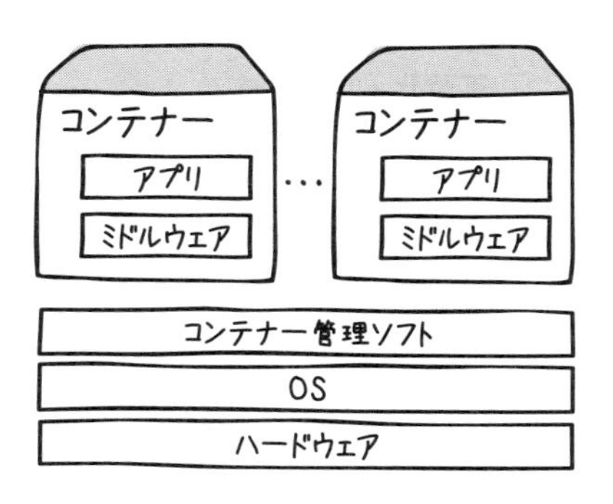

図1.1 コンテナーの構成

コンテナーは、アプリケーションの実行に必要なモジュールをコンテナーとしてまとめられるため、複数のコンテナーを組み合わせて1つのアプリケーションを構成するマイクロサービス型のアプリケーションと親和性が高いのが特徴です。

コンテナー技術はいくつかありますが、現在Kubernetesのデフォルトになっているのが**Docker**（ドッカー）です。Dockerは、アプリケーションの実行に必要な環境を1つのイメージにまとめ、そのイメージを使って、さまざまな環境でアプリケーション実行環境を構築／運用するためのオープンソースソフトウェアです。

- **Docker［公式サイト］**
  https://www.docker.com/

NOTE サーバー仮想化技術あれこれ

クライアントPCでの開発環境の構築やクラウドの仮想マシンサービスなどで広く使われているサーバー仮想化技術は、コンテナー技術とよく似ています。サーバー仮想化技術にはいくつかの方式がありますのでご紹介します。

●ホスト型サーバー仮想化

ホスト型サーバー仮想化は、ハードウェアの上にベースとなるホストOSをインストールし、ホストOSに仮想化ソフトウェアをインストールします。その仮想化ソフトウェアの上でゲストOSを動作させる技術のことです。

仮想化ソフトをインストールして手軽に仮想環境が構築できるため開発環境の構築などによく使われています。Oracleが提供している「Oracle VM VirtualBox」やVMwareの「VMware Player」などがあります。

しかし、この方式は、コンテナーとは大きく異なり、ホストOSの上で別のゲストOSを動かすので、オーバーヘッドが大きくなります。**オーバーヘッド**とは、仮想化を行うために必要になる、無駄なCPUリソース／ディスク容量／メモリ使用量などのことです。

ハイパーバイザー型サーバー仮想化

ハードウェア上に仮想化を専門に行うソフトウェアである「ハイパーバイザー」を配置し、ハードウェアと仮想環境を制御します。代表的なものは、VMware vSphereやMicrosoft WindowsのHyper-VやCitrix Hypervisor（旧称：XenServer）などがあります。ホストOSがなくハードウェアを直接制御するため、リソースを効率よく使用できます。ただし、仮想環境ごとに別のOSが動作するので、仮想環境の起動にかかるオーバーヘッドは大きくなります。ハイパーバイザー型は、製品や技術によってさまざまな方式があります。

コンテナー技術とサーバー仮想化技術はよく似ていますが、目的が異なります。コンテナー技術は、アプリケーションの実行環境をまとめることで可搬性を高め、スケーラブルな環境でも動作することを目指しています。これに対し、仮想化技術の多くは、異なる環境をどう効率よくエミュレートするかというところを目指しています。

コンテナーアプリケーションの開発の流れ

具体的にアプリケーションの開発の流れを見ていきましょう。一般的なWebシステムの開発において、アプリケーションを稼働させるためには、次のものが必要です。

- アプリケーションの実行モジュール
- ミドルウェアやライブラリ群
- OS／ネットワークなどのインフラ環境設定

従来のアプリケーション開発では、**図1.2**のような流れで開発が進みます。そのため、開発環境やテスト環境では正しく動作していても、ステージング環境や本番環境にデプロイすると、正常に動かないこともあります。ステージング環境とは、開発したアプリケーションを本番環境にデプロイする直前に確認する環境のことです。

ここで、コンテナーを使うと、アプリケーションの実行に必要なすべてのファイル／ディレクトリ群を、まるごとコンテナーイメージとしてまとめることができます。そのため**図1.3**のような流れでアプリケーションを開発できます。

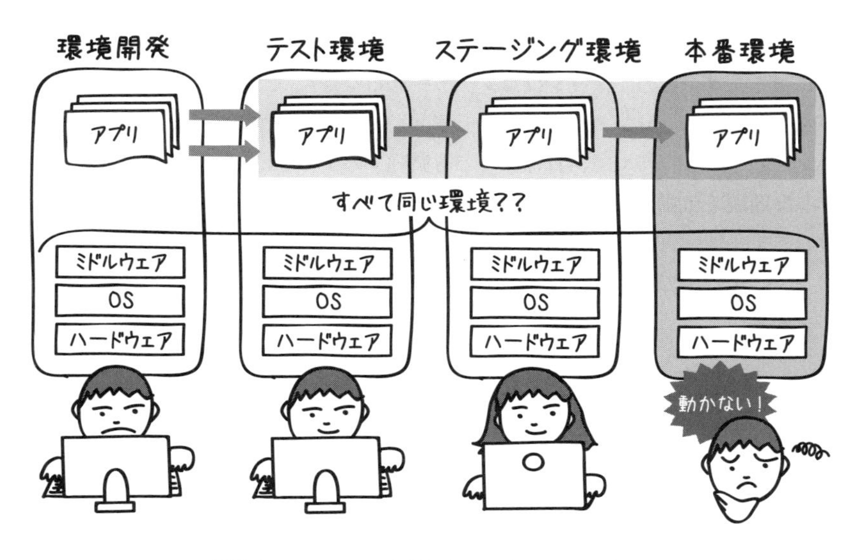

図1.2　コンテナーを使わないときの開発の流れ

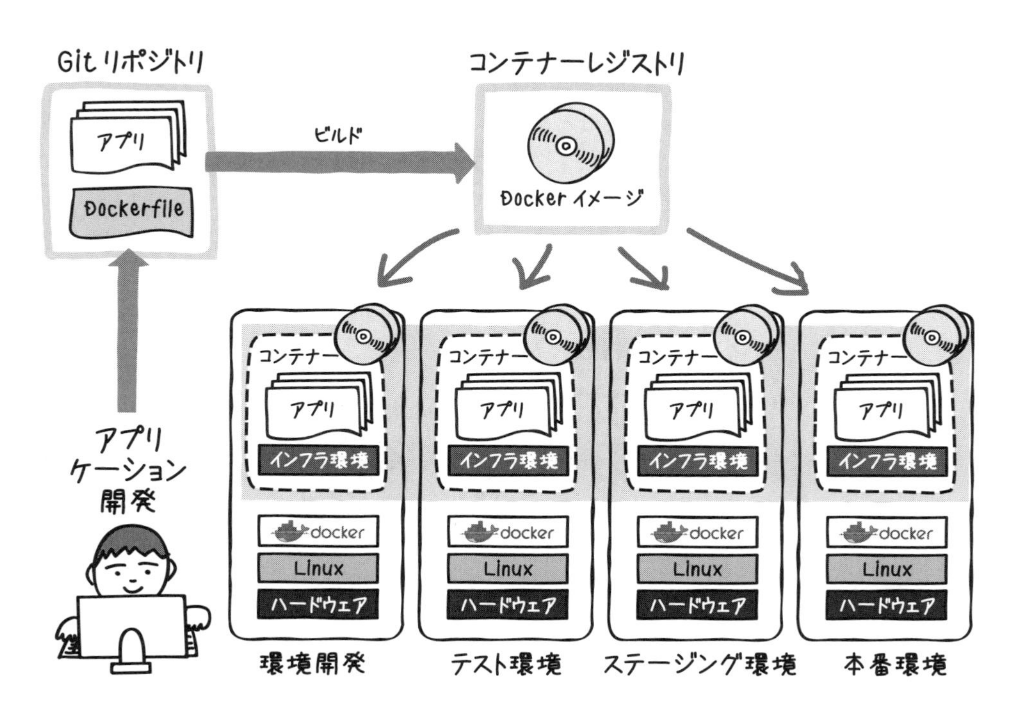

図1.3　コンテナーを使ったときの一般的な開発の流れ

プログラマは開発したアプリケーションの実行に必要なすべてが含まれる、**コンテナーイメージ**を作成します。このイメージはコンテナーのひな形になります。そして、この作成したイメージをもとにして、コンテナーを動かします。このイメージは、OSカーネルに互換性があり、コンテナーが動く環境であればどこでも動作する【※1】ので、「開発／テスト環境では動くけど、本番環境では動かない」リスクを減らすことができます。

そして、アプリケーションの開発からテスト～本番環境へのデプロイが、すべてアプリケーションエンジニアの手で行うことが可能になります。そのため、デプロイのスピードを上げることができます。

(1) コンテナーアプリケーションのビルド (Build)
(2) コンテナーイメージの共有 (Ship)
(3) コンテナーアプリケーションの実行 (Run)

このコンテナーアプリケーション開発の基本となる3つのステップを具体的にDockerの場合で見ていきます。

(1) コンテナーアプリケーションのビルド (Build)

Dockerは、アプリケーションの実行に必要になるプログラム本体／ライブラリ／ミドルウェアや、OSやネットワークの設定などを1つにまとめて**Dockerイメージ**を作ります（**図1.4**）。Dockerでは1つのイメージには、1つのアプリケーションのみを入れておき、複数のコンテナーを組み合わせてサービスを構築するのが推奨されています。

このDockerイメージの正体は、アプリケーションの実行に必要なファイル群が格納されたディレクトリです。

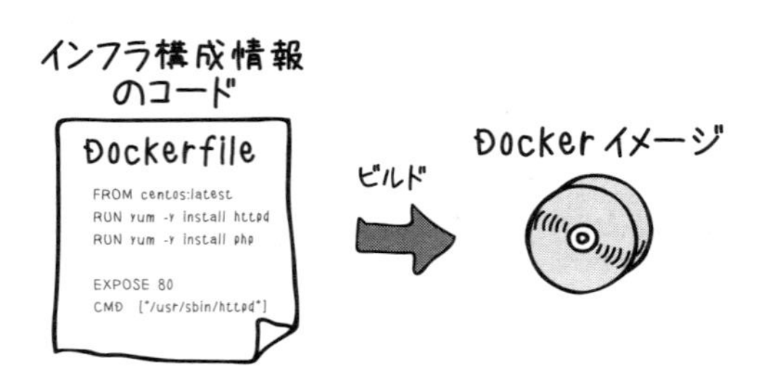

図1.4　コンテナーアプリケーションのビルド

※1　ただし、開発環境で必要なライブラリが実行環境には不要な場合もあります。

(2) コンテナーイメージの共有 (Ship)

コンテナーイメージはレジストリで共有できます（**図1.5**）。たとえば、公式のDockerレジストリであるDocker HubではUbuntuやCentOSなどのLinuxディストリビューションの基本機能を提供するベースイメージが配布されています。これらのベースイメージにミドルウェアやライブラリ、デプロイするアプリケーションなどを入れたイメージを積み重ねて独自のコンテナーイメージを作っていきます。なお、よりセキュアな環境が必要であれば、プライベートなレジストリを使うこともできます。パブリッククラウドの多くは、コンテナーイメージを共有するプライベートなレジストリサービスを提供しているので、これを利用するのがよいでしょう。

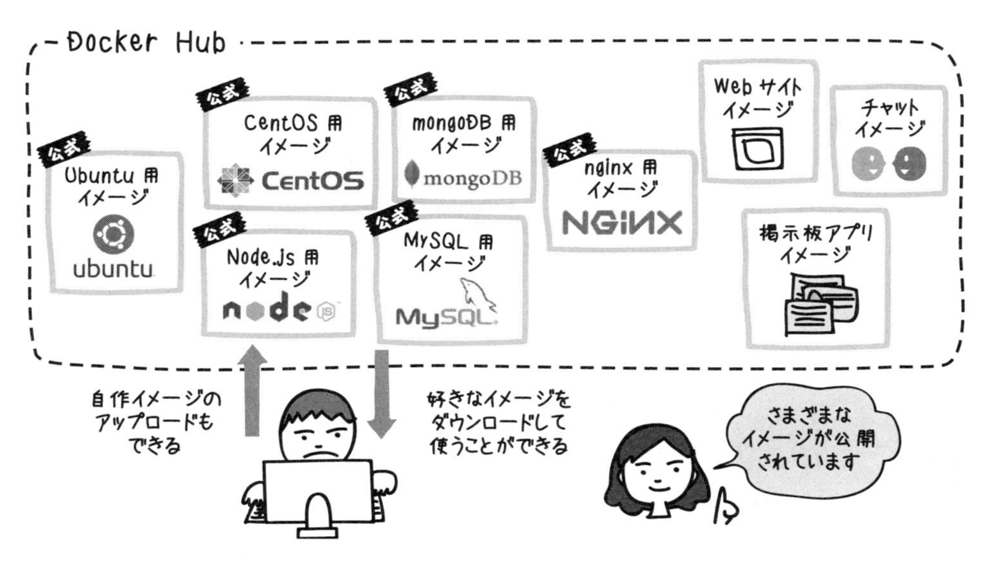

図1.5　Dockerイメージの共有

(3) コンテナーアプリケーションの実行 (Run)

Dockerは、Linux上で、コンテナー単位でサーバー機能を動かします（**図1.6**）。このコンテナーのもとになるのが、Dockerイメージです。Dockerイメージさえあれば、Dockerがインストールされた環境であればどこでもコンテナーを動かすことができます。

また、Dockerイメージから複数のコンテナーを起動することもできます。コンテナーの起動／停止／破棄は、Dockerのコマンドを使います。他の仮想化技術でサーバー機能を起動するためにはOSを起動させるところから始まるため時間がかかりますが、Dockerの場合は、すでに動いているOS上でプロセスを実行するのとほぼ同じ速さで高速に起動します。

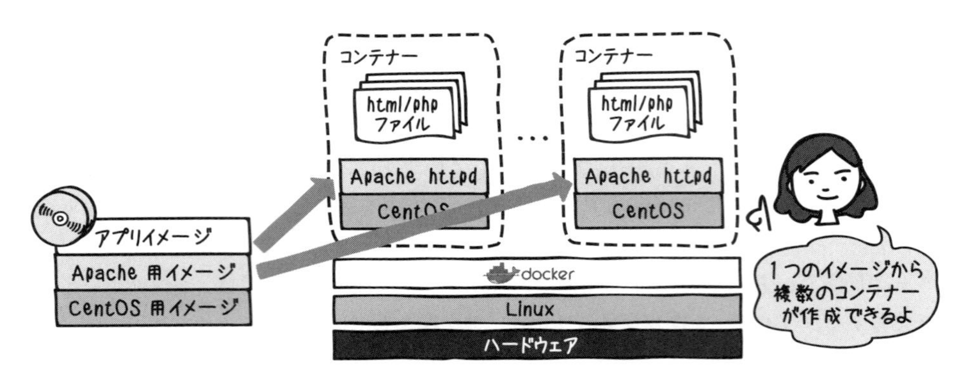

図1.6　コンテナーアプリケーションの実行

たとえばDockerの場合は、1つのOSを複数のコンテナーで共有しています。コンテナー内で動作するプロセスを1つのグループとして管理し、グループごとにそれぞれファイルシステムやホスト名／ネットワークなどを割り当てています。グループが異なればプロセスやファイルへのアクセスができません。

このしくみを使って、コンテナーを独立した空間として管理しています。これらを実現するため、Linuxカーネル機能（namespace、cgroupsなど）やWindowsコンテナー技術が使われています。

1.2 Kubernetesの概要

コンテナーを動かすときは、システムのトラフィックの増減や可用性要件を考慮したうえで、複数のホストマシンからなる分散環境を構築することになります。

分散環境におけるコンテナーの運用管理

コンテナーは、開発環境などのように1台のマシンで稼働させるときは手軽に導入できます。しかしながら、マルチホストで構成されたクラスター構成で稼働させるには、コンテナーの起動／停止などの操作だけでなく、ホスト間のネットワーク接続やストレージの管理、コンテナーをどのホストで稼働させるかなどのスケジューリング機能が必要になります（**図1.7**）。さらに、コンテナーが正常動作しているかどうかを確認するしくみも重要です。

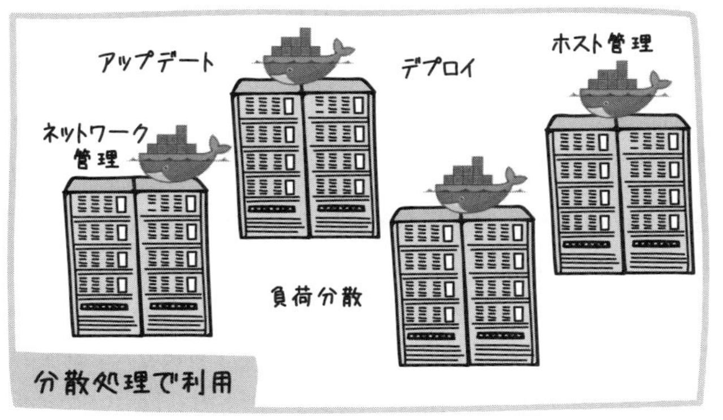

図1.7 分散環境でのコンテナーアプリケーションの実行

これらの機能を備え、コンテナーを統合管理できるツールのことを**コンテナーオーケストレーションツール**と呼びます。ここでは、代表的なコンテナーオーケストレーションツールの概要を説明します。

Kubernetes

本書で取り上げるKubernetesは、コミュニティで開発が進められている、オープンソースのコンテナーオーケストレーションツールです。Cloud Native Computing Foundation（CNCF）が開発を支援しており、Google、Microsoft、Red Hat、IBMなどのエンジニアが積極的に開発に参加しています。機能も豊富で開発スピードも速く、コンテナーオーケストレーションツールのデファクトスタンダードと言っても過言ではないでしょう。

Docker（Swarmモード）

Dockerには、クラスターリング機能を提供するSwarmモードがあります。Swarmモードを使うと、複数のコンテナーをマルチホスト環境で動作させ、それらのコンテナーをまとめて1つのコマンドで操作できます。Docker1.12以前のバージョンでは、Docker Swarmという別コンポーネントが用意されていましたが、現在ではDocker本体にクラスターリング機能が組み込まれています。

Apache Mesos/Marathon

Apache Mesosは、オープンソースのクラスターオーケストレーションツールです。数百から数千のホストを持つ大規模なクラスターにも対応できるように設計されています。複数ホストのCPUやメモリ、ディスクを抽象化して、1つのリソースプールとして扱えるのが特徴です。ただし、Mesosを用いてコンテナーアプリケーションを稼働させるには、別途、コンテナー管理用のフレームワークが必要で、代表的なフレームワークとしてMarathonがあります。

Kubernetesの特徴

Kubernetesは、大規模な分散環境において少人数のエンジニアでコンテナーアプリケーションを管理することを目指したオーケストレーションツールです。

Kubernetesは、Google社内で利用されているBorgというクラスター管理システムのアーキテクチャーをベースにして開発が始まりました。2014年6月から始まり、2015年7月にバージョン1.0となったタイミングでLinux Foundation傘下のCNCFに移管されました。

Kubernetesは、ハードウェアインフラストラクチャーを抽象化し、データセンター全体を単一の膨大な計算リソースとしてみなします。このことで、開発者は実際のサーバーを意識することなく、コンテナーアプリケーションをデプロイして実行できます。また、複数のハードウェアのコンピューティングリソースを有効に活用できます。参照 第7章 「7.3　サービスや製品における実装」p.220

Kubernetesの主な機能は次のとおりです。

- 複数サーバーでのコンテナー管理
- コンテナーのデプロイ
- コンテナー間のネットワーク管理
- コンテナーの負荷分散
- コンテナーの監視
- コンテナーのアップデート
- 障害発生時の自動復旧

これらをどのようなしくみで実現しているのでしょうか？

Kubernetesを理解するうえで、欠かせないキーワードに**宣言的設定**と**APIセントリック**があります。

システム障害の多くは、アプリケーションをバージョンアップした、インフラの構成を変更したなど、何かしらのシステムの変化がトリガーになるものが多いでしょう。

通常のシステム開発／運用では、障害が発生するとエンジニアが状況を確認し、復旧作業を行い、サービスを正常な状態に戻します。Kubernetesでは、「システムのあるべき姿」を定義ファイルに設定し（宣言的設定）、障害が発生しても人間の手を介することなく、あるべき姿に収束させることができます。

NOTE Cloud Native Computing Foundation

Cloud Native Computing Foundation（CNCF）はオープンソースのソフトウェア財団です。2015年に設立が発表されました。CNCFの目的は、最先端のクラウドネイティブコンピューティングを誰でも使えるように、そして持続可能であるようにすることです。Linux Foundation傘下で設立され、Amazon Web Services、Google、Microsoftなどクラウド大手や、Red Hat、Docker、CoreOSなどクラウド技術に関連する主要な企業がメンバーとして参画しています。

現在の主なプロジェクトは以下のとおりです。

Fluentd	ログコレクター
gRPC	RPCフレームワーク
Envoy	サービスプロキシ
CNI	ネットワークAPI
containerd	コンテナーランタイム

CNCFはプロジェクトを「Inception」「Incubating」「Graduated」の3つの成熟度段階で分類しています。このうちKubernetesとPrometheusは、プロジェクトのガバナンスやコミュニティの広がり、プロジェクトとしての組織力など、高い成熟度に達しているため、CNCFの技術統括委員会（Technical Oversight Committee：TOC）に「Graduated」として認定されています。CNCFを卒業というよりは、プロジェクトとして十分に自走できると判断されたというニュアンスでとらえるとよいでしょう。

Kubernetesの導入

コンテナーオーケストレーションツールをオンプレミス環境に導入するには、ハードウェアやネットワークの知識が必要です。クラウドの仮想マシンインスタンスで構築するときは、ハードウェアの管理からは解放されるものの、インフラ環境構築に加えてコンテナーオーケストレーションツール／監視ツールの使い方やシステム運用、障害対応など、多岐にわたるインフラ技術に関する知識が必要になります。一般的に、クラスターの構築／運用は、技術的な難易度が高く、さらにこれらを運用するにはある程度の経験を必要とします。さらに運用負荷はシステムが大規模化するにつれ増大します。

さらにもう1つ大きな問題として、このような大規模なクラスターを管理できるエンジニアが少ないということにあります。クラスターの管理には、インフラ全般の知識や運用経験だけでなく、高度なソフトウェア開発の知識も必要です。場合によってはKubernetes自体の開発に参加することも必要でしょう。このようなエンジニアを複数人常に安定して雇用しておける規模の会社でないと、安定して運用するのは現実的には難しいでしょう。

そのため、Kubernetesをまずは試してみたい、という場合はパブリッククラウドが提供するマネージドサービスを利用するのをおすすめします。ただし、コンテナーオーケストレーションのしくみやKubernetesの実装について、勉強しなくてよい、何も知らなくても簡単に利用できる、という意味ではありません。マネージドサービスの利用は、クラスターのバージョンアップやハードウェアのメンテナンス作業などにかかる作業的な負荷を軽減できるにすぎません。しくみをきちんと理解したうえで正しく利用することで、エンジニアは本業であるアプリケーション開発やコンテナーイメージの作成／実行／テスト、運用ツールの整備などに注力できます。

代表的なパブリッククラウド各社は、Kubernetesマネージドサービスを提供しています。

Amazon Elastic Container Service for Kubernetes (Amazon EKS)

Amazon Web Servicesが提供するKubernetesのマネージドサービスです。ユーザーはKubernetesのコントロールプレーンをインストール／運用保守することなく、Kubernetesクラスターを利用できます。Amazon EKSは、IAMとKubernetes RBACを連携できます。IAMエンティティにRBACロールを割り当てることで、Kubernetesマスターへのアクセス許可を制御できるのが特徴です。また、Amazon VPCでクラスターを実行するため、独自のVPCセキュリティグループおよびネットワークACLを使用できます。

- **EKS［公式サイト］**
  https://aws.amazon.com/jp/eks/

Google Kubernetes Engine (GKE)

Googleが提供するKubernetesマネージドサービスです。GoogleはGmailやYouTubeなど自社で提供するサービスをコンテナーで運用しており、それらの運用ノウハウを随所に盛り込んだサービスであるというのが特徴です。クラスターの自動スケールなどの機能も備えています。GKEはGoogleによって設計および管理されているContainer-Optimized OSで実行されています。

- **GKE［公式サイト］**
  https://cloud.google.com/kubernetes-engine/

Azure Kubernetes Service (AKS)

Microsoftが提供するAzureのコンテナーマネージドサービスです。AWSやGCPと同様にクラウド上にKubernetesのクラスターを作成／運用するサービスですが、加えてビルドツールやCI/CDパイプラインを作成するサービス、Visual StudioなどのIDEやエディター

とのシームレスな統合など、より開発者向けの機能に力を入れているのが特徴です。また、Microsoftはコンテナーデプロイサポートツールである HelmやDraftの開発をリードしています。Kubernetesのみならず、周辺のエコシステムにも注力しているのがポイントで、幅広い業種／業態で利用しやすいでしょう。

- **AKS［公式サイト］**
  https://azure.microsoft.com/ja-jp/services/kubernetes-service/

Kubernetesのユースケース

Kubernetesの起源をたどれば、Googleが提供する自社サービスをコンテナーで運用管理するためのBorgをもとにしたオープンソースソフトウェアです。グローバルに展開するマルチメディアやゲームなど、タイムリーに新機能を提供する大規模なWebサービスに利用されてきました。

しかし、そのプラットフォームとしての可能性はコンシューマー向けシステムだけにとどまりません。高機能で洗練されたアーキテクチャーを持つKubernetesは、オープンソースとなったことでMicrosoftやRed Hatなどエンタープライズシステムを広く扱う企業を中心にコントリビュートが進み、高い可用性やセキュリティ要件が求められる業務システムでの検討が進められています。

ここで、Kubernetesの代表的なユースケースを、Azureのシステムアーキテクチャーに沿って見てみましょう。

既存アプリケーションの移行

オンプレミス環境などで本番運用している既存アプリケーションを、コンテナーに移行して稼働させるときにKubernetesを使うケースです（**図1.8**）。既存アプリケーションからコンテナーイメージを作成し、コンテナーレジストリで一元管理します。Azureを使う場合、レジストリとしてAzure Container Registryが利用できます。Azure Active Directoryとの統合を通じてアクセスを制御することも可能です。また、客観的に見てコンテナー技術は永続データの管理にまだ課題を抱えています。そのため、永続データはコンテナーではなくAzure Database for MySQLなど、外部のデータストアで管理するケースが多いです。

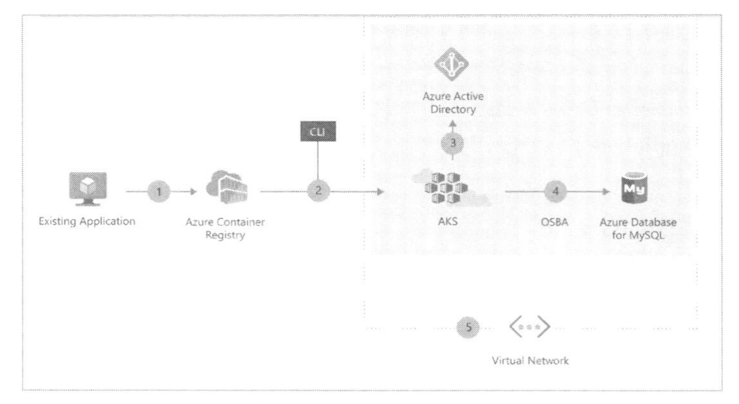

図1.8　既存アプリケーションの移行のパターン
※引用：https://azure.microsoft.com/ja-jp/services/kubernetes-service/

マイクロサービスの運用管理

マイクロサービス型のアプリケーションを運用したいときにKubernetesを利用するパターンです（**図1.9**）。Kubernetesのもつ、水平スケーリング／自己復旧／負荷分散などの機能を活用できます。移行のケースと同じく永続データの管理はコンテナーではなくクラウドのデータ管理サービスを使うのがよいでしょう。Azureの場合、グローバル分散データベースであるAzure Cosmos DBなどを利用し拡張性を高めることができます。また、GitHubやコンテナーレジストリサービスとの連携によるCI/CDパイプラインも検討しましょう。

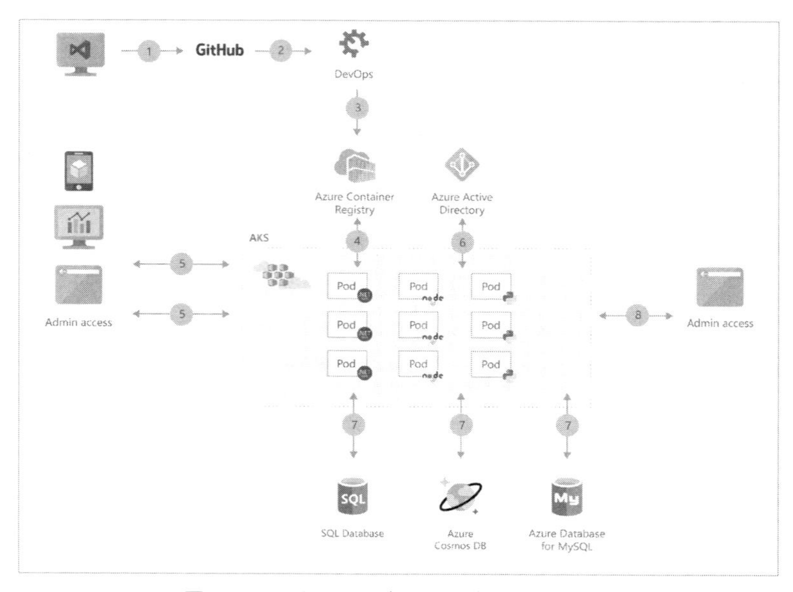

図1.9　マイクロサービスの運用管理のパターン
※引用：https://azure.microsoft.com/ja-jp/services/kubernetes-service/

IoTデバイスのデプロイと管理

IoTの世界では、数百から場合によっては数千～数万ものIoTデバイスが必要となります。Kubernetesを使って、クラウドまたはオンプレミスで実行されるIoTデバイスに対して、必要なコンピューティングリソースをオンデマンドで提供できます（**図1.10**）。

加えて、IoTデバイスに対してアプリケーションの配布を行い、管理することで、作業負荷を大きく減らすことができます。

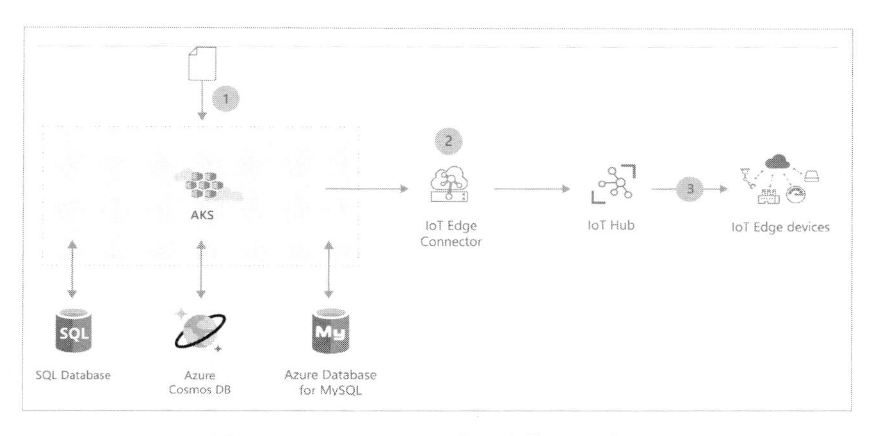

図1.10 IoTデバイスのデプロイと管理のパターン
※引用：https://azure.microsoft.com/ja-jp/services/kubernetes-service/

機械学習のワークロード

Kubernetesを活用する目的の1つに、コンピューティングリソースの有効活用があります。たとえば大規模なデータセットを使用する深層学習のモデルのトレーニングは、パラメーターサーバーや分散学習のためのワーカーノードの管理が必要です。コンピューティングリソースを多く必要とするワーカーノードにはGPUなど高価なハードウェアをオンデマンドで割り当てるよう制御できます（**図1.11**）。また、オープンソースのKubeflowなどのツールを使用して、機械学習の環境を構築できます。

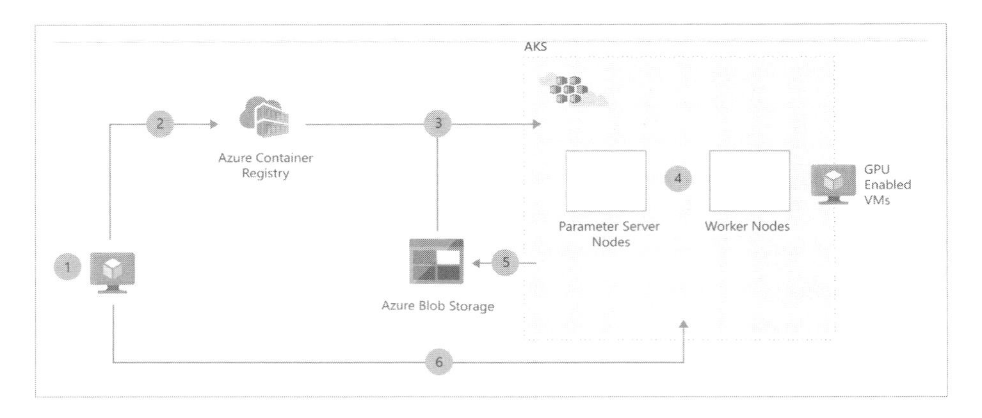

図1.11　機械学習モデルトレーニングのパターン
※引用：https://azure.microsoft.com/ja-jp/services/kubernetes-service/

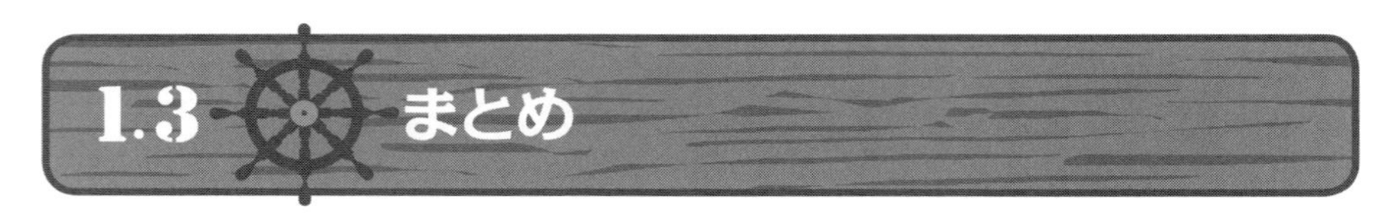

1.3 まとめ

本章では、Kubernetesがどのような生い立ちで、何を実現するものなのかの全体像をまとめました。

- コンテナーの概要とアプリケーション開発の流れ
- 分散環境におけるコンテナーアプリケーションの運用管理
- Kubernetesの概要

Kubernetesは、今日のコンテナーの実行環境のデファクトスタンダードと言っても過言ではないでしょう。その非常に洗練されたアーキテクチャーに魅了された、世界中の多くの優秀なエンジニアたちによって機能拡張が進められている、生きたオープンソースソフトウェアです。

しかしながら、決して魔法の箱というわけではありません。Kubernetesの利用者は、そのコンセプトやしくみを学ぶことが重要です。ただし、インフラストラクチャーに関する前提知識や抽象的な概念も多く、初学者にはやや敷居の高いソフトウェアであることは否めません。

第2章以降では、実際に手を動かしながら、Kubernetesの基本的な機能を通してそのしくみをひも解いていきます。

CHAPTER

02

Kubernetesの環境構築

Kubernetesはコンテナーアプリケーションを分散環境で運用管理するためのオーケストレーションツールです。通常のアプリケーション開発の知識に加えて、コンテナーの基礎知識や開発の流れなどを知っておく必要があります。その際、実際に環境を作って、自ら手を動かすとぐっと理解が進みます。本章では手軽にKubernetesを導入できるパブリッククラウドを用いて環境を構築していきます。

2.1 コンテナーアプリケーション開発の流れ

Kubernetesを動かす前に、全体像について知っておきましょう。ここではKubernetesでのコンテナーアプリケーション開発の流れを説明します。

Kubernetesでの開発／運用の流れ

一般的にコンテナーアプリケーションを開発／運用するときは次のような流れで準備を行います（**図2.1**）。

STEP1 開発環境の準備

エディターやIDEなどをインストールし、開発言語ごとに必要になるランタイムやライブラリを導入します。

STEP2 コンテナーイメージの作成／共有

コンテナーを動かすためにはアプリケーションを動かすために必要なバイナリーとOSやネットワークなどのインフラ設定がすべて含まれた「コンテナーイメージ」を作成します。Dockerの場合、Dockerfileと呼ばれるテキストファイルに構成を記述し、これをビルドしたものを実行環境から利用可能なリポジトリで共有します。

STEP3 クラスターの作成（実行環境の作成）

実際にコンテナーアプリケーションを動かすサーバーをセットアップします。開発環境やテスト環境ではローカルのマシンで動かすこともできますが、サービス公開するときは、自前のオンプレミス環境でシステムを構築するか、またはクラウドのサービスを利用します。Kubernetesは分散環境で、複数のサーバーやストレージなどのコンピューティングリソースがネットワークでつながった環境でそれぞれ異なる役割を持ちつつ協調してコンテナーアプリケーションを動かします。これらを**Kubernetesクラスター**と呼びます。

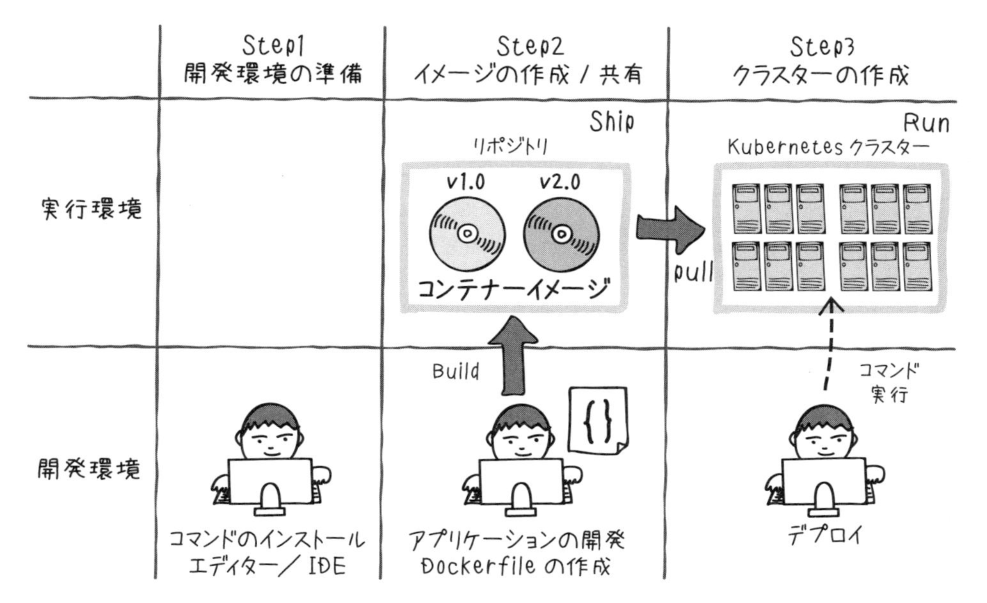

図2.1　Kubernetesを使った開発の流れ

AzureのKubernetes関連サービス

Kubernetesクラスターを作るためには、複数のサーバーや仮想マシンにKubernetesをインストールし、ネットワークの設定などを行わなければなりません。検証のために開発環境で動かすだけなら、公式サイトの手順に従って環境構築を行えば、簡単にクラスターができあがります。しかし、クラスターを運用するとなると、サーバーの冗長化やKubernetes自身のバージョンアップなどを自前で行う必要があります。

また、実際に大規模な業務系システム開発などで利用するには、IDEやエディターなどの開発ツールの整備や、CI/CD環境の構築など、アプリケーション開発以外の環境整備に作業負荷がかかるでしょう。

本書では、サンプルコードをもとに実際に手を動かして理解を深めていただくために、Microsoftが提供するパブリッククラウドサービスである**Azure**を使って環境を構築する手順を説明します。

Azureは執筆時点で**表2.1**のコンテナー関連サービスを提供しています。

表2.1　Azureが提供する主なコンテナー関連サービス

<table>
<tr><th></th><th>サービス</th><th>説明</th></tr>
<tr><td rowspan="5">実行環境</td><td>Azure Kubernetes Service (AKS)</td><td>Kubernetesのマネージドサービス。要件に応じてKubernetesクラスターを生成／運用管理ができる</td></tr>
<tr><td>Azure Container Instances</td><td>手軽にコンテナーアプリケーションを実行するためのサービス</td></tr>
<tr><td>Service Fabric</td><td>マイクロサービスの開発とコンテナーのオーケストレーションサービス</td></tr>
<tr><td>Web App for Containers</td><td>業務に合わせてスケーリング可能なコンテナー化されたWebアプリケーションを開発するためのPaaS</td></tr>
<tr><td>Azure Batch</td><td>バッチジョブを実行するためのサービス</td></tr>
<tr><td rowspan="3">開発環境</td><td>Azure Container Registry (ACR)</td><td>コンテナーイメージを保存／管理するためのレジストリ。プライベートな環境で運用できる</td></tr>
<tr><td>Azure DevOps Projects</td><td>AzureでCI/CD環境を構築するためのサービス。実行環境としてKubernetesを選ぶことが可能</td></tr>
<tr><td>Azure Dev Spaces</td><td>Visual Studio 2017/Visual Studio Codeを使用して、Kubernetesの開発およびデバッグを行うためのサービス</td></tr>
</table>

本書では主に、

- Azure Kubernetes Service（AKS）
- Azure Container Registry（ACR）

を利用します。Azureのアカウントを持っていない場合は、以下のサイトの手順をもとに作成してください。登録にはクレジットカードが必要です。

https://azure.microsoft.com/ja-jp/free/

また、開発ツールとしてMicrosoftが提供するVisual Studio Codeを使います。

なおAmazon Web Services（AWS）やGoogle Cloud Platform（GCP）のサービスを使って動かすときは、公式サイトを確認してください。

- **AWS［公式サイト］**
  https://aws.amazon.com/

- **GCP［公式サイト］**
  https://cloud.google.com/

2.2 開発環境の準備

それでは、開発環境の準備をしていきましょう。

Visual Studio Codeのインストール

Visual Studio Code（以降、VS Code）はMicrosoftが提供するオープンソースのソースコードエディターです。無償で利用でき、WindowsだけではなくmacOSやLinuxでも動作します。

また、Visual Studio Marketplaceで提供されている拡張機能を組み込み、カスタマイズして使えます。DockerやKubernetesの設定ファイルの作成を支援する拡張機能もあります。

- **VS Code［公式サイト］**
  https://code.visualstudio.com/

現在VS Codeが提供する主な機能は次のとおりです。

- デバッグ機能
- 構文ハイライト
- IntelliSense（入力補完機構）
- Gitとの連携
- タスクの自動実行
- 拡張機能の組み込み
- 統合ターミナル機能

インストーラーはVS Code公式サイトのトップページまたはダウンロードページからダウンロードできます。

開発用PCに合わせてWindows/Linux/macOSを選んでダウンロードし、インストールします。手順と動作環境の詳細については公式サイトを参照してください。

NOTE Visual Studio Codeの拡張機能

Visual Studio Code（以降、VS Code）はさまざまな拡張機能が用意されているのが特徴です。VS Code内で拡張機能をインストールするときは［表示］→［拡張機能］を選択するか、キーボードで［Ctrl］＋［Shift］＋［X］キーを入力します。

ここでは、コンテナー開発に便利な拡張機能を紹介します。

●Docker Support for Visual Studio Code (Microsoft)

VS Codeの拡張機能の検索バーに「Docker」と入力すると、いくつかの拡張機能が表示されます（**図2.A**）。ここでは、Microsoftが提供するDocker拡張機能をインストールします。

これにより、Dockerfile/docker-compose.ymlファイルの構文ハイライトや、IntelliSense、Dockerコマンドのコマンドパレットが利用できるようになります。またDocker HubやAzure Container Registryで公開しているDockerイメージをもとにして、Azureが提供するPaaSであるAzure App Serviceにデプロイできます。

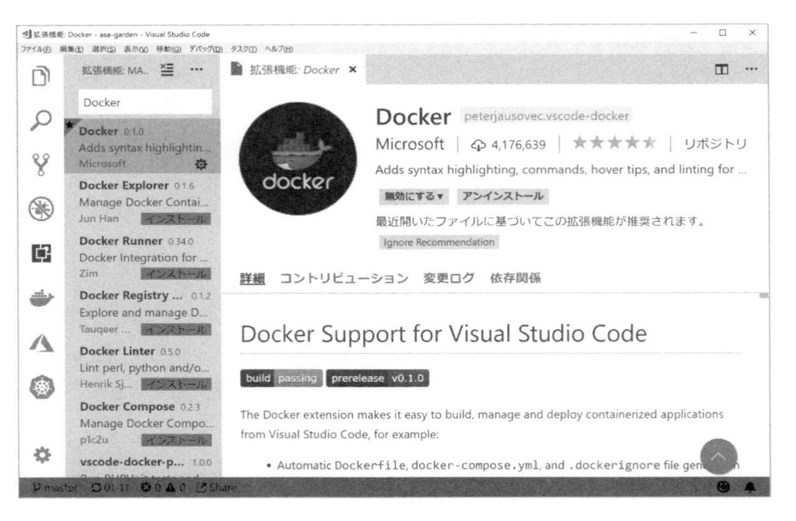

図2.A VS CodeのDocker拡張機能

●Visual Studio Code Kubernetes Tools (Microsoft)

図2.BはMicrosoftが提供するKubernetesクラスターへのデプロイやクラスター操作をサポートするための拡張機能です。

依存関係でインストールされるYAML Support by Red HatによりKubernetesのマニフェストファイルの構文サポートや入力補完も有効になります。

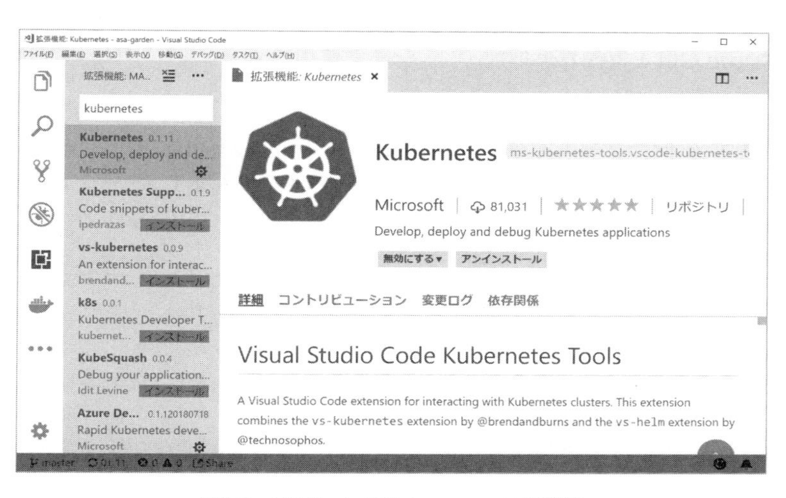

図2.B VS CodeのKubernetes拡張機能

なお、この拡張機能を利用するためには、あらかじめ以下のコマンドがインストールされ、環境変数PATHに設定されている必要があります。

- dockerコマンド
- gitコマンド

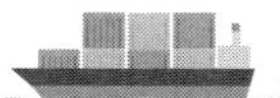 Azure CLIコマンドのインストール

Azureを使ってコンテナー関連サービスの構築や管理を行うときはWebのAzureポータルからでも可能ですが、コマンドを利用するほうが便利です。ここでは、Azureのサービスを管理するためのAzure CLIコマンドをインストールしましょう。Azure CLIコマンドはWindowsだけでなくmacOS/Linuxでも動作します。

Windowsの場合

まず、以下のサイトからMSIインストーラーをダウンロードします。

https://aka.ms/installazurecliwindows

ダウンロードしたインストーラーをダブルクリックしてインストールします。その際、コンピューターに変更を加えるかどうかをたずねるメッセージが表示されたら、[はい]をクリックしてください。

インストールが完了すると、WindowsコマンドプロンプトまたはPowerShellから、azコマンドでAzure CLIを実行できます。

macOSの場合

Homebrewパッケージマネージャーを使ってインストールします。ターミナルから次のコマンドを実行します。

```
$ brew update && brew install azure-cli
```

Homebrewがない場合は、以下のサイトに従ってインストールしてください。

https://docs.brew.sh/Installation.html

Linuxの場合

Linuxのディストリビューションによってインストール手順が異なります。たとえばUbuntu、Debianの場合は、ターミナルから次のコマンドを実行します。

```
$ AZ_REPO=$(lsb_release -cs)
$ echo "deb [arch=amd64] https://packages.microsoft.com/repos/azure-cli/
➡$AZ_REPO main" | \
    sudo tee /etc/apt/sources.list.d/azure-cli.list

$ curl -L https://packages.microsoft.com/keys/microsoft.asc | sudo apt-key add -

$ sudo apt-get install apt-transport-https
$ sudo apt-get update && sudo apt-get install azure-cli
```

CentOS、RHELの場合は、ターミナルから次のコマンドを実行します。

```
$ sudo rpm --import https://packages.microsoft.com/keys/microsoft.asc
$ sudo sh -c 'echo -e "[azure-cli]\nname=Azure CLI\nbaseurl=https://packages.
➡microsoft.com/yumrepos/azure-cli\nenabled=1\ngpgcheck=1\ngpgkey=https://
➡packages.microsoft.com/keys/microsoft.asc" > /etc/yum.repos.d/azure-cli.repo'

$ sudo yum install azure-cli
```

これでインストールが完了しました。Azureにサインインするために、az loginコマンドを実行します。

```
$ az login
```

ブラウザが開きサインインページが開きます。そこでコマンドの指示に従って認証コードを入力します。

続いて、Azureのサービスを利用するため、次のコマンドを実行してリソースプロバイダーを有効にします。

```
$ az provider register -n Microsoft.Network
$ az provider register -n Microsoft.Storage
$ az provider register -n Microsoft.Compute
$ az provider register -n Microsoft.ContainerService
```

インストール手順は変更になることがあります。最新の情報は以下の公式サイトを確認してください。

- **Azure CLIのインストール**
  https://docs.microsoft.com/ja-jp/cli/azure/install-azure-cli

NOTE Azure CLIコマンドの出力形式

azコマンドはデフォルトで、次のようなJSON形式でコマンド実行結果を出力します。

```
$ az group create --resource-group $ACR_RES_GROUP --location japaneast
{
  "id": "/subscriptions/xxxxxxxx/resourceGroups/sampleACRRegistry",
  "location": "japaneast",
  "managedBy": null,
  "name": "sampleACRRegistry",
  "properties": {
    "provisioningState": "Succeeded"
  },
  "tags": null
}
```

コマンドの出力形式を都度変更するときは、--outputオプションで形式を指定します。また、恒久的に形式を変更したい場合は、次のコマンドを実行して設定します。これは、コマンドの出力形式をTable形式にする例です。

```
$ az configure

Welcome to the Azure CLI! This command will guide you through logging in
and setting some default values.
～中略～
What default output format would you like?
 [1] json - JSON formatted output that most closely matches API responses
 [2] jsonc - Colored JSON formatted output that most closely matches
➡API responses
 [3] table - Human-readable output format
 [4] tsv - Tab- and Newline-delimited, great for GREP, AWK, etc.
Please enter a choice [1]: 3
～

$ az group create --resource-group $ACR_RES_GROUP --location japaneast
Location    Name
----------  -----------------
japaneast   sampleACRRegistry
```

なお、JSONやTable形式以外にもタブ区切りで出力できるので、UNIXパイプでgrepやAWKを使って特定のフィールドを抜き出したいときは、こちらを使うと便利でしょう。コマンドのヘッダ情報を出力したくないときは、--no-headersオプションを指定します。

kubectlコマンドのインストール

Kubernetesクラスターを操作するには、ブラウザのGUIを使う方法やプログラムの中からAPIを呼び出す方法などがありますが、一般的に広く利用されているのが、コマンドによる操作です。

kubectlコマンドは、Kubernetesクラスターの状態を確認したり、構成を変更したりするためのものです。これを開発のためのクライアントマシンにインストールします。現在、Windows/macOS/Linuxで動作します。

Windowsの場合

以下のサイトから最新のリリースv1.11.4をダウンロードして任意の場所に置きます。コマンドを利用できるよう、環境変数PATHにバイナリーを置いた場所を追加します。

https://storage.googleapis.com/kubernetes-release/release/v1.11.4/bin/windows/amd64/kubectl.exe

なお、PowerShell Galleryパッケージマネージャーや Chocolateyパッケージマネージャーを使ったインストールもできます。詳細な手順については公式サイトを確認してください。

- **Install with Powershell from PSGallery**
  https://kubernetes.io/docs/tasks/tools/install-kubectl/#install-with-powershell-from-psgallery
- **Install with Chocolatey on Windows**
  https://kubernetes.io/docs/tasks/tools/install-kubectl/#install-with-chocolatey-on-windows

macOSの場合

Homebrewパッケージマネージャーを使用してインストールします。ターミナルから次のコマンドを実行します。

```
$ brew install kubernetes-cli
```

Linuxの場合

Linuxのディストリビューションによってインストール手順が異なります。たとえばUbuntu、Debianの場合は、ターミナルから次のコマンドを実行します。

```
$ sudo apt-get update && sudo apt-get install -y apt-transport-https
$ curl -s https://packages.cloud.google.com/apt/doc/apt-key.gpg | sudo apt-key
➡add -
$ sudo touch /etc/apt/sources.list.d/kubernetes.list
$ echo "deb http://apt.kubernetes.io/ kubernetes-xenial main" | sudo tee -a /
➡etc/apt/sources.list.d/kubernetes.list
$ sudo apt-get update
$ sudo apt-get install -y kubectl
```

CentOS、RHELの場合は、ターミナルから以下のコマンドを実行します。

```
$ cat <<EOF > /etc/yum.repos.d/kubernetes.repo
[kubernetes]
name=Kubernetes
baseurl=https://packages.cloud.google.com/yum/repos/kubernetes-el7-x86_64
enabled=1
gpgcheck=1
repo_gpgcheck=1
```

```
gpgkey=https://packages.cloud.google.com/yum/doc/yum-key.gpg https://packages.
➡cloud.google.com/yum/doc/rpm-package-key.gpg
EOF

$ yum install -y kubectl
```

これでインストールが完了しました。次のコマンドを実行し、バージョンを確認してください。

```
$ kubectl version
Client Version: version.Info{Major:"1", Minor:"11", GitVersion:"v1.11.1", GitCo
➡mmit:"b1b29978270dc22fecc592ac55d903350454310a", GitTreeState:"clean",
➡BuildDate:"2018-07-17T18:53:20Z", GoVersion:"go1.10.3", Compiler:"gc",
➡Platform:"linux/amd64"}
```

また、Azure CLIを使うとazコマンドを使ってkubectlコマンドをインストールすることができます。Azureの場合はこちらを使ってください。

```
$ sudo az aks install-cli
```

- **[参考] Install and Set Up kubectl**
  https://kubernetes.io/docs/tasks/tools/install-kubectl

NOTE kubectlコマンドとazコマンドの違い

本書ではAzureを使ってKubernetesを学びますが、Kubernetesでは主にコマンドを使ってクラスターを操作します。kubectlコマンドとazコマンドの違いを簡単に言うと、Kubernetesクラスター内で動くコンテナーアプリケーションを操作するのがkubectlコマンドで、Azureを使ってKubernetesクラスターそのものの構築や削除などを行うのがazコマンドです（**図2.C**）。混同しやすいポイントなのでコマンドを実行するときには、クラスターに対して何を行う操作なのかを確認しながら本書を読み進めてください。

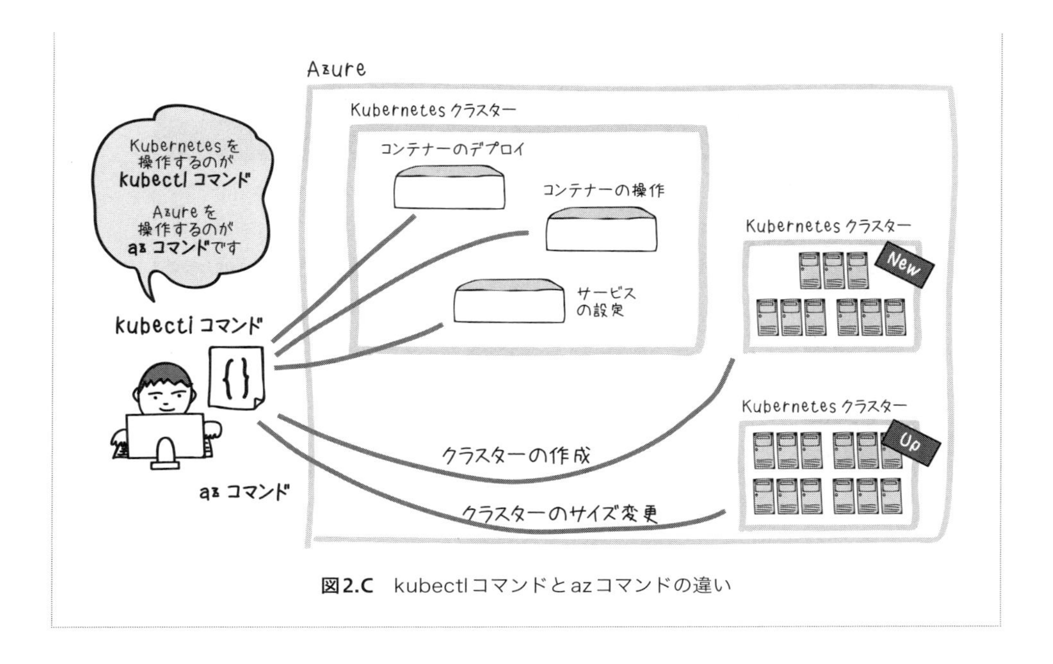

図2.C kubectlコマンドとazコマンドの違い

 Azure Cloud Shellの利用

Azure Cloud Shellは、ブラウザからAzureをコマンドで操作できるWebアプリケーションです。クライアント端末にkubectlコマンドやazコマンドなどをインストールするのが難しい場合に使うとよいでしょう。

- **[参考] Azure Cloud Shellの概要**
  https://docs.microsoft.com/ja-jp/azure/cloud-shell/overview

Azure Cloud Shellを利用するときは、Azureポータルにアクセスし、右上にあるCloud Shellアイコン をクリックします（**図2.2**）。ブラウザ上にターミナル画面が表示されます。Cloud Shellのファイルを永続化するには、Azure Files共有をマウントする必要があります。Cloud Shellの初回起動時に、リソースグループ／ストレージアカウント／Azure Files共有を作成するように求められます。Cloud ShellではBashまたはPowerShellが利用できます。

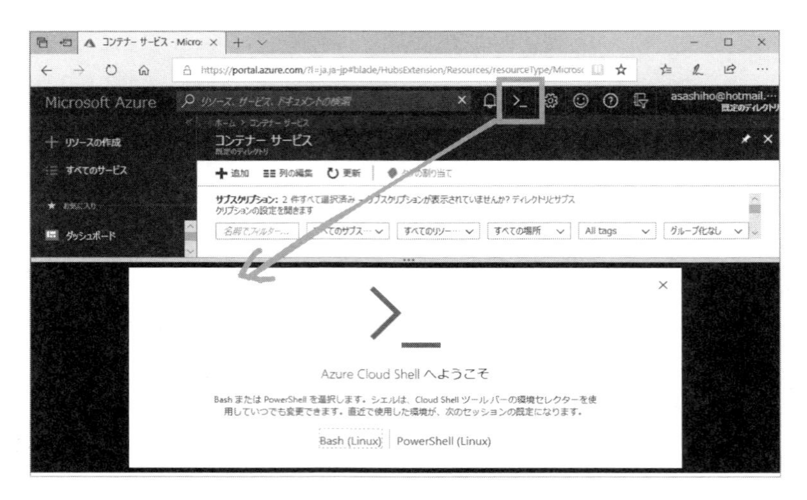

図2.2　ターミナル画面が表示される

Cloud Shellには**表2.2**のツールがあらかじめインストールされています。環境構築をする手間がかからないので便利です。

表2.2　Cloud Shellにインストールされているツール（執筆時点）

種類	ツール
Linuxツール	Bash zsh sh tmux dig
Azureツール	Azure CLI 2.0と1.0 AzCopy Service Fabric CLI
テキストエディター	vim nano emacs
ソース管理	git
ビルドツール	make maven npm pip

種類	ツール
Containers	Docker CLI/Docker Machine Kubectl Helm DC/OS CLI
データベース	MySQLクライアント PostgreSqlクライアント sqlcmdユーティリティ mssql-scripter
その他	iPythonクライアント Cloud Foundry CLI Terraform Ansible Chef InSpec

また、ブラウザ上で利用できる便利なエディター機能もあります。ローカルPCのファイルを、ドラッグ&ドロップでCloud Shellにアップロードできます。

Azure Cloud Shellは、ユーザーごとにセッション単位で一時的に提供されるホスト上で実行されます。Cloud Shellは、セッションが非アクティブな状態で20分経過するとタイムアウトとなります。

2.3 コンテナーイメージのビルドと公開

これで開発環境の準備ができたので、次はKubernetesクラスターで動かすためのコンテナーアプリケーションのイメージを作成します。

Azure Container Registry

Azure Container Registry（以降、ACR）はAzureが提供するコンテナーイメージの共有サービスです。Kubernetesだけでなく、DC/OS、Docker Swarm、Azureが提供するコンテナー実行環境（App Services、Batch、Service Fabricなど）で利用できます。

ACRには次の特徴があります。

複数リージョン間でのレジストリ管理

レジストリが複数のリージョンに複製されます。また、レジストリを実行環境と同じデータセンターに配置することで、ネットワーク待機時間を短縮できます。Azure Container Registryでは、コンテナーイメージがネットワーク上の近い場所に保存され、複数のリージョンに複製できます。

セキュリティとCI/CD連携

Azure Active Directoryと連携して、アクセスを認証、管理することでイメージを保護できます。Webhook機能を持ち、アクションに基づく任意のイベントトリガーが可能です。

コンテナーイメージの自動ビルド

Azure Container Registry Tasksを利用するとコンテナーイメージを自動でビルドできます。ローカル環境で開発したアプリケーションのソースコードとDockerfileをACRに転送して、ACR上でイメージをビルドできます。

- **ACR［公式サイト］**
  https://azure.microsoft.com/ja-jp/services/container-registry/

ACRを使ったコンテナーイメージビルドと共有

それでは具体的にACRを使ってコンテナーイメージのビルドと共有を行っていきましょう。まずは、本書で使用するサンプルアプリケーションのコンテナーイメージをビルドする手順を説明します。ここでは、Windows Subsystem for Linuxを使う例を示します。

(1) レジストリの作成

まず、次のコマンドを実行して、レジストリ名をシェル環境変数ACR_NAMEに設定します。レジストリ名はAzure内で一意にする必要があるため、プロジェクト名など固有の情報を含めるとよいでしょう。レジストリ名は、5～50文字の英数字にしてください。

次のコマンドはシェル環境変数ACR_NAMEに「sampleACRRegistry」という名前を設定する例です。

```
$ ACR_NAME=sampleACRRegistry
```

なお、レジストリ名が利用可能かどうかを調べるときは、次のコマンドを実行します。たとえば「sample」という名前のレジストリ名はすでに利用されているので、割り当てできないことがわかります。重複しない名前をシェル環境変数ACR_NAMEに設定してください。

```
$ az acr check-name -n sample
Message                                  NameAvailable    Reason
---------------------------------------  ---------------  -------------
The registry sample is already in use.  False            AlreadyExists
```

Azureでは「リソースグループ」という論理的な単位でリソースを管理します。

次にコンテナーレジストリを作成する、Azureのリソースグループ名を設定します。こちらもシェル環境変数ACR_RES_GROUPに設定します。リソースグループ名は任意ですが、今回はレジストリの名前と同じ「$ACR_NAME」にします。

```
$ ACR_RES_GROUP=$ACR_NAME
```

次のコマンドを実行して、リソースグループを作成します。ロケーションは東日本リージョン「japaneast」にします。

```
$ az group create --resource-group $ACR_RES_GROUP --location japaneast

Location    Name
----------  --------------
japaneast   sampleACRRegistry
```

これでリソースグループができあがったので、ここにACRのレジストリを作成します。ロケーションは同じ東日本リージョン「japaneast」にします。

```
$ az acr create --resource-group $ACR_RES_GROUP --name $ACR_NAME --sku Standard --location japaneast

NAME               RESOURCE GROUP     LOCATION    SKU       LOGIN SERVER                  CREATION DATE
-----------------  -----------------  ----------  --------  ----------------------------  --------------------
sampleACRRegistry  sampleACRRegistry  japaneast   Standard  sampleacrregistry.azurecr.io  2018-08-05T02:56:53Z
```

ここで、LOGIN SERVERの値を確認します。これがコンテナーレジストリのアクセス先になります。第3章以降で使用するので、ひかえておきましょう。

(2) サンプルのダウンロード

レジストリができたので、ACR Buildを使用して、サンプルコードからコンテナーイメージをビルドします。次のコマンドを実行してサンプルコードをダウンロードします。サンプルアプリケーションは各章ごとに分かれています。ここでは、chap02を使います。

```
$ git clone https://github.com/ToruMakabe/Understanding-K8s
$ cd Understanding-K8s/chap02/
```

NOTE 環境変数の参照

Linuxで、先頭に$をつけると、環境変数を参照するという意味になります。たとえば、$ACR_NAMEは「sampleACRRegistry」が設定されているので、シェル環境変数ACR_RES_GROUPにも「sampleACRRegistry」が設定されます。次のechoコマンドを実行して確認してみましょう。

```
$ echo $ACR_NAME
sampleACRRegistry

$ echo $ACR_RES_GROUP
sampleACRRegistry
```

本書の手順では、何度も利用する変数をシェル環境変数で設定しているため、コマンドを実行したときにエラー等が出る場合は、echoコマンドで設定した変数の名前を確認してください。

本書の導入編と基本編で利用するサンプルの全体構成は、**図2.3**のとおりです。

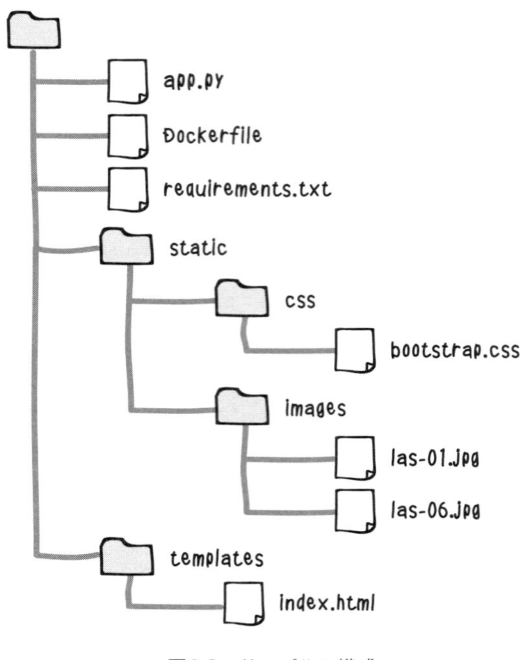

図2.3　サンプルの構成

(3) イメージのビルド

次のazコマンドを実行してビルドします。イメージの名前は「photo-view」とし、イメージの識別のため「v1.0」というタグを設定します。イメージのビルドには数分かかります。

```
$ az acr build --registry $ACR_NAME --image photo-view:v1.0 v1.0/
```

コマンドの結果は次のようになります。サンプルのソースコードをACRにアップロードし、ビルドしているのが確認できます。なお、ACR Buildは内部でdocker buildを使用しています。

```
Sending build context (325.498 KiB) to ACR.
～中略～
Login Succeeded
time="2018-08-05T02:59:34Z" level=info msg="Running command docker build --pull
➡-f Dockerfile -t sampleacrregistry.azurecr.io/photo-view:v1.0 v1.0/"
Sending build context to Docker daemon  484.4kB==============================>]
➡333.3kB/333.3kB
Step 1/11 : FROM python:3.6
～中略～
Step 11/11 : CMD ["python", "/opt/photoview/app.py"]
 ---> Running in a5105655925b
Removing intermediate container a5105655925b
 ---> 4017be453358
Successfully built 4017be453358
Successfully tagged sampleacrregistry.azurecr.io/photo-view:v1.0
time="2018-08-05T03:00:22Z" level=info msg="Running command docker push
➡sampleacrregistry.azurecr.io/photo-view:v1.0"The push refers to repository
➡[sampleacrregistry.azurecr.io/photo-view]
～中略～
ACR Builder discovered the following dependencies:
- image:
    registry: sampleacrregistry.azurecr.io
    repository: photo-view
    tag: v1.0
    digest: sha256:7526e80dc7fc814ebca5e1f4627cab2b049fc24fc9eff75ee7c0c64744bc
➡290f
  runtime-dependency:
    registry: registry.hub.docker.com
    repository: library/python
    tag: "3.6"
    digest: sha256:b96b5eecbb15cc6dc38653d8dac5499955c6088a66f4a62465efa01113c9
➡895c

Build complete
Build ID: ae1 was successful after 1m59.076905171s
```

出力の最後で、ACR Tasksによって、イメージの検出された依存関係が表示されます。

なお、第5章で2つの異なるバージョンのアプリケーションのデプロイを行うため、ここでv2.0のイメージもビルドしておきましょう。コンテナーイメージのタグがv1.0からv2.0になっているので注意してください。

```
$ az acr build --registry $ACR_NAME --image photo-view:v2.0 v2.0/
```

(4) イメージの確認

これでコンテナーのもとになるイメージが作成できました。次のコマンドを実行して確認してみましょう。タグの異なる2つのイメージが生成されています。

```
$ az acr repository show-tags -n $ACR_NAME --repository photo-view

Result
--------
v1.0
v2.0
```

なお、できあがったコンテナーイメージは、Azureポータルからも確認できます。Azureポータル(https://ms.portal.azure.com/)にログインし、メニューから［コンテナーレジストリ］を選択します。ここで、作成した「sampleACRRegistry」レジストリを選択し、［Services］→［Repositories］をクリックすると、作成した2つのバージョンのイメージができているのがわかります（**図2.4**）。

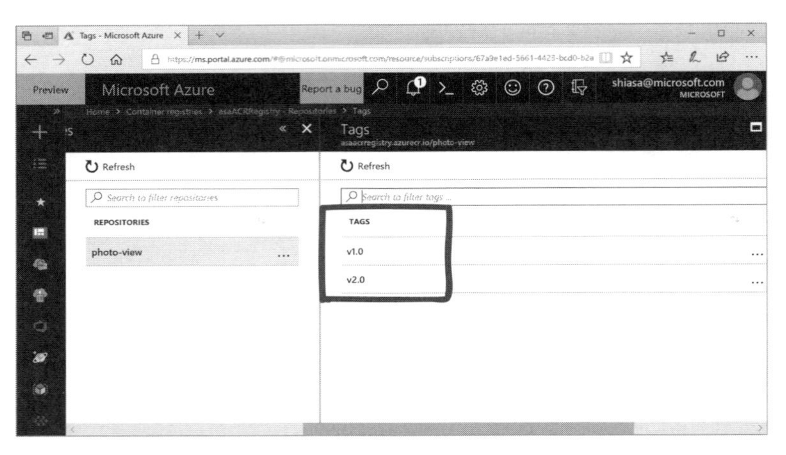

図2.4　リポジトリの確認

また、ビルドタスクを使うとビルド処理を自動化できます。たとえばGitリポジトリへのコミットなどのイベントをビルドタスクで定義すると、イベント発生時にコンテナーイメージのビルドを行います。

本書では詳細な手順は説明しませんが、ACR TasksとGitHubと連携したビルドパイプラインを作成したいときは、以下の公式サイトを確認してください。

- **チュートリアル：Azure Container Registryタスクを使用してコンテナーイメージビルドを自動化する**
  https://docs.microsoft.com/ja-jp/azure/container-registry/container-registry-tutorial-build-task

また、チームで開発するときはAzureが提供するCI/CD環境構築サービスである「Azure DevOps Projects」の利用を検討するとよいでしょう。

- **Azure DevOps Projects［公式サイト］**
  https://azure.microsoft.com/ja-jp/features/devops-projects/

2.4 Azureを使ったKubernetesクラスター作成

Kubernetesクラスターを作成するためにはサーバーの準備に加え、Kubernetesのセットアップ、ネットワークの設定などさまざまな作業が必要です（第7章参照）。

手軽に導入するにはパブリッククラウドのサービスを使うのがよいでしょう。Kubernetesはオープンソースソフトウェアであり、基本的にどのサービスを使っても似たようなことが実現できますが、本書では、Azureが提供するAzure Kubernetes Service（以降、AKS）を使って解説を行います。

AKSを使ったクラスターの構築

それでは、具体的にAKSを使ってKubernetesクラスターを構築していきましょう。

(1) ACRとAKSの連携

先ほどACRで作成したコンテナーイメージは、AKSで作成したKubernetesクラスター上でpullして動かします。そのため、ACRとAKS間で認証を行うため、Azure Active Directoryのサービスプリンシパルを使用します。このサービスプリンシパルとは、Azureのリソースを操作するアプリケーションのためのIDです。

まず、az acr showコマンドを実行して、ACRのリソースIDを取得します。このコマンドで取得したリソースIDをシェル環境変数ACR_IDに設定します。

```
$ ACR_ID=$(az acr show --name $ACR_NAME --query id --output tsv)
```

次に、サービスプリンシパル名をシェル環境変数SP_NAMEに設定します。名前は任意ですが、ここでは「sample-acr-service-principal」とします。

```
$ SP_NAME=sample-acr-service-principal
```

AKSで作成するKubernetesクラスターがACRに格納されているコンテナーイメージにアクセスするためには、ACRからイメージを取得するための適切な権限をAKSのサービスプリンシパルに与える必要があります。

サービスプリンシパルを作成するには、az ad sp create-for-rbacコマンドを実行します。ここでは、シェル環境変数ACR_IDで指定したACRのリソースIDに対して［Reader］（表示のみ）の権限を与えています。また、サービスプリンシパルのパスワードをあとで使うので、シェル環境変数SP_PASSWDに設定しています。

```
$ SP_PASSWD=$(az ad sp create-for-rbac --name $SP_NAME --role Reader --scopes
➡$ACR_ID --query password --output tsv)
```

次に、作成したサービスプリンシパルのIDをシェル環境変数APP_IDに設定します。

```
$ APP_ID=$(az ad sp show --id http://$SP_NAME --query appId --output tsv)
```

念のため、設定したシェル環境変数を確認します。これらの値はAKSでKubernetesクラスターを作成するときに使用します。

```
$ echo $APP_ID
xxxxxxxx-xxxx-xxxx-xxxx-xxxxxxxxxxxx ←―― 実際のIDが表示される

$ echo $SP_PASSWD
xxxxxxxx-xxxx-xxxx-xxxx-xxxxxxxxxxxx ←―― 実際のIDが表示される
```

(2) クラスターの作成

作成するクラスターに任意の名前をつけます。次のコマンドを実行して、クラスターの名前をシェル環境変数ACR_NAMEに設定します。ここでは「AKSCluster」という名前を設定しています。

```
$ AKS_CLUSTER_NAME=AKSCluster
```

次にクラスターを作成するAzureのリソースグループ名をシェル環境変数AKS_RES_GROUPに設定します。リソースグループ名は任意ですが、今回はシェル環境変数AKS_CLUSTER_NAMEと同じにします。

```
$ AKS_RES_GROUP=$AKS_CLUSTER_NAME
```

次のコマンドを実行して、リソースグループを作成します。ロケーションはACRと同じ東日本リージョン「japaneast」にします。ACRとAKSはコンテナーイメージ取得時間の観点から、同じリージョンで動かすのが望ましいでしょう。

```
$ az group create --resource-group $AKS_RES_GROUP --location japaneast

Location    Name
----------  ----------
japaneast     AKSCluster
```

これでリソースグループができあがったので、ここにAKSでKubernetesクラスターを作成します。

クラスター内で実際にアプリケーションを動かすNodeの数は--node-countオプション、仮想マシンのサイズは--node-vm-sizeオプションで指定します。次の例では、Azureの仮想マシン「Standard_DS1_v2」で3台のNodeを立ち上げています。また、Kubernetesのバージョンは--kubernetes-versionオプションで指定しますが、本書では「1.11.4」をもとに検証しています。

```
$ az aks create \
    --name $AKS_CLUSTER_NAME \
    --resource-group $AKS_RES_GROUP \
    --node-count 3 \
    --kubernetes-version 1.11.4 \
    --node-vm-size Standard_DS1_v2 \
    --generate-ssh-keys \
    --service-principal $APP_ID \
    --client-secret $SP_PASSWD
```

クラスターの構築には十数分かかります。作成中は「- Running..」が表示されますが、完了すると「Succeeded」になります。

AKSの利用料金は仮想マシンのサイズと数によって課金額が決まります。

- **［参考］AzureのLinux仮想マシンのサイズ**
  https://docs.microsoft.com/ja-jp/azure/virtual-machines/linux/sizes

(3) クラスター接続のための認証情報の設定

クラスターが作成できたので、このクラスターに接続するための認証情報を取得します。次のコマンドを実行してください。

```
$ az aks get-credentials --adomin --resource-group $AKS_RES_GROUP --name $AKS_
➡CLUSTER_NAME
```

このコマンドを実行すると、.kubeディレクトリに接続情報が書き込まれます。参照 第11章　NOTE「AKSのAdminユーザーの正体」p.302

これですべての準備が整いました。

kubectlコマンドを使ったクラスターの基本操作

AKSを使ってKubernetesクラスターを作成できたら、kubectlコマンドを使ってクラスターを操作できるようになります。kubectlコマンドのリファレンスは付録にまとめていますが、ここではkubectlコマンドの基本的なルールを覚えておきましょう。

kubectlコマンドは、次の構文を使用します。

構文 kubectlコマンド

```
kubectl [コマンド] [タイプ] [名前] [フラグ]
```

コマンド

クラスターに対して何の操作を行うかを指定します。よく使うものはcreate/apply/get/deleteです。詳細情報を確認するときはdescribe、ログを確認するときはlogsを使います。

タイプ

Kubernetesでは、コンテナーアプリケーションであれネットワークの設定であれジョブの実行であれ、すべて「リソース」という抽象化した概念で管理します。このタイプは、短縮名が利用できます。たとえば、次のコマンドはどちらも同じ意味を表します。短縮名の詳細については、付録を参照してください。

```
$ kubectl get pod
$ kubectl get po        ←短縮名
```

```
$ kubectl get deployment
$ kubectl get deploy    ←短縮名
```

```
$ kubectl get horizontalpodautoscalers
$ kubectl get hpa       ←短縮名
```

名前

リソースには識別するための固有の名前がついています。これをリソースの名前として指定します。名前は大文字と小文字を区別します。もし名前を省略すると、すべてのリソースの詳細が表示されます。

フラグ

オプションのフラグを指定します。よく使うのがコマンドの出力を変更する-oまたは-outputオプションです。また、-o=wideオプションを指定すると追加情報まで表示します。

では少し練習してみましょう。

次のコマンドを実行するとクラスターの情報が確認できます。たとえば、Kubernetesで動いているAPIやアドオン機能の状態がわかります。

```
$ kubectl cluster-info

Kubernetes master is running at https://akscluster-akscluster-67a9e1-f0c156b3.
➡hcp.japaneast.azmk8s.io:443
Heapster is running at https://akscluster-akscluster-67a9e1-f0c156b3.hcp.
➡japaneast.azmk8s.io:443/api/v1/namespaces/kube-system/services/heapster/
➡proxy
KubeDNS is running at https://akscluster-akscluster-67a9e1-f0c156b3.hcp.
➡japaneast.azmk8s.io:443/api/v1/namespaces/kube-system/services/kube-dns:dns/
➡proxy
kubernetes-dashboard is running at https://akscluster-akscluster-67a9e1-
➡f0c156b3.hcp.japaneast.azmk8s.io:443/api/v1/namespaces/kube-system/services/
➡kubernetes-dashboard/proxy

To further debug and diagnose cluster problems, use 'kubectl cluster-info
➡dump'.
```

次のコマンドを実行するとクラスター上で動くNodeの一覧が表示されます。ここでは3台のNodeが動いているのがわかります。

```
$ kubectl get node

NAME                         STATUS   ROLES    AGE     VERSION
aks-nodepool1-84401083-0     Ready    agent    9m      v1.11.4
aks-nodepool1-84401083-1     Ready    agent    9m      v1.11.4
aks-nodepool1-84401083-2     Ready    agent    9m      v1.11.4
```

コマンドに-o=wideオプションをつけると、Nodeに関するIPアドレスやOSのバージョンなどの追加情報も確認できます。

```
$ kubectl get node -o=wide

NAME                         ～中略～   INTERNAL-IP    EXTERNAL-IP
➡OS-IMAGE                KERNEL-VERSION       CONTAINER-RUNTIME
aks-nodepool1-84401083-0     ～中略～   10.240.0.5     <none>
➡Ubuntu 16.04.5 LTS    4.15.0-1030-azure    docker://1.13.1
aks-nodepool1-84401083-1     ～中略～   10.240.0.4     <none>
➡Ubuntu 16.04.5 LTS    4.15.0-1030-azure    docker://1.13.1
aks-nodepool1-84401083-2     ～中略～   10.240.0.6     <none>
➡Ubuntu 16.04.5 LTS    4.15.0-1030-azure    docker://1.13.1
```

続いて、この3台のノードのうちNode「aks-nodepool1-84401083-0」の詳細を確認してみます。次のコマンドを実行しましょう。この際には、kubectl describeコマンドにリソースタイプである「node」を指定し、その後ろに具体的なNodeの名前を指定します。

```
$ kubectl describe node aks-nodepool1-84401083-0

Name:                   aks-nodepool1-84401083-0
Roles:                  agent
Labels:                 agentpool=nodepool1
～中略～
Addresses:
  InternalIP:  10.240.0.5
  Hostname:    aks-nodepool1-84401083-0
Capacity:
 cpu:                    1
 ephemeral-storage:  30428648Ki
 hugepages-1Gi:      0
 hugepages-2Mi:      0
 memory:             3524620Ki
 pods:               110
Allocatable:
 cpu:                940m
 ephemeral-storage:  28043041951
 hugepages-1Gi:      0
```

```
  hugepages-2Mi:      0
  memory:             2504716Ki
  pods:               110
 System Info:
  Machine ID:                 a3aa39c33ec349bead241525163b8d09
  System UUID:                8FC58379-219B-1847-B82C-8A387F443F06
  Boot ID:                    a212f8b9-f771-4474-aea1-e8ab57fb1906
  Kernel Version:             4.15.0-1030-azure
  OS Image:                   Ubuntu 16.04.5 LTS
  Operating System:           linux
  Architecture:               amd64
  Container Runtime Version:  docker://1.13.1
  Kubelet Version:            v1.11.3
  Kube-Proxy Version:         v1.11.3
 PodCIDR:                     10.244.1.0/24
～中略～
```

上記のようにコマンドを実行すると、Nodeに設定されたInternal IPアドレスやHostname、CPUやメモリなどのコンピューティングリソースが確認できます。このほかにもNodeに関する詳細な情報がわかりますが、それらについては後続の章で詳しく見ていきます。

さらに、オブジェクト内の特定フィールドを指定したいときは、JSONPathが利用できます。次のコマンドは、クラスター内のNode情報から1台目の名前のみの情報を取得する例です。

```
$ kubectl get node -o=jsonpath='{.items[0].metadata.name}'

aks-nodepool1-84401083-0
```

kubectlコマンドはすべて覚える必要はありません。基本ルールを理解してしまえば、あとはリファレンスやヘルプを見ながらクラスターを操作しましょう。

```
$ kubectl help
```

また、コマンドのオートコンプリート機能もあります。次のコマンドを実行して有効化しましょう。コマンドをタブキーで補完してくれるので、便利です。

```
# Bashの場合
$ source <(kubectl completion bash)
$ echo "source <(kubectl completion bash)" >> ~/.bashrc

# zshの場合
$ source <(kubectl completion zsh)
$ echo "source <(kubectl completion zsh)" >> ~/.zshrc
```

- **[参考] オートコンプリート機能**
  https://kubernetes.io/docs/tasks/tools/install-kubectl/#enabling-shell-autocompletion

なお、Azureを利用しているため、クラスターが稼働している間やACRレジストリにコンテナーイメージデータを置いている間は課金が発生します。本章で作成したACRレジストリ／AKSクラスターを削除する場合は、次のコマンドを実行します。課金が気になる人は、検証のたびに本章の手順でレジストリの作成、クラスターの作成を行ってください。

```
$ az group delete -name $ACR_RES_GROUP
$ az group delete -name $AKS_RESOURCE_GROUP
$ az ad sp delete --id=$(az ad sp show --id http://$SP_NAME --query appId
➡--output tsv)
```

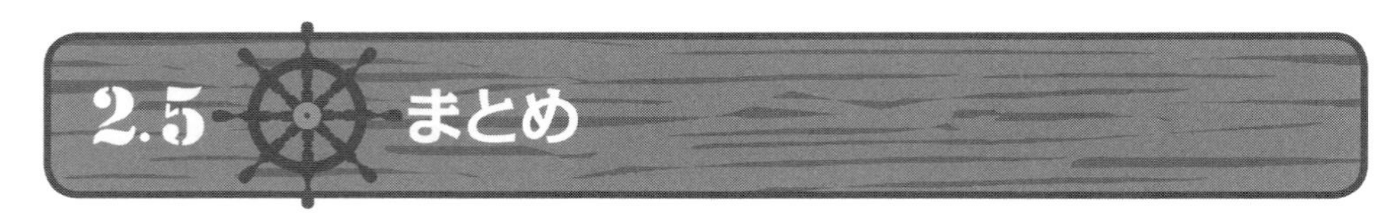

2.5 まとめ

本章では、以下のことを学びました。Kubernetesの構築もクラウドのマネージドサービスを使うことで手軽に導入できるのがわかりました。

- コンテナーアプリケーションの開発の流れ
- 開発環境の準備のしかた
- ACRを使ったコンテナーイメージのビルドと公開のしかた
- AKSを使ったKubernetesクラスターの作り方

第3章では、作成したクラスターを使って簡単なWebアプリケーションを動かすチュートリアルを通して、Kubernetesの基本操作を説明していきます。

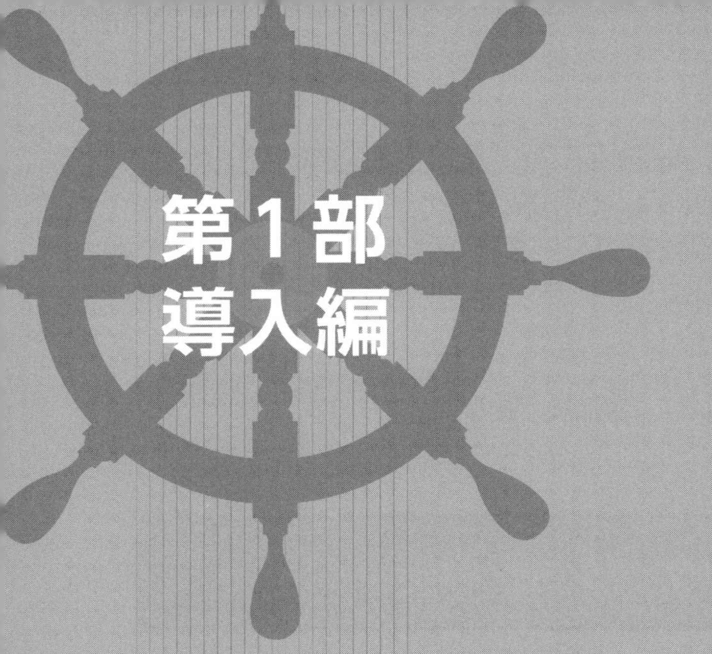

CHAPTER

03

Kubernetesを動かしてみよう

Kubernetesは、大規模なシステムでもコンテナーアプリケーションをオーケストレーションできるよう、さまざまな機能が提供されています。そして、アプリケーションの実行環境を抽象化するための概念が導入され、初めて学ぶ人には敷居の高さがあるのも事実です。そこでまず、簡単なサンプルWebアプリケーションを動かし、Kubernetesの基本的な動作を確認していきましょう。

※この章で解説する環境を構築するコード、サンプルアプリケーションはGitHub（https://github.com/ToruMakabe/Understanding-K8s/tree/master/chap03）で公開しています

3.1 アプリケーションのデプロイ

第2章では、ACRを使ってサンプルWebアプリケーションのコンテナーイメージを作成し、次にAKSを使ってKubernetesクラスターを作成しました。現時点では、まだKubernetesクラスターではアプリケーションが何も動いていない状態です。本章では、チュートリアルとして、クラスターにアプリケーションをデプロイして、動作確認してみましょう。細かいことは第4章以降で説明しますので、ここでは全体像をつかんでください。

デプロイの基本的な流れ

Kubernetesクラスターにアプリケーションをデプロイする基本的な流れは次のとおりです。

(1) マニフェストファイルの作成

クラスターにアプリケーションをデプロイするときには、**マニフェストファイル**を作成します。これは、クラスターにどのようなコンテナーアプリケーションをいくつデプロイするか、ネットワーク構成はどうするかなどを定義したテキスト形式の定義ファイルです。

(2) クラスターでのリソース作成

実際にアプリケーションをデプロイするときは、kubectlコマンドを実行します。コマンドの引数に作成したマニフェストファイルを指定することにより、Kubernetesクラスターによって、アプリケーションが適切な場所に配置されます。また、クラスター外部からアクセスするためのネットワークも構成します。Kubernetesでは、デプロイしたコンテナーアプリケーションやネットワークの構成などを**リソース**と呼びます。

(3) アプリケーションの動作確認

デプロイされたアプリケーションをクラスター外のネットワークからアクセスして動作確認をします。開発環境のPCのブラウザでアプリケーションが表示できたら確認完了です。

この全体の流れをまとめたものが**図3.1**です。

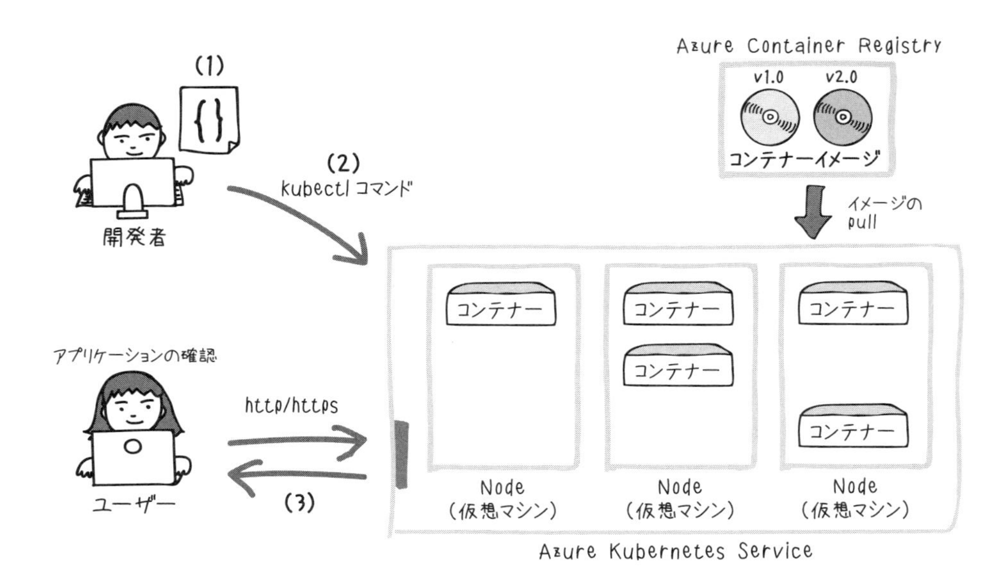

図3.1　AKSとACRを使った開発の流れ

なお、Kubernetesではマニフェストファイルを作成せず、kubectlコマンドの引数で必要なパラメーターを指定して実行することで、アプリケーションのデプロイが可能です。しかし、第4章で説明する重要なコンセプトを実現するためにも、クラスターの構成はマニフェストファイルで管理することをおすすめします。

3.2 マニフェストファイルの作成

Kubernetesではクラスターにどのようにアプリケーションをデプロイし、クライアントからのアクセスをどう処理するかなどの構成情報を定義ファイルで管理します。この定義ファイルをKubernetesでは**マニフェストファイル**と呼びます。

このマニフェストファイルには、どのようなアプリケーションを起動したいのか、どのぐらいのCPUやメモリなどのコンピューティングリソースを必要とするのか、ネットワークアドレスはどう割り当てたいか、などをJSONまたはYAMLファイルで宣言します。

なお、公式サイトでは可読性の観点からもYAML形式で書くことが推奨されているため、本書でもYAML形式で説明します。

コンテナーアプリケーションの設定

まず、VS Codeを起動し、サンプルの**リスト3.1**のファイル「chap03/tutorial-deployment.yaml」を開きます。

リスト3.1　chap03/tutorial-deployment.yaml

```
# A. 基本項目
apiVersion: apps/v1
kind: Deployment
metadata:
  name: photoview-deployment

# B. Deploymentのスペック
spec:
  replicas: 5   # レプリカ数
  selector:
    matchLabels:
      app: photo-view   # テンプレートの検索条件

  # C. Podのテンプレート
  template:
    metadata:
      labels:
        app: photo-view
        env: stage
    spec:
      containers:
      - image: sampleacrregistry.azurecr.io/photo-view:v1.0   # コンテナーイメージの場所
        name: photoview-container   # コンテナー名
        ports:
        - containerPort: 80   # ポート番号
```

ここで、コンテナーイメージの公開場所を、第2章で作成したACRのレジストリに変更します。この例では「sampleacrregistry.azurecr.io」になっていますが、ここを各自の環境に合わせて書き換えてください。参照 第2章 「(1) レジストリの作成」p.32

VS Codeで編集したら、[ファイル] → [保存] で保存します（**図3.2**）。

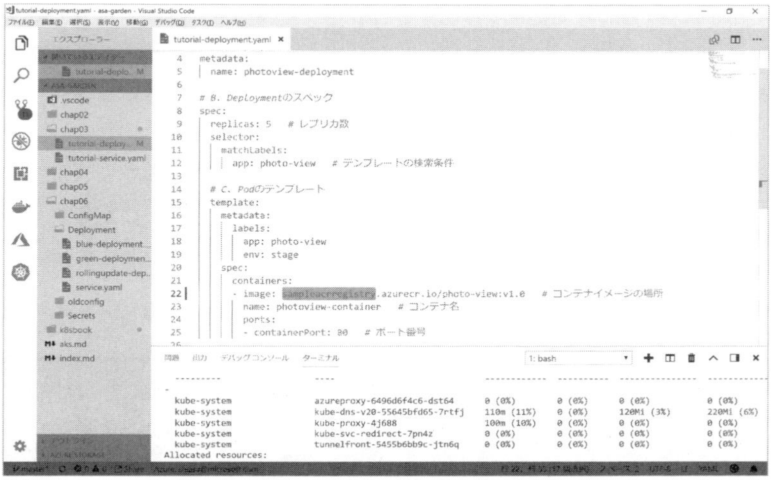

図3.2　VS Codeによるマニフェスト編集

サービスの設定

続いて、Kubernetesクラスター上で動作させたPodにクライアントからアクセスするためのサービスの設定を確認します。KubernetesのServiceとは、コンテナーアプリケーションへのアクセス方法を決めるリソースのことで、ポート番号やプロトコル、負荷分散のタイプなどを設定します。サンプルの**リスト3.2**のファイル「chap03/tutorial-service.yaml」を開きましょう。

リスト3.2　chap03/tutorial-service.yaml

```
# A. 基本項目
apiVersion: v1
kind: Service
metadata:
  name: webserver

# B. Service のスペック
spec:
  type: LoadBalancer
  ports:    # ポート番号
    - port: 80
      targetPort: 80
      protocol: TCP

  # C. Pod の条件 ( ラベル )
  selector:
    app: photo-view
```

このファイルは、デプロイしたアプリケーションをクラスター外部のネットワークから接続するためのServiceを作るマニフェストファイルです。このファイルには変更箇所はないので、確認だけを行います。

これで、基本となるマニフェストファイルの準備ができました。マニフェストファイルの書き方については、第4章以降で詳細に説明します。ここでは「このような定義ファイルを用意するのだな」ということをつかんでください。

3.3 クラスターでのリソース作成

作成したマニフェストファイルをもとに、Kubernetesクラスター上にコンテナーアプリケーションをデプロイし、動かしてみましょう。

アプリケーションのデプロイ

アプリケーションをデプロイする前に、あらためてクラスター内のNodeの状態を確認するため、kubectl get nodeコマンドを実行します。

```
$ kubectl get node
NAME                        STATUS    ROLES     AGE       VERSION
aks-nodepool1-84401083-0    Ready     agent     18m       v1.11.4
aks-nodepool1-84401083-1    Ready     agent     18m       v1.11.4
aks-nodepool1-84401083-2    Ready     agent     18m       v1.11.4
```

実行結果を見ると、「aks-nodepool1-84401083-0」～「aks-nodepool1-84401083-2」の3つのNodeが動作しており、それぞれバージョンが「v1.11.4」であることがわかります。

第2章でAzure Kubernetes Service（AKS）を使ってクラスターを作成したときNodeの数を「3」にしたのを思い出しましょう。AKSでは、このNodeの正体は Azure仮想マシンです。執筆時点でのデフォルトではNodeは「Standard_DS1_v2」のサイズですが、このスペックは**表3.1**のとおりです。これがワーカーノードとして3つ起動し、クラスターを構成しています。これらのサーバーにアプリケーションをデプロイしていきます。

表3.1 Standard_DS1_v2のスペック

サイズ	vCPU	メモリ	ストレージ (SSD)	最大データ ディスク数
Standard_DS1_v2	1	3.5GiB	7GiB	4

次のコマンドを実行してPodの状態を確認します。Podの詳細については第4章で詳しく説明しますが、ここでは「コンテナーアプリケーションの集合体」と思ってください。コマンドの結果通り、いまはKubernetesクラスターを作成したままの空の状態なので、アプリケーションはまだ何もデプロイされていません【※1】。

```
$ kubectl get pod
No resources found.
```

ここに次のコマンドを実行し、先ほど作成したマニフェストをクラスターに送ります。

```
$ kubectl apply -f tutorial-deployment.yaml
deployment.apps/photoview-deployment created
```

再びPodを確認してみましょう。

```
$ kubectl get pod -o wide
NAME                                    READY     STATUS    RESTARTS   AGE
IP            NODE
photoview-deployment-86964f9579-86g9w   1/1       Running   0          1m
10.244.0.5    aks-nodepool1-84401083-0
photoview-deployment-86964f9579-h7fqd   1/1       Running   0          1m
10.244.2.5    aks-nodepool1-84401083-1
photoview-deployment-86964f9579-j472d   1/1       Running   0          1m
10.244.2.6    aks-nodepool1-84401083-1
photoview-deployment-86964f9579-qtfld   1/1       Running   0          1m
10.244.1.7    aks-nodepool1-84401083-2
photoview-deployment-86964f9579-w5xmj   1/1       Running   0          1m
10.244.1.8    aks-nodepool1-84401083-2
```

コマンドを確認すると、「photoview-deployment-86964f9579-86g9w」～「photoview-deployment-86964f9579-w5xmj」の5つのPodが「Running」で稼働しているということがわかります。デプロイされたNodeはそれぞれ3台に分かれています。この状態を図で表すと**図3.3**のようになります。

※1 ただし、Kubernetesが内部で利用するPodはすでに動いている状態です。
参照 第7章 「7.1 Kubernetesのアーキテクチャー」p.210

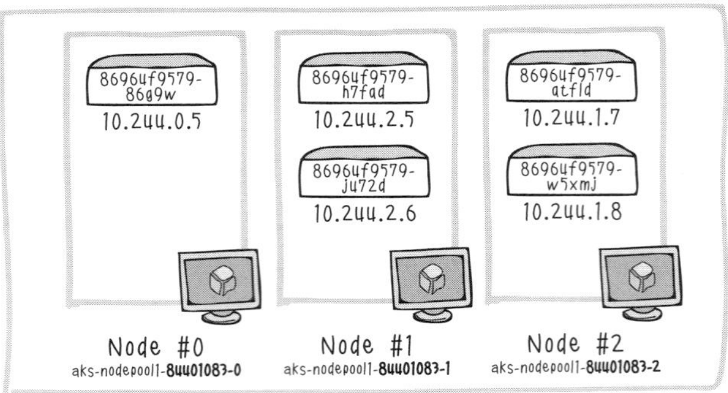

図3.3　クラスターの状態

サービスの公開

いまはまだ、クラスター上にPodをデプロイしただけで、クラスター外のネットワークからPod内のコンテナーアプリケーションにアクセスできません。

次のコマンドを実行し、先ほど作成したServiceのマニフェストを読み込みます。

```
$ kubectl apply -f tutorial-service.yaml
service/webserver created
```

3.4 アプリケーションの動作確認

これで、クラスター上でServiceの公開までできました。現在の状況は**図3.4**のようになっています。

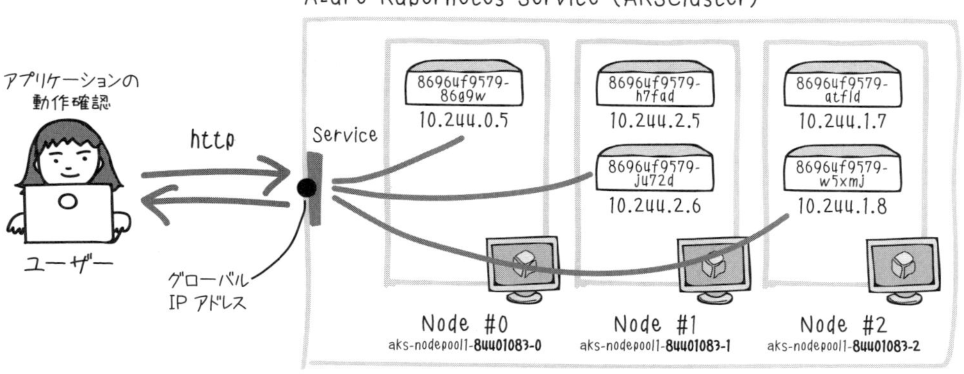

図3.4　外部ネットワークからのアクセス

ここでクラスターにデプロイしたアプリケーションにアクセスするためのアドレスを確認します。

```
$ kubectl get svc
NAME         TYPE           CLUSTER-IP     EXTERNAL-IP    PORT(S)        AGE
kubernetes   ClusterIP      10.0.0.1       <none>         443/TCP        42m
webserver    LoadBalancer   10.0.24.225    13.78.11.235   80:31229/TCP   3m
```

コマンド結果を見ると、「webserver」という名前のロードバランサーにインターネットからアクセスするためのグローバルIPアドレスとして「13.78.11.235」が割り当てられていることがわかります。このIPアドレスの割り当てには数分かかります。もし「<pending>」の状態の場合、しばらく経ってから再度コマンドを実行してください。

それでは、クライアントPCのブラウザから、

http://13.78.11.235/

にアクセスしてみましょう。

無事、サンプルのWebアプリケーションがデプロイされているのが確認できます（**図3.5**）。この例ではPod「photoview-deployment-86964f9579-w5xmj」にアクセスしているのがわかります。ここで、複数回アクセスしてみてください。接続先のPodが異なっているのがわかります。つまり、リクエストが負荷分散され、異なるNode（Azureの仮想マシン）で動いているWebアプリケーションにアクセスしているのです。

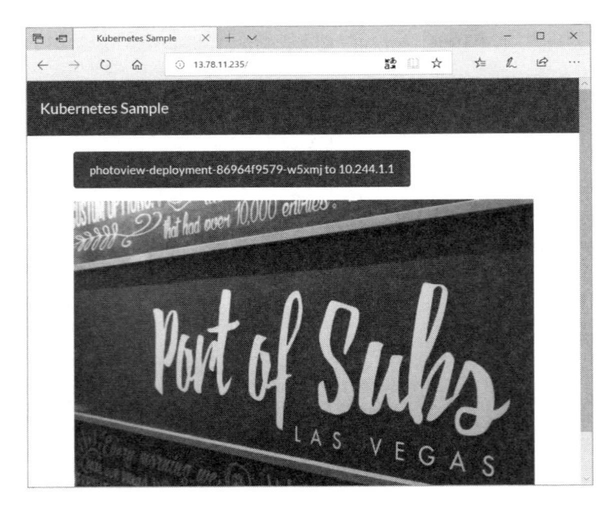

図3.5　動作確認

ここでブラウザからアクセスしたPodの詳細を確認するため、kubectl describeコマンドを実行します。このコマンドは、Kubernetesリソースの詳細を確認するためのものです。Podの場合、Statusやコンテナーイメージの場所、ポート番号やマウントされているボリュームなどを確認できます。次の例は、Pod「photoview-deployment-86964f9579-w5xmj」の詳細を確認する例です。

```
$ kubectl describe pods photoview-deployment-86964f9579-w5xmj
Name:           photoview-deployment-86964f9579-w5xmj
Namespace:      default
Node:           aks-nodepool1-84401083-2/10.240.0.5
Start Time:     Sun, 05 Aug 2018 13:03:19 +0900
Labels:         app=photo-view
                env=stage
                pod-template-hash=4252095135
Annotations:    <none>
Status:         Running
IP:             10.244.1.8
Controlled By:  ReplicaSet/photoview-deployment-86964f9579
Containers:
  photoview-container:
    Container ID:   docker://b25d9286d853ea664901778f9909630f2fcc700a7a3f754719
➡67d8e019fc5c2b
    Image:          sampleacrregistry.azurecr.io/photo-view:v1.0
    Image ID:       docker-pullable://sampleacrregistry.azurecr.io/photo-view@
➡sha256:7526e80dc7fc814ebca5e1f4627cab2b049fc24fc9eff75ee7c0c64744bc290f
    Port:           80/TCP
    Host Port:      0/TCP
    State:          Running
```

```
      Started:        Sun, 05 Aug 2018 13:03:23 +0900
    Ready:            True
    Restart Count:    0
    Environment:      <none>
    Mounts:
      /var/run/secrets/kubernetes.io/serviceaccount from default-token-nvgkg (ro)
～中略～
```

　このようにマニフェストファイルを作成し、クラスターにリソースを作成することで、アプリケーションをデプロイできたのがわかりました。最初の1歩が難しく感じるKubernetesですが、基本的な流れを押さえておくと理解が進むでしょう。

　なお、本章で作成したチュートリアルのリソースをすべて削除する場合は、次のコマンドを実行します。

```
$ kubectl delete -f tutorial-service.yaml
service "webserver" deleted

$ kubectl delete -f tutorial-deployment.yaml
deployment.apps "photoview-deployment" deleted
```

　このコマンドを実行すると、クラスター上に作成したサンプルのWebアプリケーションとネットワークの設定がすべて削除され、クラスターが空の状態になります。試しにWebブラウザから先ほどのURLにアクセスしてみましょう。エラーになるはずです。ただし、Kubernetesクラスターそのものを削除したわけではなく、クラスターを構成する3つのAzure仮想マシンは動いたままの状態です（**図3.6**）。

図3.6　クラスターの状態

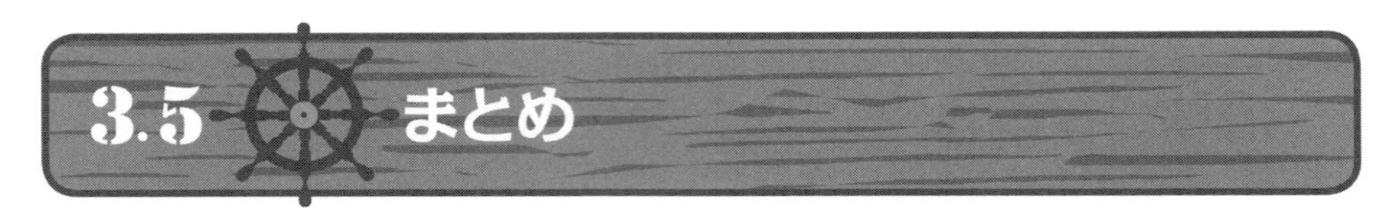

3.5 まとめ

本章では、チュートリアルとしてKubernetesでの基本的な開発の流れを見てきました。

- マニフェストファイルの作成
- kubectlコマンドによるKubernetesリソースの作成
- サービスの公開と動作確認

これにより、開発したWebサービスがクラウド上のKubernetesクラスターで簡単に公開できるのがわかりました。Kubernetesは抽象化されたリソースが数多くあり、難しく感じるかもしれません。しかしながら、開発の基本パターンを押さえておくと全体の見通しがよくなるので、まずは一度手を動かして実際にクラスターを動かしてみるのがおすすめです。

以降の章では、さまざまなマニフェストファイルやリソースの作成を通して、Kubernetesのしくみを詳しく見ていきましょう。

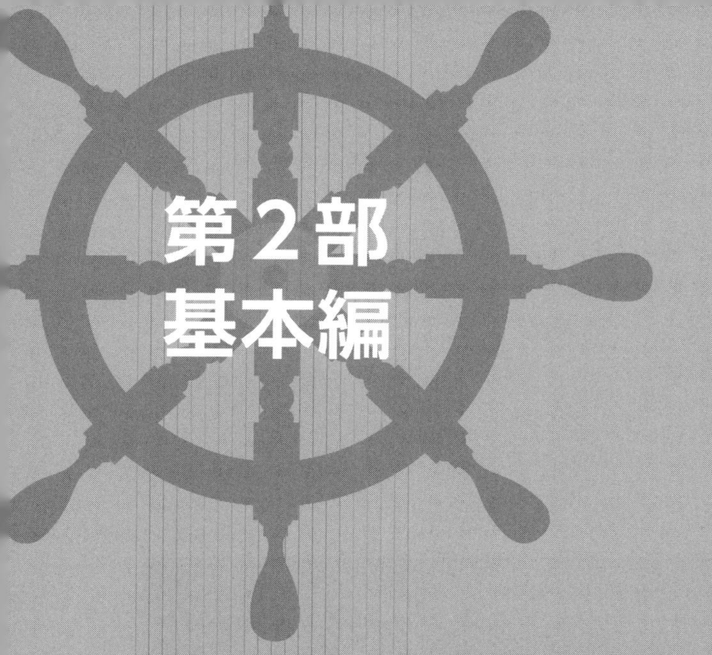

CHAPTER

04

Kubernetesの要点

Kubernetesは、大規模分散システムでコンテナーアプリケーションを少人数のエンジニアでも効率よく動かすために生まれたオーケストレーションツールです。サーバーやネットワーク、ストレージなどのコンピューティングリソースを運用管理する作業負担を減らし、エンジニアが設計や開発に専念できる機能を提供しています。このKubernetesを本番環境で十分に使うには、どう使うかだけでなく「なぜその機能が必要なのか」「どのようなしくみで動いているか」を知っておくことが重要です。

※この章で解説する環境を構築するコード、サンプルアプリケーションはGitHub（https://github.com/ToruMakabe/Understanding-K8s/tree/master/chap04）で公開しています

4.1 Kubernetesのコンセプト

第２章で環境構築を行い、第３章でサンプルアプリケーションのデプロイを行いましたが、簡単な手順でWebアプリケーションをサービスインさせることができることがわかりました。

Kubernetesは、次のことを目指して開発が進められています。言い換えれば、これを実現するためのさまざまな機能が実装されています。

- システム構築のための手作業を減らす
- システムをセルフサービスで運用する

ここでは、Kubernetesのしくみを理解するうえでキーポイントとなる、3つのコンセプトを説明します。

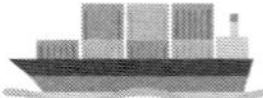

Immutable Infrastructure

インフラ構成管理とは、インフラを構成するハードウェア／ネットワーク／OS／ミドルウェア／アプリケーションの構成情報を管理し、適切な状態に保つタスクのことです。

オンプレミス環境では、自社で調達した機器を、3年／5年／10年など提供したベンダーの保守期限が切れるまで使うことが多いため、いったん構築したものを、メンテナンスしながら長く使うというのが一般的です。機器だけでなくOSやミドルウェアのベンダー保守期限があり、OS／ミドルウェアのバージョンアップだけでなく、本番運用時のトラフィックに合わせてパフォーマンスチューニングなどを行い、さまざまなインフラ構成要素を変更しながら運用管理をしていました。そのため、インフラの構成管理の負荷は、インフラ環境の規模が大き

くなればなるほど、増大していきます。

しかし、クラウドシステムの登場や分散技術の発展によって、インフラ構築の手法が大きく変わってきました。クラウドは仮想環境をもとにしているため、インフラ構築の物理的な制約や作業も少なくなりました。そのため、これまでのオンプレミスでは難しかった、サーバーやネットワークを簡単に構築したり、いったん構築したものをすぐに破棄したりできるようになっています。

そのため、一度構築したインフラは変更を加えることなく破棄して、新しいものを構築してしまえばよく、これまで負荷の大きかったインフラの変更履歴を管理する必要がなくなりました。そして、インフラの変更履歴を管理するのではなく、いままさに動作しているインフラの状態を管理すればよいというように変化してきています。このようなインフラを**Immutable Infrastructure**と呼びます（**図4.1**）。

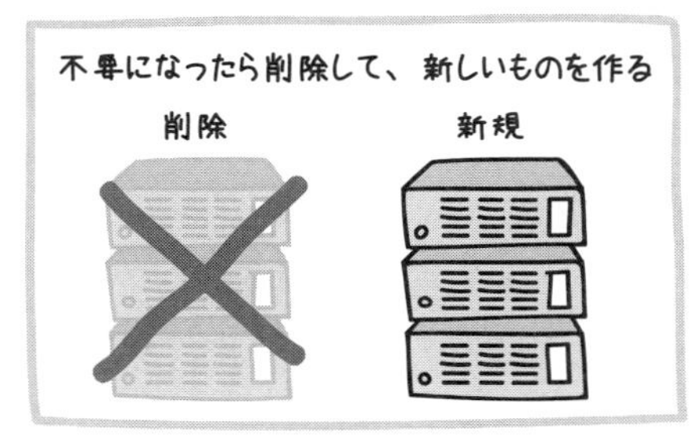

図4.1　Immutable Infrastructure

宣言的設定

従来のインフラ構成管理では、設定手順書やパラメーターシートに基づいて、一連の命令によって環境を構築していました。また、システムに変更があった場合、変更履歴を記録することでシステムを管理していました。しかし、手順や変更履歴を管理するのではなく、システムの状態を管理するアプローチをとるのが**宣言的設定**です（**図4.2**）。

宣言的設定では**システムのあるべき姿**を定義します。アプリケーションはクラスター内でいくつ稼働させるか、アプリケーションが最低限必要とするCPUやメモリリソースはどのぐらいか、などシステムがどうあってほしいかを定義ファイルに書きます。Kubernetesクラスターは、この定義ファイルを見て、あるべき姿になるように自律的に動作します。参照 第7章「Reconciliation Loopsとレベルトリガーロジック」p.214

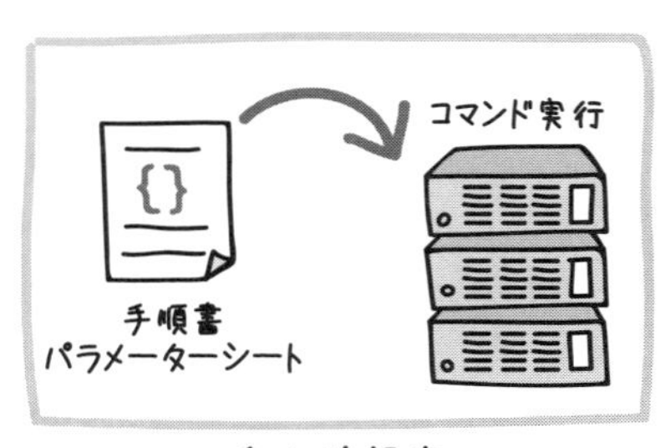

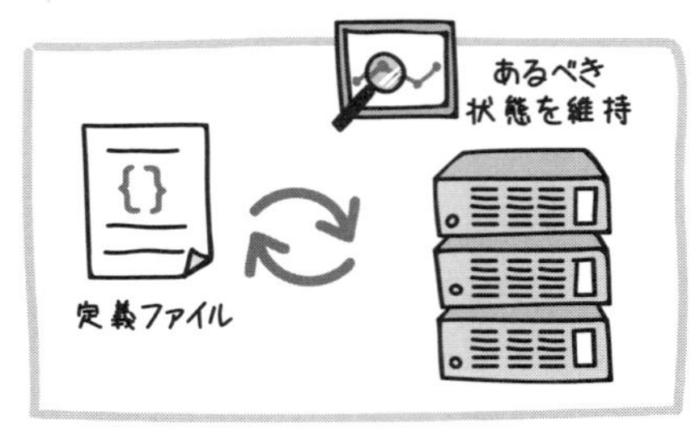

図4.2 宣言的設定

自己修復機能

Kubernetesは、Immutable Infrastructureと宣言的設定により、システムを効率よく運用管理するしくみを取り入れていますが、これらの処理をなるべく人間による手作業で行うのではなく、コンピューティングリソースが自律的に運用できるよう、ソフトウェアで実現しています（**図4.3**）。

アプリケーション障害が発生したとき、システム管理者が運用手順に基づいて復旧するのではなく、Kubernetesがアプリケーションの状態を常時監視し、異常があるとあらかじめ「システムのあるべき姿」として設定された状態になるよう、Kubernetes自身が自動的にAPIにより再起動したり、クラスターから障害を取り除いたりしてシステムを修復します。これによりシステム復旧までに、人間の手を介在しないので、信頼性や効率性が上がります。

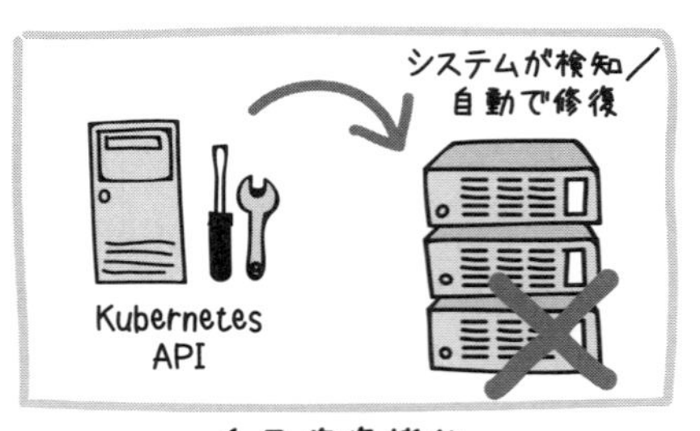

図4.3 自己修復機能

4.2 Kubernetesのしくみ

Kubernetesのコンセプトが理解できたところで、これらのオーケストレーションのしくみを、どのように実現しているかを見ていきましょう。

スケジューリングとディスカバリー

従来型のWeb3層システムでは、フロントサーバー／業務ロジックサーバー／DBサーバーなど機能ごとに異なるサーバーで処理を行うのが一般的でした。そのため、アプリケーションをどこに配置するかがあらかじめ決まっており、そこにデプロイして各機能を相互に呼び出すシステムアーキテクチャーでした。そのため、アプリケーション開発者もインフラ管理者も「どこでどのアプリケーションが動いているか」を知っていました。

しかしながら、Kubernetesを使ったコンテナーアプリケーションではこの考え方が根底から大きく異なります。Kubernetesの世界では、アプリケーションがデプロイされる場所がKubernetesによって決まります。もう少し具体的に言うと、あるアプリケーションがデプロイされると、Kubernetesがクラスター上で空いている位置を見つけて自動で配置します。つまり、これまで人間が行っていた作業をKubernetesが行っています。そのため「アプリケーションを適切なところにデプロイする」「デプロイされたアプリケーションがどこにあるかを見つけ出す」しくみがあります。

この考え方の違いは、Kubernetesを中心としたコンテナーアプリケーション全体のアーキテクチャーを考えるときの基本になります。参照 第7章 「7.2 Kubernetesの設計原則」p.213

スケジューリング

アプリケーションを適切なところにデプロイするしくみを**スケジューリング**と呼びます（**図4.4**）。複数台のサーバーからなるクラスターでは、できる限りコンピューティングリソースを無駄なく有効に使えるようにしたほうが経済的です。また、アプリケーションによっては「計算処理が多いのでGPUを使いたい」「バッチ処理なので優先度は低くてもよい」など個別の要件があります。Kubernetesではこれらの要求をマニフェストファイルで定義し、それに基づいてクラスター内の適切な位置にアプリケーションを自動で配置していきます。

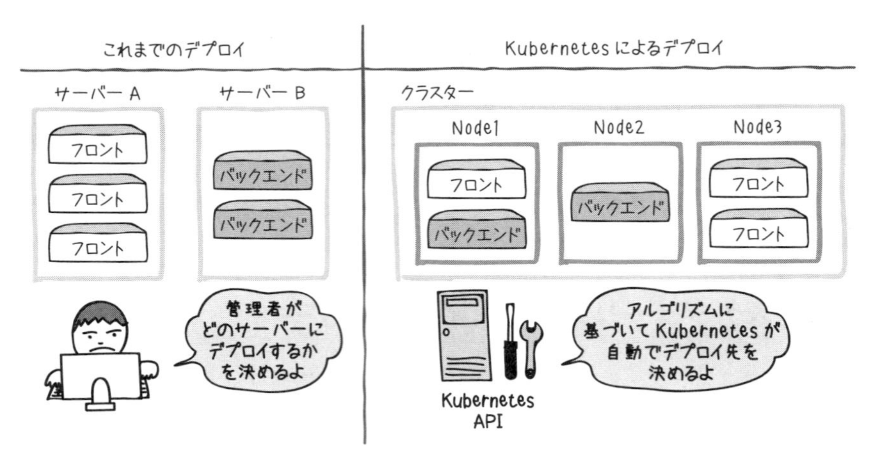

図4.4　スケジューリング

サービスディスカバリー

一般的なWebアプリケーションの場合、リクエストを受け付けたフロントエンドアプリケーションが、ユーザーのトランザクションを処理するためにバックエンドサービスを呼び出します。

その際、デプロイされたアプリケーションがどこにあるかを見つけ出すしくみを**サービスディスカバリー**と呼びます（**図4.5**）。Kubernetesでは、クラスター内に構成レジストリを持ち、それに基づき動的にサービスディスカバリーを行っています。マイクロサービス型のアプリケーションでは、小さな機能を提供する多数のサービスを組み合わせて、1つのシステムを作ります。その際、サービス間の呼び出しは、サービスディスカバリーによって行われます。

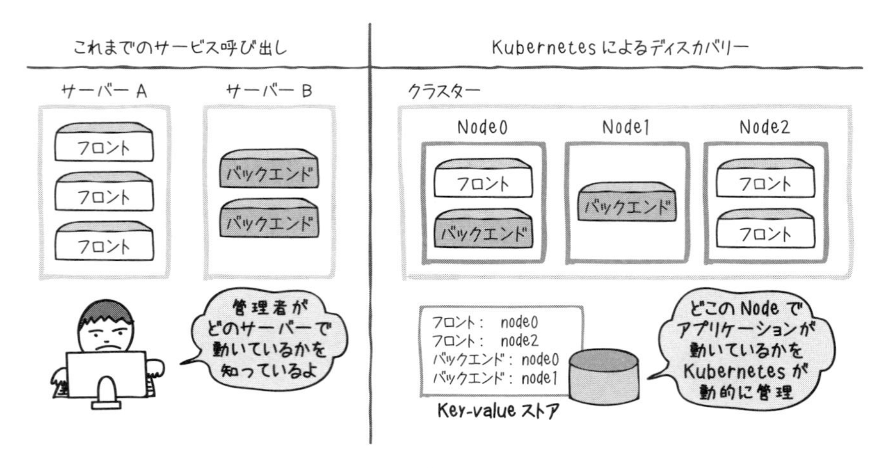

図4.5　サービスディスカバリー

なお、一般的なサービスディスカバリーには、**表4.1**のものが挙げられます。おさらいしておきましょう。

表4.1　一般的なサービスディスカバリー

種類	しくみ	説明
固定IPアドレス	サービスの固定IPアドレスを決定	サーバーのIPアドレスを自動的に設定する場合は利用できない。また変更が難しいため柔軟性に欠ける
ホストファイルのエントリ	ファイルを使ってサーバー名とIPアドレスをマッピング	サービスが変更されたときにホストファイルの変更が必要
DNS	サーバーを使ってドメイン名とIPアドレスをマッピング	広く利用されているが、リアルタイムに変更することが困難。
構成レジストリ	インフラストラクチャーとサービスをひも付けて一元管理	動的に構成を生成し、インフラストラクチャー内のリソースに関する詳細な情報を提供

Kubernetesのサーバー構成

Kubernetesでは、スケジューリングとディスカバリーを人間が行うのではなく、すべてKubernetesの機能が行います。これらを実現するために、クラスターのサーバー上で動く複数のAPIが連携して動作しています。そこで、まずKubernetesがどのようなサーバー構成になっているかを理解しましょう。

Master

Kubernetesのクラスター全体を管理する役割を担います。複数台からなるクラスター内のNodeのリソース使用状況を確認して、コンテナーを起動かするNodeを自動的に選択します。Masterは**etcd**と呼ばれる分散キーバリューストア（KVS）を使って、クラスターの構成情報を管理します。ここにはクラスターのすべての設定情報が書き込まれています。

Node

コンテナーアプリケーションを動作させるサーバー群です。通常はNodeを複数用意して、クラスターを構成します。何台Nodeを用意するかは、システムの規模や負荷によって異なりますが台数が増えると可用性が向上します。クラウドでは仮想マシンインスタンス（VM）がNodeになることが一般的です。Kubernetesはコンテナーのデフォルトランタイムが Dockerですが、rktなど他のランタイムの場合もあります。

これらKubernetesクラスターのサーバーの関係を図で表すと**図4.6**のとおりです。

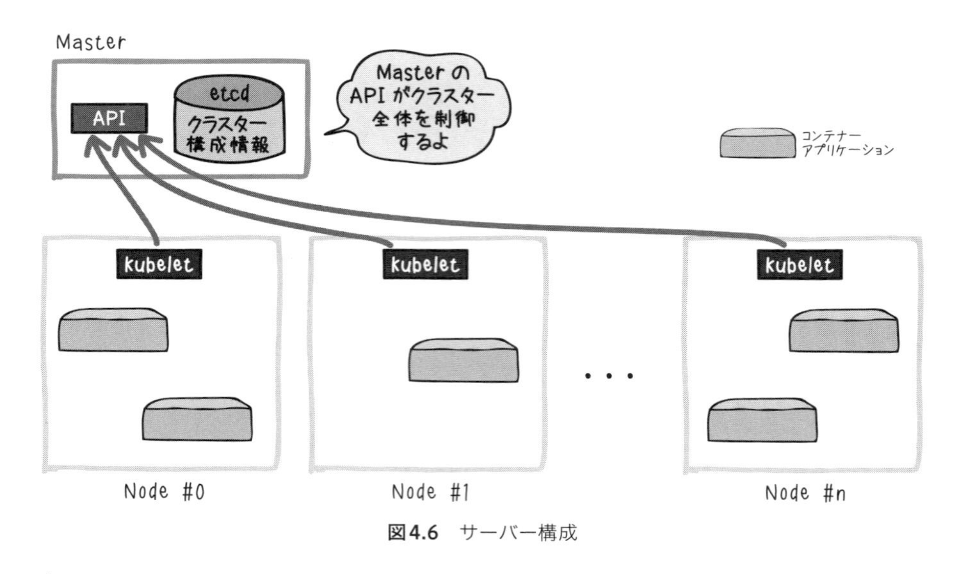

図4.6　サーバー構成

参照 第8章　可用性（Availability）p.231

Kubernetesのコンポーネント

Kubernetesでは各コンポーネントが自律的に動きます。各コンポーネントは他のコンポーネントをAPIを通じて呼び出します。詳細については第7章で解説しますが、ここではKubernetesの基本を理解するうえで必要となる、APIの全体像を押さえておきましょう。

①Master

- **API Server**

  KubernetesのリソースPI情報を管理するためのフロントエンドのREST APIです。各コンポーネントからリソースの情報を受け取りデータストア（etcd）上に格納する役目を持っています。他のコンポーネントはこのetcdの情報にAPI Serverを介してアクセスします。開発者／システム管理者がこのAPI Serverにアクセスするには、**kubectlコマンド**を使います。また、アプリケーション内からAPI Serverを呼び出すことも可能です。API Serverは認証/認可の機能を持っています。

- **Scheduler**

  SchedulerはPodをどのNodeで動かすかを制御するためのバックエンドコンポーネントです。Schedulerは、ノードに割り当てられていないPodに対して、Kubernetesクラスターの状態を確認し、空きスペースを持つNodeを探してPodを実行させるスケジューリングを行うのが仕事です。第3章のチュートリアルで5つのPodをクラスターで動かしましたが、このときKubernetes内部では、SchedulerによってPodの配置先を割り当てていました。

- **Controller Manager**
  Controller ManagerはKubernetesクラスターの状態を監視し、あるべき状態を維持するバックエンドコンポーネントです。定義ファイルで指定したものと実際のNodeやコンテナーで動作している状態をまとめて管理します。

- **データストア（etcd）**
  Kubernetesクラスターの構成を保持する分散KVSです。Key-Value型でデータを管理します。どのようなPodをどう配置するかなどの情報を持ち、API Serverから参照されます。ここにはマニフェストの内容が保存される、と理解すればよいでしょう。なおこのデータストアは、Masterサーバーから分離されることもあります。

②Node

KubernetesのNodeの役割は、実際にコンテナーアプリケーションを動かし、サービスを提供することです。同じ役割のNodeを、システムの負荷や要件に応じて、数台～数千台規模に拡張できます。実際のコンテナーアプリケーションの実行は、コンテナーランタイムが行います。

- **kubelet**
  Nodeではkubeletというエージェントが動作しています。これは、Podの定義ファイルに従ってコンテナーを実行したり、ストレージをマウントしたりする機能を持ちます。またkubeletは、Nodeのステータスを定期的に監視する機能を持ち、定期的にAPI Serverに通知します。

- **kube-proxy**
  kube-proxyはさまざまな中継、変換を行うネットワークプロキシです。

これらのAPIの関係を図に表すと**図4.7**のとおりです。

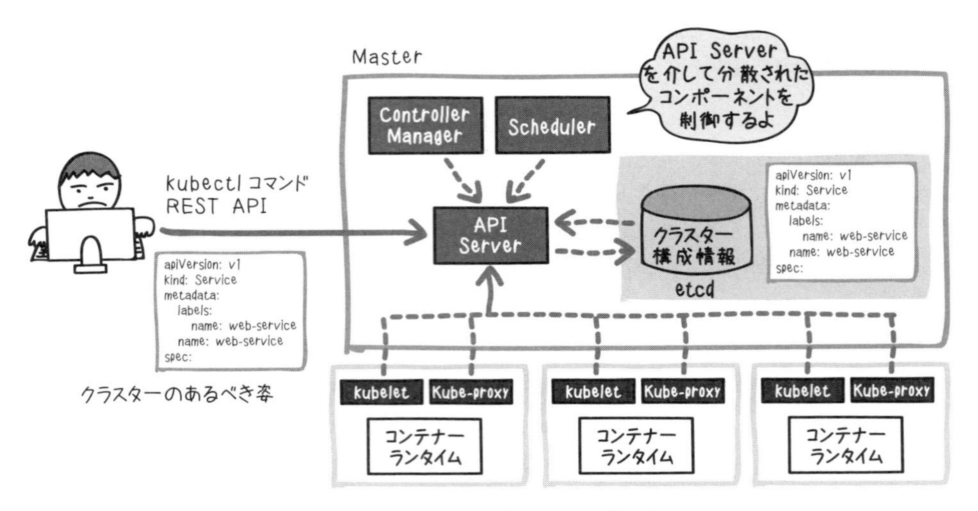

図4.7　Kubernetesの主要なコンポーネント

このほかにも、アドオンで動くコンポーネントがあります。参照 第7章「7.1　Kubernetesのアーキテクチャー」p.210

クラスターへのアクセスのための認証情報

第3章のチュートリアルで実行したkubectlコマンドを実行するとクラスターの操作ができたことを思い出しましょう。このkubectlコマンドの実行というのは、Kubernetesクラスターの API Serverをリモートで呼んでいることになります。

Kubernetesクラスターとそれを管理するためのkubectlコマンドを実行するマシンはどのように接続しているのでしょうか（**図4.8**）。

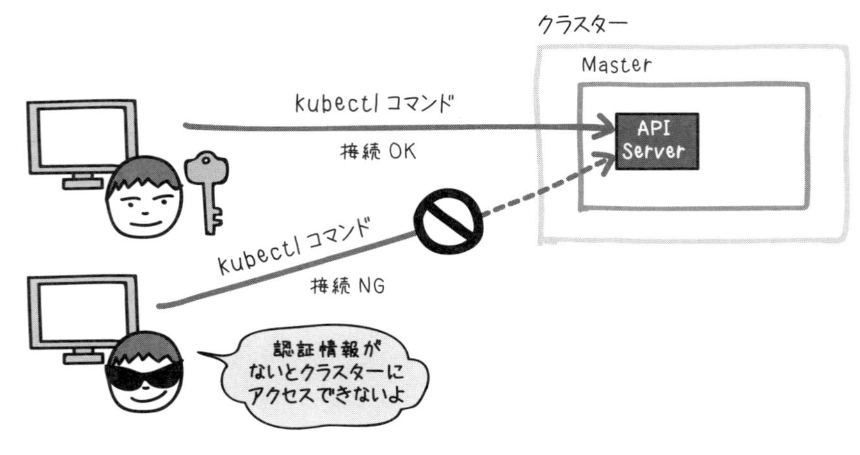

図4.8　クラスターへのアクセス制御

kubectlコマンドがKubernetesクラスターのAPI Serverと安全に通信するには、接続先サーバーの情報や認証情報などが必要です。その際、kubectlコマンドはホームディレクトリにある「~/.kube/config」に書かれている情報をもとにクラスターに接続します。次のコマンドを実行して、このファイルを確認してみます。

```
$ ls ~/.kube
cache   config   http-cache
```

このクラスターへの接続情報は次のようなYAML形式で記述されています。

```
$ cat ~/.kube/config
apiVersion: v1
kind: Config
preferences: {}
clusters: ─────────────────────────── ①
- cluster:
    certificate-authority-data: xxxx
    server: https://xxx-f0c156b3.hcp.japaneast.azmk8s.io:443
  name: AKSCluster
contexts: ─────────────────────────── ②
- context:
    cluster: AKSCluster
    user: clusterUser_AKSResourceGroup_AKSCluster
  name: AKSCluster
current-context: AKSCluster
users: ────────────────────────────── ③
- name: clusterUser_AKSResourceGroup_AKSCluster
  user:
    client-certificate-data: xxxx
    client-key-data: xxxx
    token: xxxx
```

- **①クラスターへの接続情報**
  kubectlコマンドを実行したときの接続先のクラスターの情報を設定します。

- **②クラスターとユーザー情報のコンテキスト**
  どのユーザーがどこのクラスターに接続できるかのマッピングを設定します。複数のユーザーやクラスターを切り替えていくことができます。

- **③アクセスするユーザー情報**
  Kubernetesクラスターにアクセスするユーザーのユーザー名や認証鍵などを設定します。

Azure Kubernetes Serviceを使ってクラスターを構築したときは、az aks get-credentialsコマンドを実行することで、自動的にクラスターへの接続情報がホームディレクトリの/.kube/configファイルに書き込まれます。参照 第11章「11.5 RBAC（Role Based Access Control）」p.300

- ［参考］**Accessing Clusters - Kubernetes**
  https://kubernetes.io/docs/tasks/access-application-cluster/access-cluster/

4.3 Kubernetesのリソース

Kubernetesは、柔軟なアプリケーション実行環境の管理をソフトウェアで行うため、さまざまなものを抽象化しています。この抽象化したものをKubernetesでは**リソース**と呼びます。

アプリケーションの実行(Pod/ReplicaSet/Deployment)

Kubernetesのコンテナーアプリケーションを実行するためのリソースには、いくつかの種類があります。

Pod（ポッド）

Kubernetesでは、複数のコンテナーをまとめて**Pod**として管理します（**図4.9**）。たとえばこのPodの中にはアプリケーションサーバー用のDockerコンテナーとプロキシサーバー用のコンテナーなど関連するものをまとめて管理できます。KubernetesではこのPodがアプリケーションのデプロイの単位になり、Podの単位でコンテナーの作成／開始／停止／削除などの操作を行います。同じPodのコンテナーは必ず同じノード上に同時にデプロイされるという特徴があります。Pod内の複数のコンテナーで仮想NIC（プライベートIP）を共有する構成をとるため、コンテナー同士がlocalhost経由で通信できます。また、ディレクトリも共有できます。ノードの中には複数のPodが配置されます。

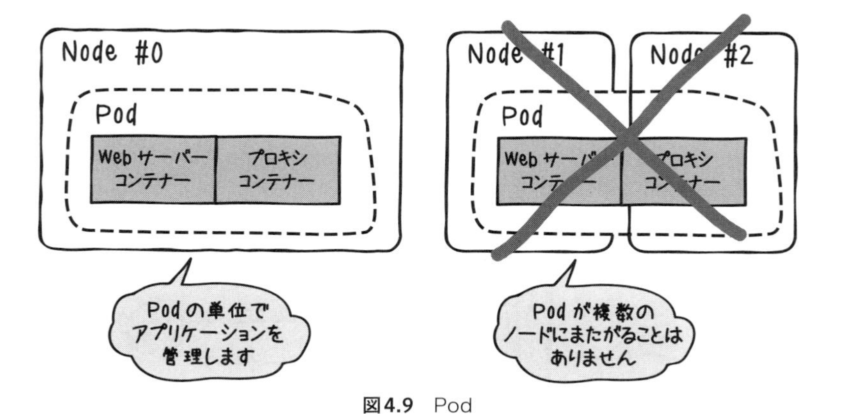

図4.9 Pod

ReplicaSet（レプリカセット）

ReplicaSetは、クラスター内で指定された数のPodを起動しておくしくみです（**図4.10**）。ReplicaSetは起動中のPodを監視し、障害など何らかの理由で停止してしまった場合、該当のPodを削除し、新たなPodを起動します。つまり、常にPodが必要な数だけ起動した状態をクラスター内に作る役目をします。クラスター内にPodをいくつ起動しておくかの値を「レプリカ数」と呼びます。

次の例では、5台のノードで7つのPodを起動した状態をReplicaSetで構成しています。もし何らかの理由で1つのPodが異常終了した場合、すぐに新しい別のPodを自動起動し、クラスター全体で常に7つのPodが起動している状態を維持します。

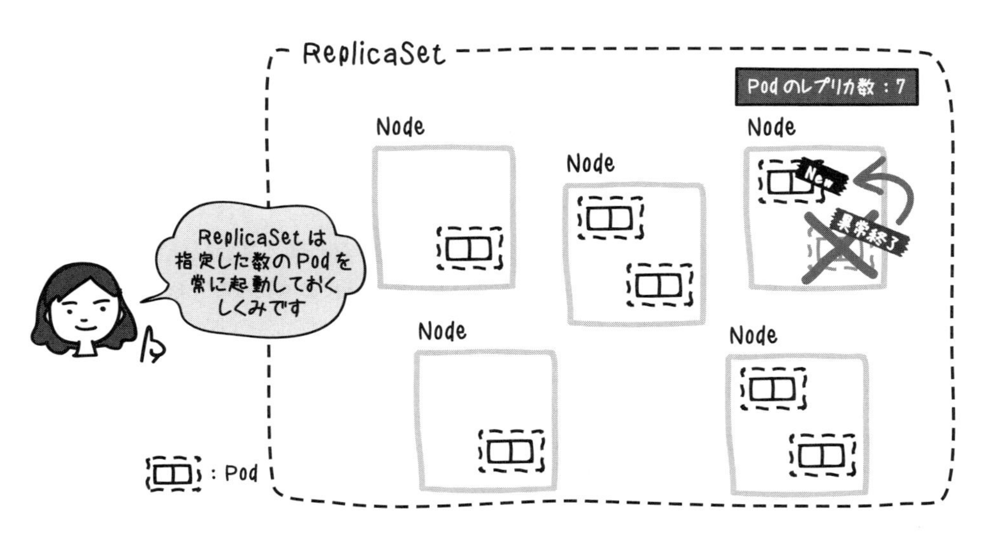

図4.10 ReplicaSet

Deployment（デプロイメント）

Deploymentは、アプリケーションの配布単位を管理するものです（**図4.11**）。DeploymentはReplicaSetの履歴を持ち、Pod内のコンテナーのバージョンアップを行いたいときにシステムを停止することなく行うローリングアップデートができます。さらに履歴をもとに1つ前の世代に戻す（ロールバックする）ことができます。

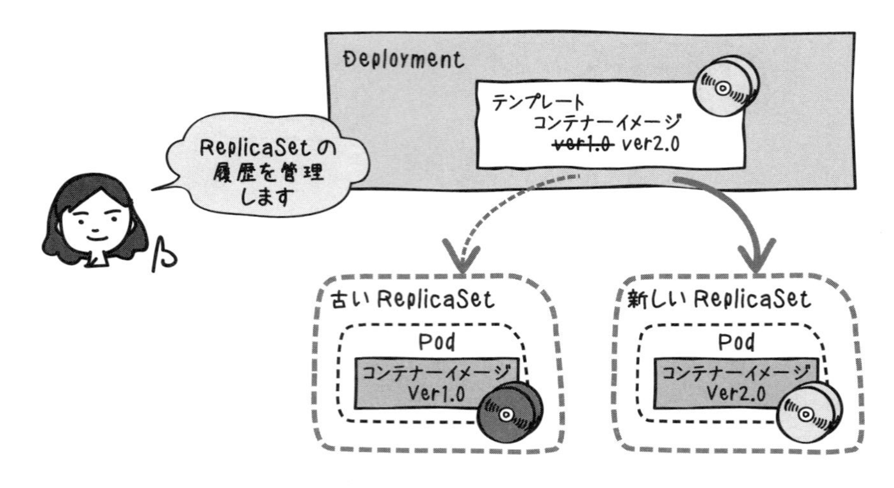

図4.11　Deployment

DaemonSet（デーモンセット）

Podは、どのNodeにスケジューリングするかをKubernetesが決定します。しかし、ログコレクターや監視エージェントなどのように、それぞれのNodeで必ず1つずつ動かしたい場合もあります。このときに使うのが**DaemonSet**です。DaemonSetは、クラスターの全ノードにPodを1つ作成します。DaemonSetもReplicaSetと同様に、マニフェストファイルで定義したとおりの状態を維持するように動作します。つまり、あるノードで、DaemonSetで定義したPodが動いていなかったとすると、DaemonSetコントローラーが検知し、該当のノードにPodを生成します。ただしDaemonSetはReplicaSetとは異なり、レプリカ数を指定できません。実はNode上で動くKubernetesのネットワークプロキシ機能である「kube-proxy」もこのDaemonSetを使って動いています。

StatefulSet（ステートフルセット）

基本的に、コンテナーアプリケーションはステートレスであり、状態を持たないPodを複数動作させるためのものです。

先ほど説明したReplicaSetは、名前やIPアドレスがランダムに割り当てられます。また、スケールダウン時に停止されるPodがランダムに選択されます。しかしながらデータベースなど永続データと連携する場合などは、状態を保持する必要があります。このステートフルなコンテナーアプリケーションを実行するためのリソースが**StatefulSet**です。StatefulSetはReplicaSetとは異なり、Podの一意性を保証しています。

ネットワークの管理（Service/Ingress）

クラスター内のPodに対して、クラスター内部および外部のネットワークからアクセスするためのリソースがServiceおよびIngressです。

Service（サービス）

Kubernetesクラスター内で起動したPodに対して、アクセスするときは**Service**を定義します。ServiceはKubernetesのネットワークを管理するもので、いくつかの種類があります（**図4.12**）。その中でも**LoadBalancer**はServiceに対応するIPアドレス＋ポート番号にアクセスすると、複数のPodに対するL4レベルの負荷分散が行われます。

Serviceによって割り当てられるIPアドレスには、Cluster IPとExternal IPがあります。**Cluster IP**は、クラスター内のPod同士で通信するためのプライベートIPです。クラスター内のPodからCluster IPに向けたパケットは、後述するNode上のProxyデーモンが受け取って、宛先のPodに転送されます。**External IP**は、クラスターの外部に公開するIPアドレスです。新規にPodを起動すると、既存のServiceのIPアドレスとポート番号は、環境変数として参照できます。

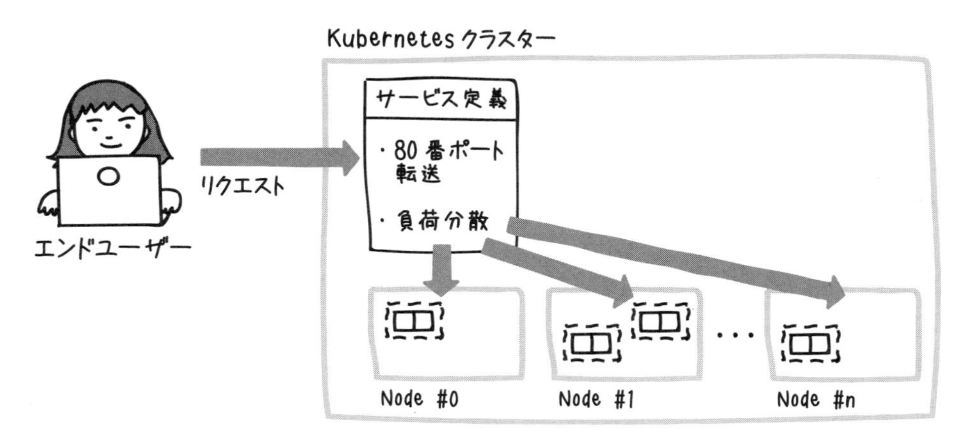

図4.12 Service

Ingress（イングレス）

Ingressはクラスター外部のネットワークからアクセスを受け付けるためのオブジェクトで、HTTP/HTTPSのエンドポイントとして機能します。ロードバランサー、URLパスに応じたバックエンドサービスへのルーティング、SSL終端、名前ベースのバーチャルホスティングなどのL7の機能を提供します。

アプリケーション設定情報の管理（ConfigMap/Secrets）

Kubernetesを使うとコンテナーアプリケーションがクラスター内のどこで動いているかを意識しなくてもよくなります。一方、アプリケーションが共通で利用する環境変数などをコンテナー内に入れてしまうと、環境が変わるごとにイメージの作り直しが必要になり大変です。Kubernetesではこのようなアプリケーションの設定情報を一元管理するしくみがあります。

ConfigMap（コンフィグマップ）

ConfigMapは、アプリケーションの設定情報、構成ファイル、コマンド引数、ポート番号、アプリケーション固有の識別情報などをPodから参照できるようにするしくみです。Key-Value型で情報を管理できます。たとえば、Nginxの設定ファイルなど各コンテナーで共通にしておきたいものを登録して、一元管理します。

ConfigMapの情報はボリュームとしてマウントできるので、コンテナーアプリケーションから見たときは通常のファイルとして扱うことができます。また、環境変数として扱うことも可能です。

Secrets（シークレット）

SecretsはConfigMapと同じように構成情報をコンテナーアプリケーションに渡すためのものですが、DBに接続するときのパスワードやOAuthトークンといった秘匿性の高い情報を管理するときに利用します（**図4.13**）。バイナリーデータも格納できるようにデータをbase64でエンコードして登録しなければいけません。Secretsのデータはメモリ上（tmpfs）に展開されディスクには書き込まれないという特徴があります。また、Kubernetes1.7以降は暗号化されてetcdで管理されます。また、プライベートなコンテナーイメージからイメージをダウンロードするときに認証情報の受け渡しにも利用されています。

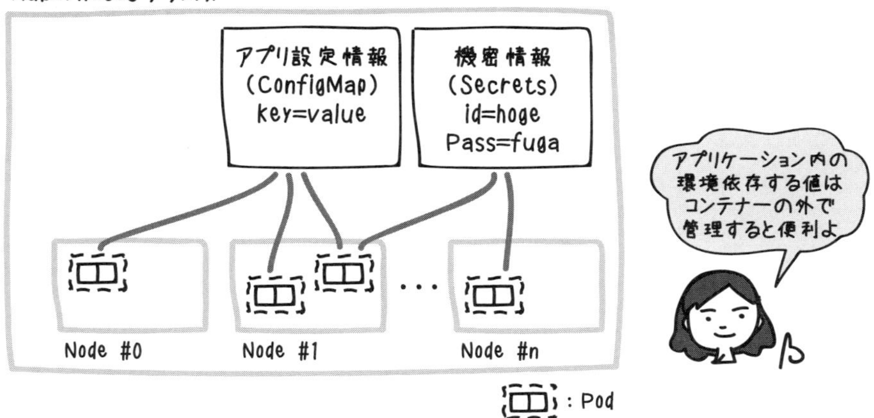

図4.13　ConfigMapとSecrets

バッチジョブの管理（Job/CronJob）

Webサーバーのような常駐サービスではなく、集計などのバッチ処理、または機械学習や数値解析などのようにプログラムの開始から終了までの完了するジョブを実行するためのリソースがJobまたはCronJobです。Podは停止＝異常終了ですが、JobまたはCronJobは停止＝ジョブの終了という違いがあります。

Job（ジョブ）

Jobは、1つまたは複数のPodで処理されるバッチ的なジョブを実行するためのリソースです。たとえばデータベースのマイグレーションのように1回限りのジョブで処理が終わるものに利用します。また、並列でタスクを実行させることもできるので、数値解析のパラメトリックスタディなどでも利用できます。Jobはアプリケーションエラーや例外などで失敗したときは、処理が成功するまでJobコントローラーがPodを作り直します。

CronJob（クーロンジョブ）

CronJobは、決まったタイミングで繰り返すJobの実行に使われるリソースです。ストレージのバックアップやメールの送信などの処理に使います。LinuxまたはUNIXシステムでのCronに似ており、マニフェストファイルでの指定も、Jobの実行時刻や頻度などを設定できます。

Kubernetesは、非常に高機能なコンテナーオーケストレーションツールです。ここで紹介した以外にもさまざまなリソースが提供されています（**表4.2**）。

表4.2　その他のリソース

リソース	説明
PersistentVolume	外部の永続ボリュームを提供するシステムと連携して、新規Volumeの作成や、既存Volumeの削除などを行うリソース
PersistentVolumeClaim	Persistent VolumeをPodから利用するためのリソース
Node	Kubernetesのワーカーノードのリソース。物理サーバーまたは仮想サーバーで構成
Namespace	リソースの属する名前空間
ResourceQuota	Namespaceごとに使用するリソース上限を設定
NetworkPolicy	Pod間の通信可否を制御するリソース
ServiceAccount	PodとKubernetesの認証のためのアカウント
Role/ClusterRole	どのリソースにどんな操作を許可するかを定義するためのリソース
RoleBinding/ClusterRoleBinding	どのRole/ClusterRoleをどのユーザー／グループ／ServiceAccountにひも付けるかを定義するためのリソース

本書ではこれらのすべてを網羅して解説するのではなく、Kubernetesのしくみを理解するうえで必要なものを中心に説明します。

4.4 マニフェストファイル

Kubernetesでは、宣言的設定を行うときにマニフェストファイルを使用します。第3章のチュートリアルでも作成しましたが、あらためてマニフェストについて振り返りましょう。

マニフェストファイルの基本

Kubernetesでは、クラスター内で動かすコンテナーアプリケーションやネットワークの設定、バッチ実行するジョブなどのリソースを作成します。このリソースの具体的な設定情報はファイルで管理しています。これが**マニフェストファイル**です。

たとえば、「Nginxが動作するコンテナーイメージをもとにしたWebフロントサーバーをクラスター内で10個起動しておきたい」という場合は、**リスト4.1**のようなマニフェストファイルを書きます。マニフェストファイルは、YAMLまたはJSON形式で書かれたテキストファイルです。ファイル名は任意ですので、わかりやすく管理しやすい名前をつけておくことをおすすめします。

リスト4.1　マニフェストファイル（webserver.yaml）

```
apiVersion: apps/v1
kind: ReplicaSet
metadata:
  name: webserver
spec:
  replicas: 10
  selector:
    matchLabels:
      app: webfront
  template:
    metadata:
      labels:
        app: webfront
    spec:
      containers:
      - image: nginx
        name: webfront-container
        ports:
          - containerPort: 80
```

このマニフェストファイルをクラスターに登録するには、kubectlコマンドを実行します。

```
$ kubectl apply -f webserver.yaml
```

このコマンドを実行するということは「マニフェストはファイルに書いてあり、ファイル名はwebserver.yamlである。この内容をAPIに送信する」という意味になります。

これを図に表すと**図4.14**のとおりです。

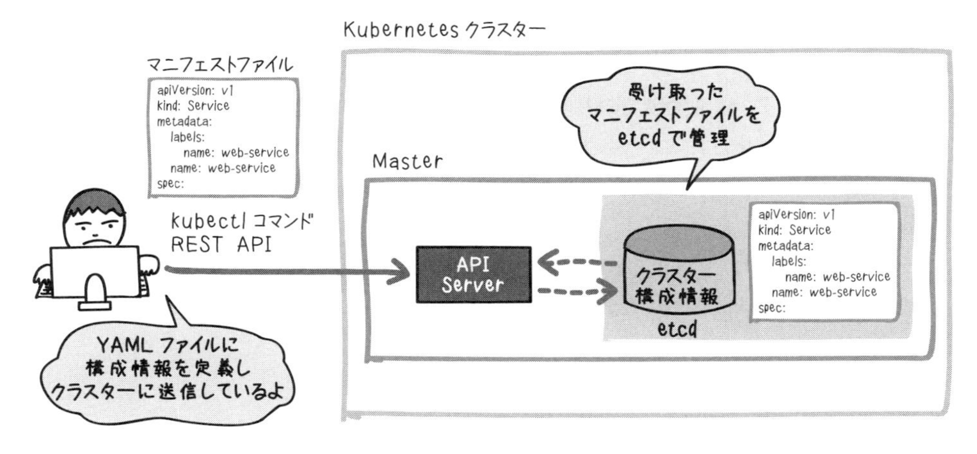

図4.14　kubectlコマンドの実行

クライアントからの命令を受け取った、Kubernetes MasterのAPI Serverは、ファイルの内容をクラスターの構成情報であるetcdに書き込みます。Kubernetesはこのetcdに書き込まれた情報をもとにリソースを管理します。

マニフェストファイル（webserver.yaml）で定義したリソースをクラスターから削除するには、-fオプションでファイル名を指定して次のコマンドを実行します。

```
$ kubectl delete -f webserver.yaml
```

マニフェストファイルの書き方は、Kubernetesのリソースによって異なりますが、基本は**リスト4.2**の構造になっています。

リスト4.2　マニフェストファイルの構造

```
apiVersion: [ ①APIのバージョン情報 ]
kind: [ ②リソースの種類 ]
metadata:
  name: [ ③リソースの名前 ]
spec:
[ ④リソースの詳細 ]
```

まずは、基本を押さえておきましょう。

①APIのバージョン情報

呼び出すAPIバージョンを指定します。バージョンによって次のとおり安定性とサポートレベルが異なります。

- **alpha（アルファ）**
  今後のソフトウェアリリースで予告なしに互換性のない方法で変更されることがあるバージョンです。検証環境でのみ使用することをおすすめします。また、機能のサポートは通知なしに中止されることもあります。具体的には「v1alpha1」などが設定されます。

- **beta（ベータ）**
  十分にテストされたバージョンです。ただし、機能は削除されませんが、詳細が変更になる場合があります。そのため、本番環境以外で使うことをおすすめします。具体的には「v2beta3」などです。

- **安定版**
  安定したバージョンには、「v1」のようにバージョン番号がつきます。本番環境で利用しやすいバージョンです。

それ以外にもKubernetesAPIの拡張のためにAPIグループなどが設定できます。

②リソースの種類

Kubernetesのリソースの種類を指定します。リソースについての詳細は後述しますが、代表的なものは次のとおりです。

- アプリケーションの実行 ➡Pod/ReplicaSet/Deployment
- ネットワークの管理 ➡Service/Ingress
- アプリケーション設定情報の管理 ➡ConfigMap/Secrets
- バッチジョブの管理 ➡Job/CronJob

③リソース名

リソースの名前を設定します。kubectlコマンドなどで操作を行うときの識別に使うので、短くわかりやすい名前がよいでしょう。

④リソースの詳細

リソースの詳細を設定します。②で設定したリソースの種類によって設定できる値が違います。

たとえば、クラスター内でコンテナーアプリケーションの実行を定義するPodの場合、次のような値を設定します。

- コンテナーの名前
- コンテナーイメージの格納元
- コンテナーが転送するポート番号
- コンテナーが内部で使う環境変数への参照

マニフェストの具体的な記述例や設定できる値は、Kubernetesのバージョンによって異なります。詳細かつ最新情報については、以下の公式サイトを参照してください。

- **Kubernetes API Overview - Kubernetes**
  https://kubernetes.io/docs/reference/using-api/api-overview/

NOTE **マニフェストファイルが同時に更新されたら？**

マニフェストファイルの情報はKubernetesクラスターのetcdで一元管理されます。1つのKubernetesクラスターに対して複数の管理者がいるときに、同時にマニフェストファイルの更新を行うとどうなるでしょうか。

データが更新されるたびに、バージョン番号が増加します。データを更新するときに、バージョン番号が増加しているかどうかを確認し、もし増加があったときは、更新は拒否されます。したがって、2つのクライアントが同じデータエントリを更新しようとすると、最初のものだけが成功します。Kubernetesのリソースには、内部でmetadata.resourceVersionというバージョンを表すフィールドが含まれています。

Kubernetesではetcdの更新処理をすべてAPI Server経由で実行するしくみになっています（**図4.A**）。そのため、不整合が起こる可能性が少なくなります。参照 第8章「8.1 Kubernetesの可用性」p.232

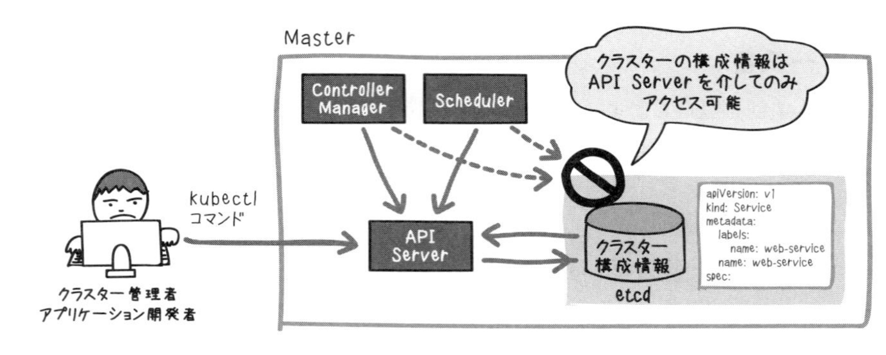

図4.A　etcdの更新処理

YAMLの文法

Kubernetesのマニフェストファイルを書くときのフォーマットはYAMLが推奨されています。**YAML**とは、構造化されたデータを表現するためのデータフォーマットです。拡張子は.ymlまたは.yamlを使います。ここでは、少しKubernetesから離れてYAMLの文法について説明します。なお、基本的な内容ですので、読み飛ばしていただいてもかまいません。

YAMLには、次の3つの特徴があります。

①インデントでデータの階層構造を表す

Pythonのようにインデントでデータの階層構造を表します。誰が書いても、読みやすいコードになるため、設定ファイルなどに適しています。インデントは半角スペースを使います。タブは使えません。

②終了タグが不要

命令の終了タグが不要であるため、冗長な表記やタイプミスなどを減らすことができます。

③フロースタイルとブロックスタイル

データの構造を表記するときは、インデントでデータ構造を表すスタイルをフロースタイル、[] や {} などでデータ構造を表すスタイルをブロックスタイルと呼びます。YAML ではどちらの表記方法でもかまいません。両者を混在して記述することもできます。

ここでは、知っておきたいYAMLの文法（フロースタイル）について説明します。

コメント行

「#」以降がコメントとして扱われます。なお、複数行にわたるコメントはないため、各行に「#」を挿入する必要があります。開発メンバーがわかりやすいように適切なコメントを入れておくことをおすすめします。

データ型

YAML では、以下のデータ型を自動的に判別します。

- 整数
- 浮動小数点数
- 真偽値（true/false、yes/no）
- Null
- 日付（yyyy-mm-dd）
- タイムスタンプ（yyyy-mm-dd hh:mm:ss）

これ以外は文字列として取り扱います。またシングルクォーテーションまたはダブルクォーテーションで囲むと、強制的に文字列として扱います。

配列

YAML ではデータの先頭に「-」をつけることで配列を表します。ただし、「-」の後ろには必ず半角スペースを入れてください。

```
- " わかりやすい Kubernetes"
- " たのしい C#"
- " 猫でもわかるクラウドデザインパターン "
```

また、次のように配列をネストすることもできます。

```
- わかりやすい Kubernetes
-
  - たのしい C# 初版
  - たのしい C# 第 2 版
- 猫でもわかるクラウドデザインパターン
```

ハッシュ

YAMLではハッシュを表すとき、KeyとValueを「:」でデータを区切ります。ただし、「:」の後ろには**必ず半角スペース**を入れてください。

```
name: " わかりやすい kubernetes"
auther: "neko"
price: 500
```

ハッシュも、配列と同様にインデントでネスト構造を表すことができます。

- **YAML［公式サイト］**
  https://yaml.org/

4.5 ラベルによるリソース管理

Kubernetesでは、リソースを管理するときにLabelを使って識別します。このLabelは開発が大規模になっても、効率よくクラスターを管理するための重要なしくみです。ここでしっかり理解しましょう。

Label

開発が進むとKubernetesクラスター内には、たくさんのPodが生成されるでしょう（**図**

4.15)。たとえば、次のようなものが考えられます。

- Webフロントサーバー機能／バックエンド処理機能
- 追加機能X／追加機能Y／追加機能Z……
- 開発環境／テスト環境／ステージング環境／本番環境
- アルファ版／ベータ版／リリース版

図4.15　Podの管理

　これらをクラスターで管理するときに、同じグループでまとめて操作できると便利です。しかし、フォルダなどの階層構造にしてしまうと、たとえば決済処理を行うバックエンド処理で、かつステージング環境など複数の属性を持つケースなどを管理しなければなくなり、運用が複雑になります。

　そこで生まれたのが、**Label**という考え方です。これは、複数のKubernetesリソースを識別するための**任意の情報を定義できる**ものです。

　Labelを使うと、PodのようなKubernetesリソースにバージョン名やアプリケーション名、ステージング環境か本番環境かどうかなどの任意のラベルを設定し、クラスター内で管理しやすくします。**図4.16**のようにそれぞれのリソースに付箋のようなものがついていると思えばよいでしょう。

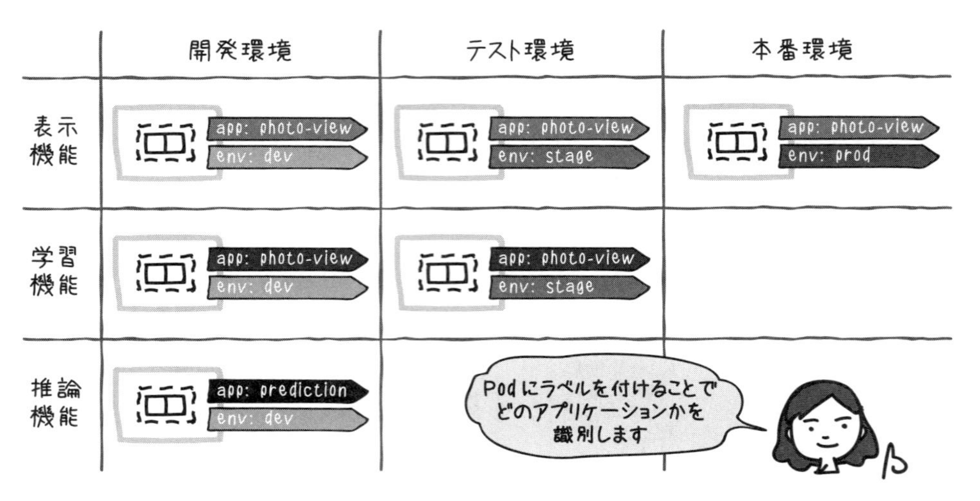

図4.16　Labelの設定

ここでは、実際にPodにラベルを設定して確認してみます。まだKubernetesクラスターを起動していない場合は、第2章の手順をもとにクラスターを作成してください。

なお、Podは、Kubernetesにおけるコンテナーアプリケーションの集合体ですが、詳細については第5章で説明するため、ここでは「異なるコンテナーアプリケーションに任意のラベルをつける」と考えてください。

(1) Podにラベルを設定する

Labelは Key-Value型で設定します。任意の値を設定してかまいません。KeyもValueもいずれも文字列を指定します。Key名は必須で、長さは63文字以内で、先頭と末尾は必ずアルファベットか数字にします。先頭と末尾以外には、ダッシュ(-)アンダースコア(_)ドット(.)も使用できます。

Keyには、スラッシュで区切られたプレフィックスも指定できます。プレフィックスを指定するときは、DNSサブドメインで、長さ253文字の制限があります。ただし、kubernetes.io/はKubernetesのシステムで利用しますので、指定できません。

それでは、Nginxが動作するシンプルなPodマニフェストファイルを作成して動作を確認します(**リスト4.3**)。

リスト4.3　chap04/Label/label-pod.yaml

```
apiVersion: v1
kind: Pod
metadata:
  name: nginx-pod-a
  labels:
    env: test
    app: photo-view
spec:
  containers:
  - image: nginx
    name: photoview-container
```


このマニフェストは「photoview-container」という名前のコンテナーが1つ含まれる「nginx-pod-a」という名前のPodを定義するものです。ラベルは複数設定できます。このPodには、Key＝「env」、Value＝「test」というラベルと、Key＝「app」、Value＝「photo-view」という2つのラベルを設定しています。

なお、サンプルでは異なるラベルが設定された複数のPodを定義しています。

次のコマンドを実行して、Podを作成します。

```
$ kubectl apply -f Label/label-pod.yaml
```

Podを確認するときは、次のコマンドを実行します。その際、--show-labelsオプションを指定すると、Podに設定されたラベルが表示されます。

```
$ kubectl get pod --show-labels

NAME          READY   STATUS    RESTARTS   AGE     LABELS
nginx-pod-a   1/1     Running   0          1m      app=photo-view,env=test
nginx-pod-b   1/1     Running   0          1m      app=imagetrain,env=test
nginx-pod-c   1/1     Running   0          1m      app=prediction,env=test
nginx-pod-d   1/1     Running   0          1m      app=photo-view,env=stage
nginx-pod-e   1/1     Running   0          1m      app=imagetrain,env=stage
nginx-pod-f   1/1     Running   0          1m      app=photo-view,env=prod
```

(2) ラベルを変更する

ラベルを変更するには、マニフェストファイルを変更します。作成したPod「nginx-pod-a」のenvの値を「test」から「stage」に変更します（**リスト4.4**）。

リスト4.4　ラベルの変更（label-pod.yaml）

```
apiVersion: v1
kind: Pod
metadata:
  name: nginx-pod-b
  labels:
    app: photo-view
    env: stage
～中略～
```

次のコマンドを実行して、Podのラベルを変更します。これは、マニフェストファイルを更新するものです。

```
$ kubectl apply -f Label/label-pod.yaml
pod "nginx-pod-b" configured
```

再びPodを確認すると、ラベルが変更されているのがわかります。

```
$ kubectl get pod --show-labels

NAME          READY     STATUS    RESTARTS   AGE       LABELS
nginx-pod-a   1/1       Running   0          1m        app=photo-view,env=stage
```

なお、kubectl label deploymentsコマンドを実行することで、ラベルを書き換えることもできますが、構成管理の観点からもマニフェスト変更することをおすすめします。

なお、NodeやReplicaSetなどのPod以外のリソースにも自由にLabelを設定できます。

LabelSelectorによるリソース検索

前節ではLabelの設定方法を見ましたが、このしくみはKubernetesが自由度の高いオーケストレーションを実現するための重要なポイントでもあります。そこで、設定したLabelを具体的にどのように使うのかを見ていきましょう。

Kubernetesのリソースに設定されたLabelは、**LabelSelector**という機能を使ってフィルタリングできます。このLabelSelectorは、次の2つの利用方法があります。

①kubectlコマンドでのフィルタリングに利用

kubectlコマンドのオプションで-selectorオプションをつけると、指定した条件に当てはまるものだけを操作できます。

ここで、「app=photo-view」のラベルが設定されたPodの一覧のみを表示したいときは、次のコマンドを実行します。実行すると条件に合う3つのPodが表示されます。

```
$ kubectl get pod -l app=photo-view

NAME          READY     STATUS    RESTARTS   AGE
nginx-pod-a   1/1       Running   0          5m
nginx-pod-d   1/1       Running   0          5m
nginx-pod-f   1/1       Running   0          5m
```

セレクタをカンマでつないで複数指定すると、論理演算のANDの結果が返されます。次の場合は、「app=photoview」であり、かつ「env=prod」ラベルが指定されているPod「nginx-pod-f」のみが表示されます。

```
$ kubectl get pod -l app=photo-view,env=prod
NAME          READY     STATUS    RESTARTS   AGE
nginx-pod-f   1/1       Running   0          7m
```

LabelSelectorで使える演算子は、**表4.3**のとおりです。

表4.3 LabelSelectorで使える演算子

演算子	説明
Key = value	Key = valueである
Key != value	Key = valueではない
Key in (value1,value2)	Keyはvalue1またはvalue2
Key notin (value1,value2)	Keyはvalue1でもvalue2でもない
Key	Keyが設定されている
!key	Keyが設定されていない

Labelの設定は任意の文字列なので、開発プロジェクトの要件に応じてネーミングルールを決めて運用してください。たとえばバージョン名やステージング環境か本番環境かどうか、アプリケーションのコードネームなどを含めるとよいでしょう。

現在、**図4.16**のラベルが設定されたPodが起動しているので、さまざまな条件でPodが検索できるかを確認してみましょう。

②異なるKubernetesリソースの関連付けに利用

Kubernetesのラベルのもう1つの重要な役割に、ReplicaSet、Deployment、ServiceなどでKubernetesリソース同士の関連付けに使います（**図4.17**）。

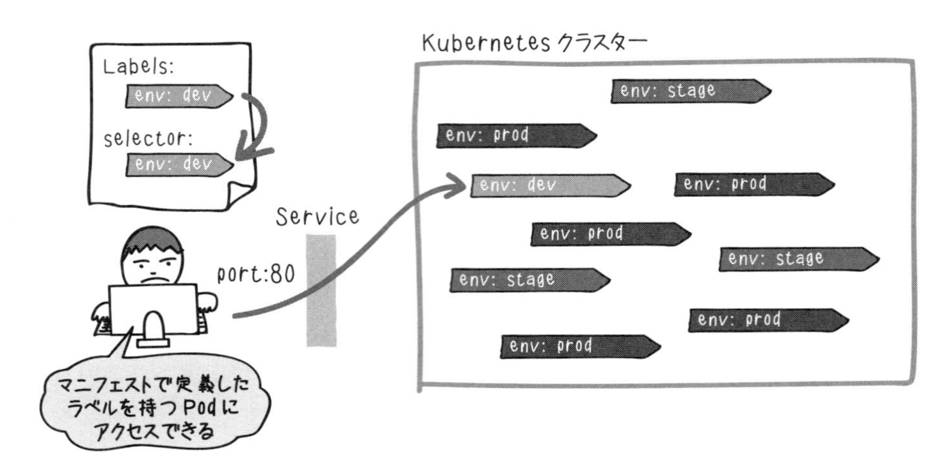

図4.17　LabelSelector

この機能については、第5章以降で詳しく説明していきます。

KubernetesにはLabelのほかにもKubernetesのリソースの情報を管理できる**Annotation**があります。このAnnotationには、ビルド情報の詳細/プルリクエスト番号など任意の情報を設定できます。また、Kubernetes内部でも利用されています。

4.6 Kubernetesのリソース分離

KubernetesにはリソースをまとめてXX的に分離するNamespaceという機能があります。これを使うと1つのKubernetesクラスターを複数プロジェクトで利用することができます。複数のリソースをまとめて入れるフォルダのようなものと理解するとよいでしょう。

このNamespaceには、ロールベースで権限を設定できます。Namespaceごとに必要なアクセス権を設定して利用できるユーザーを限定して、分離性を高めることができます。

参照 第11章「11.2　Namespaceによる分離」p.293

Kubernetesでは同一のNamespace内では、リソース名を一意にする必要がありますが、異なるNamespaceの場合、同じ名前のリソースをつけることができます（**図4.18**）。たとえば、HTTP/HTTPSリクエストを受け付ける「webfront」という役割のリソースはNamespaceが異なれば利用できます。ただし、Nodeなどは同じリソース名をつけることができません。

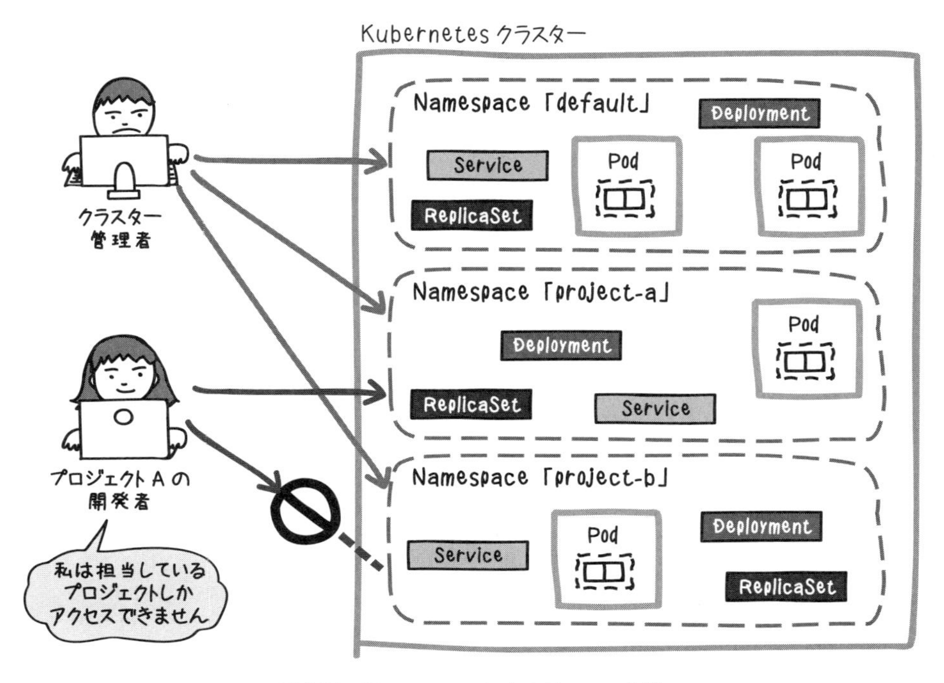

図4.18 Namespaceによるリソース分離

ここで空間の使い方を見てみましょう。クラスター内のNamespaceの一覧を確認するには、次のコマンドを実行します。

```
$ kubectl get namespace

NAME          STATUS    AGE
default       Active    1h
kube-public   Active    1h
kube-system   Active    1h
```

AKSを使ってクラスターを構築したときは、デフォルトで**表4.4**のネームスペースが作成されます。

表4.4 Kubernetesのネームスペース

Namespace	説明
default	Namespaceを明示的に指定しない場合のデフォルト
kube-public	全ユーザーが利用できるConfigMapなどのリソース
kube-system	Kubernetesクラスターが内部で利用するリソース

kubectlコマンドで--namespaceオプション（または-n）を設定すると、指定したNamespaceで管理されているKubernetesリソースを確認できます。たとえば次のコマンドを実行すると、「kube-sysem」という名前のNamespaceに含まれるPodの一覧を取得できます。

```
$ kubectl get pod --namespace kube-system
NAME                              READY     STATUS    RESTARTS    AGE
azureproxy-6496d6f4c6-dst64       1/1       Running   1           1h
heapster-864b6d7fb7-2rvww         2/2       Running   0           1h
kube-dns-v20-55645bfd65-7rtfj     3/3       Running   0           1h
kube-dns-v20-55645bfd65-xvwpm     3/3       Running   0           1h
kube-proxy-4j688                  1/1       Running   0           1h
～中略～
```

新しいNamespaceを作るときは、リスト4.5のマニフェストファイルを作成します。ここでは、「trade-system」というNamespaceを作っています。

リスト4.5　chap04/Namespace/namespace.yaml

```
apiVersion: v1
kind: Namespace
metadata:
  name: trade-system
```

次のコマンドを実行して、Namespaceを作成します。

```
$ kubectl create -f Namespace/namespace.yaml
namespace "trade-system" created
```

再び、Namespaceの一覧を表示すると、作成した「trade-system」が確認できます。

```
$ kubectl get namespace
NAME           STATUS    AGE
default        Active    1h
kube-public    Active    1h
kube-system    Active    1h
trade-system   Active    13s
```

namespaceオプションで明示的に指定していないときは、「default」のNamespaceに含まれるリソースを操作していることになります。

次のコマンドを実行すると、Namespaceが「trade-system」である「my-context」が設定できます。

```
$ kubectl config set-context my-context --namespace=trade-system
```

このコマンドを実行すると、クラスターへのアクセスのための設定ファイルを変更します。

参照 第2章「2.4 Azureを使ったKubernetesクラスター作成」p.37

一通り確認ができたら、本章で作成したリソースを次のコマンドで削除しましょう。

```
$ kubectl delete -f Label/label-pod.yaml
pod "nginx-pod-a" deleted
pod "nginx-pod-b" deleted
pod "nginx-pod-c" deleted
pod "nginx-pod-d" deleted
pod "nginx-pod-e" deleted
pod "nginx-pod-f" deleted

$ kubectl delete -f Namespace/namespace.yaml
namespace "trade-system" deleted
```

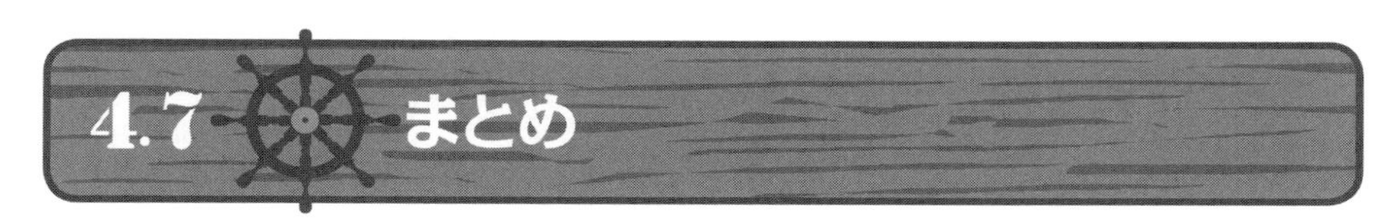

4.7 まとめ

本章では、Kubernetesを動かすうえで知っておきたい重要なコンセプトやKubernetesのしくみを理解するうえで重要なAPIの全体像を説明しました。

- Kubernetesのコアコンセプト
- Kubernetes APIの概要
- Kubernetesが提供するリソースの概要
- ラベルによるリソース管理
- Namespaceによるリソース分離

Kubernetesでは、コンテナーアプリケーションだけでなくネットワークやストレージ、ジョブなどを抽象化した**リソース**という単位で操作をします。このリソースの概要についても全体像を紹介しました。ここでは、さまざまなコマンドを実行しましたが、その裏でどのようなことが行われているのかを知っておくことが大事です。

次の第5章では、いよいよKubernetesでコンテナーアプリケーションを動かす基本となる「Pod」のしくみをひも解いていきましょう。

NOTE 機械学習とKubernetes

学習では、データの収集や管理、精度の良い学習モデル作成に注目が集まっていますが、それ以外にも多くのプロセスが必要です。たとえば、機械学習フレームワークやライブラリを使った環境にポータビリティを持たせるか、継続的な再学習のしくみをどう作るか、IoTデバイスなどさまざまな環境へのロールアウトをどうするかなど基盤として検討することは山積みです。

機械学習の世界もKubernetes同様に、非常に進化しているため、バージョンや依存関係の問題で動かない、などが頻繁に起こります。そこで、アプリケーションの可搬性の高さや構成管理の観点からコンテナーが注目されています。

Kubeflowは、Kubernetesでの機械学習ワークロードを提供するオープンソースソフトウェアです。JupyterNotebookによる開発環境構築や、TensorFlowを使うためのコンポーネントを提供しています。

- **Kubeflow**
  https://www.kubeflow.org/

また、Azureの機械学習ワークロードを提供する「Azure Machine Learningサービス」を使うと、機械学習アプリのデプロイ先として本書で利用したAzure Kubernetes Serviceを利用できます。

- **Azure Machine Learning service**
  https://azure.microsoft.com/ja-jp/services/machine-learning-service/

CHAPTER

05

コンテナーアプリケーションの実行

Kubernetesを理解するうえでのはじめの一歩はコンテナーの集合体であるPodです。ここではPodのしくみについて、ひも解いていきましょう。

※この章で解説する環境を構築するコード、サンプルアプリケーションはGitHub（https://github.com/ToruMakabe/Understanding-K8s/tree/master/chap05）で公開しています

5.1 Podによるコンテナーアプリケーションの管理

ここでは、Podのしくみやマニフェストファイルの作り方などを説明します。

Pod

コンテナーの世界では、「1コンテナー1プロセス」が鉄則で、シンプルな機能を持つアプリケーションにすることが推奨されています。しかし、たとえばWebサーバーとプロキシサーバー、SSL終端、認証サーバー（OAuth）など、メインとなるコンテナーと付随して協調動作するコンテナー【※1】を1つのまとまりとして作っておくと便利です。Kubernetesでは、関連するコンテナーの集合体を**Pod**と呼びます。このPodは、コンテナーアプリケーションの入れ物のようなものである、と理解するとわかりやすいでしょう。

Podは次の性質を持ちます。

- Podには1つ以上のコンテナーが含まれる
- Podの中のコンテナーは必ず同じNodeに配置される
- アプリケーションをスケールアウトするときはPod単位
- Pod内のコンテナーはネットワークとストレージを共有する

Pod内のコンテナーは、クラスター内の同じ物理マシンまたは仮想マシン上に配置され、実行されます。アプリケーションを増やす場合、同じ構成のPodを複数作成します。これを**レプリカ**と呼びます。

※1　メインのコンテナーに対して、補助するサブコンテナーのことを「サイドカー」と呼ぶこともあります。

ネットワーク

各Podには、一意のIPアドレスが割り当てられます（**図5.1**）。同じPodのコンテナーは、IPアドレスとネットワークポートを含むネットワーク空間を共有します。そのためPod内のコンテナー同士は、localhostを使用して相互に通信できます。

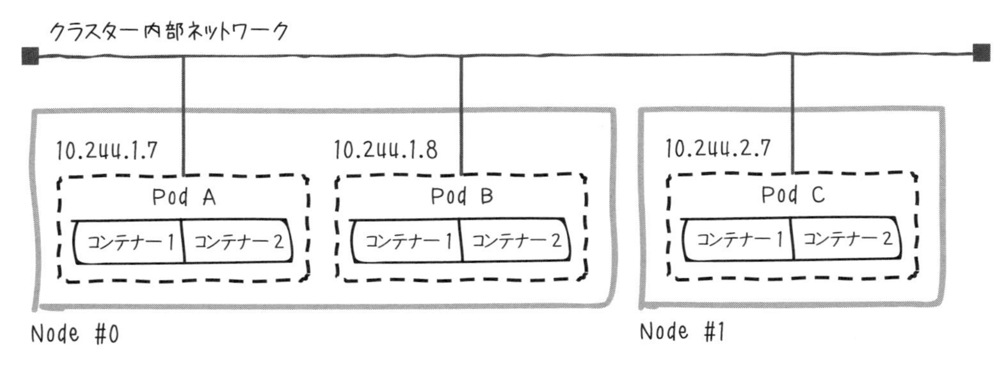

図5.1　Podのネットワーク

ストレージ

Pod内のコンテナーが共有ボリュームにアクセスできるため、コンテナー間でデータのやりとりができます（**図5.2**）。

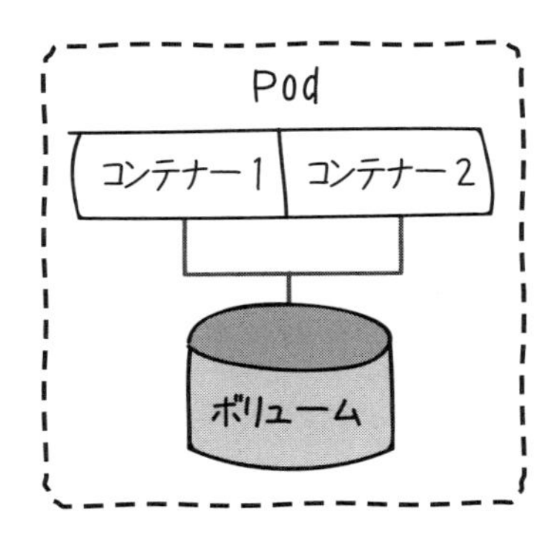

図5.2　Podのボリューム

マニフェストファイル

第3章のチュートリアルでシンプルなPodを作成しましたが、ここではPodのマニフェストファイルの基本的な書き方を説明します。

Podのマニフェストファイルの基本構造は**リスト5.1**のとおりです。

リスト5.1　Podのマニフェストファイル

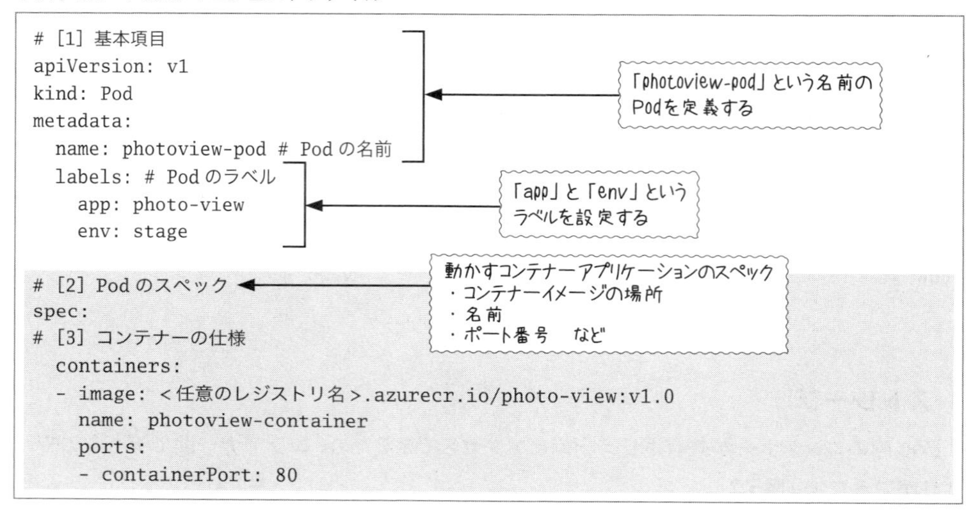

```
# [1] 基本項目
apiVersion: v1
kind: Pod
metadata:
  name: photoview-pod # Pod の名前
  labels: # Pod のラベル
    app: photo-view
    env: stage

# [2] Pod のスペック
spec:
# [3] コンテナーの仕様
  containers:
  - image: <任意のレジストリ名>.azurecr.io/photo-view:v1.0
    name: photoview-container
    ports:
    - containerPort: 80
```


[1] マニフェストの基本項目

まず、APIのバージョンやPod名などの基本項目を設定します（**表5.1**）。

表5.1　Podマニフェストの基本項目

フィールド	データ型	説明	例
apiVersion	文字列	APIのバージョン。執筆時点での最新は「v1」 存在しない値を設定するとエラーになる	v1
kind	文字列	Kubernetesリソースの種類	Pod
metadata	Object	Podの名前やLabelなどのメタデータ	
spec	PodSpec	Podの詳細を設定	

[2] Podのスペック

［spec］フィールドには、Podの内容を設定します。具体的には、Pod内で動かすコンテナーアプリケーションや優先度、再起動時のルールなどについてを定義します。（**表5.2**）。

表5.2　Podのスペック（[spec] フィールド）

フィールド	データ型	説明
containers	Container配列	Podに属するコンテナーのリスト。Podには1つ以上のコンテナーが必要
imagePullSecrets	LocalObjectReference配列	コンテナーイメージを取得するために使われる認証情報
initContainers	Container配列	初期化処理を行うコンテナー。このコンテナーに障害が発生した場合、そのPodは失敗したものとみなされ、restartPolicyに従って再起動される
nodeName	文字列	特定のNodeにPodを配置するときに指定
nodeSelector	Object	指定したラベルを持つNodeにPodをスケジュールさせたいときに指定
priority	整数	Podの優先度の値。大きいほど優先度が高い
restartPolicy	文字列	Pod内のコンテナーの再起動ポリシー。Always、OnFailure、Neverのいずれか。デフォルトはAlways
volumes	Volume配列	Pod内のコンテナーがマウントできるボリュームのリスト

[3] コンテナーの仕様

[containers] フィールドには、Pod内で動かすコンテナーアプリケーションの詳細を設定します。たとえば、コンテナーイメージとその格納先レジストリの情報やコンテナーで利用する環境変数などです（**表5.3**）。

表5.3　コンテナーの仕様（[containers] フィールド）

フィールド	データ型	説明
args	文字配列	コンテナーに送信する引数
env	EnvVar配列	コンテナーに設定する環境変数
image	文字列	コンテナーのイメージとその格納先
imagePullPolicy	文字列	コンテナーイメージを取得するときのルール。Always、Never、IfNotPresentのいずれか。デフォルト「IfNotPresent」で、もしイメージがあれば新たに取得しない。もし強制的にイメージを更新したいときは「Always」を設定
livenessProbe	Probe	コンテナーの監視（詳細は5.4節）
name	文字列	コンテナーの名前。クラスター内部でDNS_LABELとして使用される
ports	ContainerPort配列	コンテナーが公開するポート番号のリスト。たとえばHTTPを公開するときは80を設定する
readinessProbe	Probe	コンテナーの監視（詳細は5.4節）
resources	ResourceRequirements	コンテナーに必要なCPUやメモリなどのコンピューティングリソース
volumeMounts	VolumeMount配列	コンテナーのファイルシステムにマウントするボリューム
workingDir	文字列	コンテナーの作業ディレクトリ

具体的な例を見てみましょう。

たとえば、**リスト5.2**の例は、「www」という名前のPodを定義したマニフェストファイルです。このPodの中には「nginx」と「git-monitor」という名前のコンテナーが含まれます。この2つのコンテナーから共通で利用できる「www-data」という名前のボリュームが作成され、各コンテナーからマウントされています。

リスト5.2　Pod「www」を定義したマニフェストファイル

```
apiVersion: v1
kind: Pod
metadata:
  name: www
spec:
  containers:
  - name: nginx
    image: nginx
    volumeMounts:
    - mountPath: /srv/www
      name: www-data
      readOnly: true
  - name: git-monitor
    image: kubernetes/git-monitor
    env:
    - name: GIT_REPO
      value: http://github.com/some/repo.git
    volumeMounts:
    - mountPath: /data
      name: www-data
  volumes:
  - name: www-data
    emptyDir: {}
```

Podマニフェストファイルに指定できる項目の詳細は、APIのバージョンによって異なります。執筆時点での最新のv1については、以下の公式サイトを参照してください。

- **Pod v1 core - Kubernetes API Reference Docs**
  https://kubernetes.io/docs/reference/generated/kubernetes-api/v1.10/#pod-v1-core

Podの作成／変更／削除

それでは、サンプルのマニフェストファイルをもとに実際にPodを作成／変更／削除してみましょう。まだKubernetesクラスターを起動していない場合は、第2章の手順をもとにクラスターを作成してください。

Podの作成は、kubectlコマンドを使います。

(1) Podの作成

サンプルのマニフェストファイルを開き、コンテナーイメージの公開場所を、第2章で作成したACRのレジストリに変更します(**リスト5.3**)。この例では「sampleacrregistry.azurecr.io」になっていますが、ここを各自の環境に合わせて書き換えてください。

リスト5.3 chap05/Pod/pod.yaml

```
# [1] 基本項目
apiVersion: v1
～中略～
spec:
  # [3] コンテナーの仕様
  containers:
  - image: sampleacrregistry.azurecr.io/photo-view:v1.0
    name: photoview-container
～中略～
```

次のコマンドを実行してPodを作成します。

```
$ kubectl apply -f Pod/pod.yaml
pod/photoview-pod created
```

次のコマンドでPodの一覧を見てみましょう。--show-labelsオプションはPodに設定されているラベルを表示するものです。STATUSが「Running」になっており、Podが動作していることがわかります。

```
$ kubectl get pods --show-labels
NAME            READY     STATUS    RESTARTS   AGE       LABELS
photoview-pod   1/1       Running   0          1m        app=photo-view,env=stage
```

PodのSTATUSは、**表5.4**の状態を表しています。

表5.4 PodのSTATUS

値	説明
Pending	Podの作成を待っている状態。コンテナーイメージのダウンロードなどに時間がかかる場合もある
Running	Podが稼働している状態
Succeeded	Pod内のすべてのコンテナーが正常に終了した状態
Failed	Pod内のコンテナーのうち、少なくとも1つのコンテナーが失敗して終了した状態
Unknown	何らかの理由により、Podと通信できなくなった状態

何らかのエラーが発生している場合は、Podの詳細を確認します。次の例では、「photoview-pod」という名前のPodの詳細を確認しています。ログは［Events］フィールドを見ましょう。コンテナーイメージの設定でエラーになっているのがわかります。

```
$ kubectl describe pods photoview-pod

    Port:            80/TCP
～中略～
Conditions:
  Type              Status
  Initialized       True
  Ready             False
  PodScheduled      True

～中略～
Events:
  Type     Reason                 Age                From                                Message
  ----     ------                 ----               ----                                -------
  Normal   Scheduled              1m                 default-scheduler                   Successfully
➡assigned photoview-pod to aks-nodepool1-84401083-1
  Normal   SuccessfulMountVolume  1m                 kubelet, aks-nodepool1-84401083-1  MountVolume.
➡SetUp succeeded for volume "default-token-nvgkg"
  Warning  InspectFailed          4s (x9 over 1m)   kubelet, aks-nodepool1-84401083-1  Failed to
➡apply default image tag " xxx.azurecr.io/photo-view:v1.0": couldn't parse image reference "xxx.
➡azurecr.io/photo-view:v1.0": invalid reference format
  Warning  Failed                 4s (x9 over 1m)   kubelet, aks-nodepool1-84401083-1  Error:
➡InvalidImageName
```

(2) Podの変更

続いて、Podの内容を変更してみましょう。ここではコンテナーイメージの変更をするため、マニフェストファイルを**リスト5.4**のように変更します。これは、コンテナ―のイメージのバージョンを「v1.0」から「v2.0」に変えています。

リスト5.4　chap03/Pod/pod.yamlの変更

変更前

```
  containers:
  - image: <作成したACRレジストリ名>.azurecr.io/photoview:v1.0
```

変更後

```
  containers:
  - image: <作成したACRレジストリ名>.azurecr.io/photoview:v2.0
```

次のコマンドを実行すると、Podの状態を更新します。なおkubectl applyコマンドは、変更のないリソースには何もしません。

```
$ kubectl apply -f Pod/pod.yaml
pod/photoview-pod configured
```

次のコマンドでPodの詳細を確認します。修正したコンテナーのイメージが変更されているのがわかります。

```
$ kubectl describe pods photoview-pod
Name:           photoview-pod
Namespace:      default
Node:           aks-nodepool1-84401083-1/10.240.0.4
～中略～
IP:             10.244.2.13
Containers:
  photoview-container:
    Container ID:   docker://xxxxxxxxxxxxxxxx
    Image:          <作成したACRレジストリ名>.azurecr.io/photo-view:v2.0
```

(3) Podの削除

次のコマンドを実行すると、Podを削除します。

```
$ kubectl delete -f Pod/pod.yaml
pod/photoview-pod deleted
```

Podの一覧を見てみましょう。Podがなくなっているのがわかります。

```
$ kubectl get pod
No resources found.
```

Podの基本的な操作は以上です。エディターでマニフェストを作成／修正し、kubectlコマンドでクラスターに通知するという流れを押さえておけばよいでしょう。

Podのデザインパターン

Podをどのように作成するかは、アプリケーションの機能要件および非機能要件によりますが、検討のポイントは次の2つです。

- 必ず同じNodeで実行する必要があるかどうか
- 同じタイミングでスケールする必要があるかどうか

代表的なPodデザインパターンをいくつか紹介します。

①プロキシの役割をするコンテナー

HTTPにしか対応していないWebアプリケーションをHTTPSに対応させるため、メインのアプリケーションに対してSSLプロキシとなるコンテナーを入れるパターンです（**図5.3**）。サイドカーとなるSSLプロキシコンテナーからWebアプリケーションへのアクセスはlocalhostで通信できるので、既存のWebアプリケーションのコードを変更することなくHTTPSに対応できます。

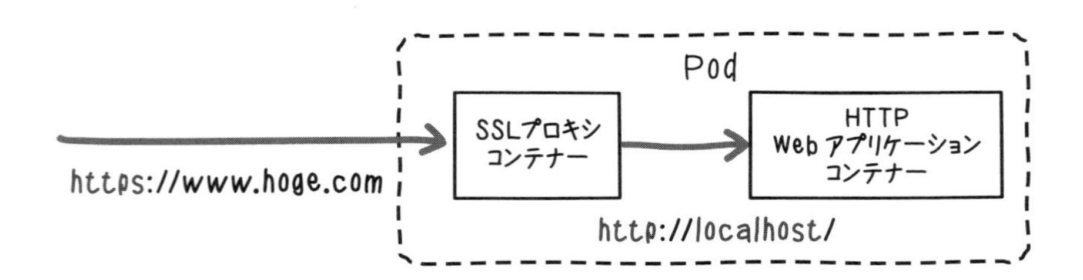

図5.3　プロキシの役割をするコンテナー

また、コンテナーアプリケーションからDBへのアクセスのためにプロキシ用のコンテナーを配置することもあります。

②認証処理を行うコンテナー

アプリケーションがOAuth認証を必要とする場合などは、アプリケーション本体の機能と分離して、認証処理を行う専用のPodを置く場合があります（**図5.4**）。

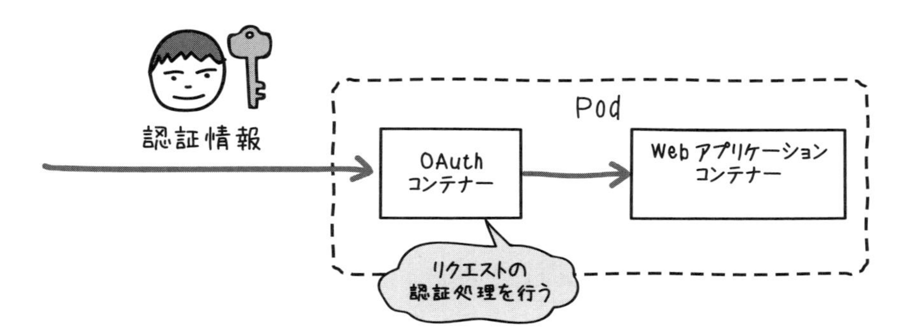

図5.4　認証処理を行うコンテナー

そしてもう1つ重要なポイントがあります。KubernetesではPodがデプロイの最小単位となります。そのため、アプリケーションの拡張性の観点から、どのようにスケールさせたいかが、Podデザインパターン選定の決め手になります。

たとえば、一般的なWebシステムにおいて、リクエストを処理するフロントエンドサーバーと、業務ロジックを実行するバックエンドサーバーでは、急激なアクセス増加があったときにスケールするタイミングが必ずしも同じではありません（**図5.5**）。したがって、フロントエンドとバックエンドのコンテナーはそれぞれ別のPodとして管理するのがよいでしょう（**図5.6**）。

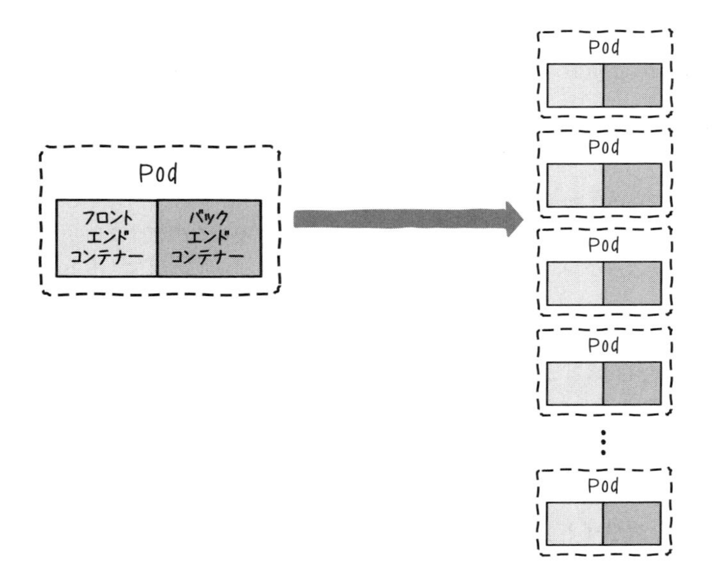

図5.5　スケールしにくい例

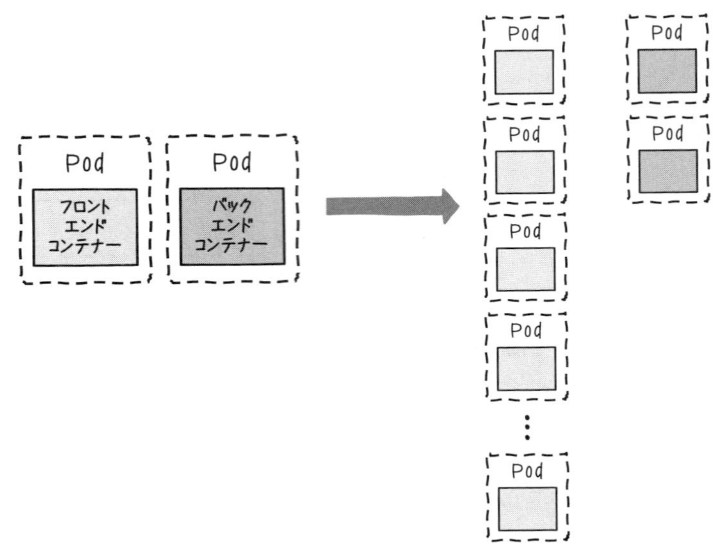

図5.6　望ましい例

なお、コンテナーアプリケーションの全体アーキテクチャーおよびデザインパターンについては、以下の書籍にまとまっています。興味のある方は参考にしてください。

- **Designing Distributed Systems**
  https://azure.microsoft.com/ja-jp/resources/designing-distributed-systems/

NOTE サービスメッシュ「Istio」

マイクロサービスアーキテクチャーのアプリケーションは、運用で考えなければいけないことが数多くあります。たとえばアプリケーションを構成するほかのマイクロサービスを自動的に検知できるかどうかや、負荷分散、デプロイメントのしくみに加えて、リトライ／タイムアウト、サーキットブレーカー／バルクヘッド、流量制御、障害検知、監視、ログ出力などです。これらの機能を提供するOSSに「Istio」があります。Istioでは、アプリケーションに必要な機能をプロキシプロセスとして動かします。これにより、ヘッダに基づいてアクセスを振り向けるルールを定義ベースで行うことも可能です。たとえば「リクエストの80%はv1.0、残りの20%はv2.0を呼び出す」というルールを記述することで、カナリアリリース[※2]が実現できます。

- **Istio［公式サイト］**
  https://istio.io/

※2　カナリアリリースとは、新機能を本番環境の一部分にデプロイし、限られたユーザーに対してのみリリースして提供して問題がないことを確認したうえで、すべてのデプロイを行うという方法です。

5.2 Podのスケジューリングのしくみ

Kubernetesは「どこでコンテナーアプリケーションが稼働していようが、問題なくサービスが提供できる」環境を提供します。しかし、Kubernetesを学び始めたとき、まず感じる疑問の1つに**いったいPodはどこのNodeにどのように展開されるのだろうか**ということがあります。コンテナーアプリケーションを本番環境で運用するとなると、実際に内部のしくみがわからないと、適切なアプリケーション設計できないだけでなく、万が一障害が発生したときに、対応ができません。

ここでは、KubernetesでPodがどのように配置されるのかを、ひも解いていきます。

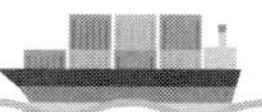

どのようにPodを配置するか

Kubernetesは、コンテナーアプリケーションを具体的にどのNodeで動かすかを、アルゴリズムに基づいて配置します。この処理を**スケジューリング**と言います。

このスケジューリングのしくみを理解するのに重要な役割をしているのが、KubernetesのMasterで動作するAPI Serverです。

API Serverの動きを見てみましょう。API Serverはクラスター内のリソースを作成／参照／更新／削除（Create、Read、Update、Delete）するためRESTfulインターフェイスを持っています。

クラスターの状態のデータを保持しているetcdへのアクセスも、このAPI Serverを介して行います。その際、同時更新が発生した場合にオブジェクトの変更が他のクライアントによってオーバーライドされることがないようにAPI Serverが制御しています。

第3章のチュートリアルで、YAML形式のマニフェストファイルを作成し、kubectlコマンドを実行してアプリケーションをデプロイしました。ここではこのチュートリアルを例にして、具体的にKubernetesの内部でどのようなことが起こっているかを見ていきましょう。

(1) kubectlコマンド実行

開発者はPodを作成するとき、kubectlコマンドを実行します。具体的にどのようなPodを作るかを、マニフェストファイルに記述し、-fオプションでAPI Serverに送信します。

(2) クラスター構成情報の更新

クライアントからのkubectlコマンドを受け付けたAPI Serverは、マニフェストファイルの内容をクラスターの構成情報が管理されているetcdに格納します。

(3) クラスター構成変更の通知

クラスターの構成情報の変更があると、変更された内容をAPI Serverに通知します。この場合、新しいPodが作成されたことが通知されます。

(4) Podの作成

API Serverはクラスター内で動作するワーカーノードに新しいPodの命令を送信します。ここで注意しておきたいのがPod、つまりコンテナーアプリケーションを実行するのはAPI Serverの役割ではありません。Podは、Nodeで動作するkubeletによって実行されます。

Podを配置するNodeはどうやって決めるのか

スケジューリングの基本的なしくみが理解できたところで、次は**PodがどこのNodeに配置されるか**を見ていきます。

ポイントはMasterで動作するSchedulerです。前項（1）～（4）の流れに基づき、より細かく順を追って見ていきましょう。

1. kubectlコマンド実行

kubectlコマンドでPodを作成するマニフェストをapplyすると、kubectlコマンドはMasterで動くAPI Server（Pod API）を呼び出します。

2. Pod情報の更新

次に、MasterのAPI Server（Pod API）はPodが作成されたという情報をetcdへ書き込みます。

3. Pod情報の変更を検知

Schedulerはクラスター上にPodを配置することを決めるコンポーネントです。Schedulerはクラスターの構成に変更がないかを確認するため、API Server（Pod API）を常にウォッチしています。そのため、Schedulerが（2）の変化を検知します。

4. Podを割り当てる／Nodeを決める

Podが作成されたという情報を検知したSchedulerはどのNodeへPodを配置するか決定します。

5. Podの割り当て先更新

SchedulerがPodを配置するNodeを決めると、API Server（Pod API）を呼び出し、etcd上のPodの情報に配置Nodeを更新します。ここでSchedulerの仕事は終わります。

6. Pod情報の変更を検知

一方、クラスターのNodeで動くkubelet も、クラスターの構成に変更がないかを確認するため、API Server（Pod API）を常にウォッチしています。ここで、kubeletが「自分のNodeの状態に変更があった」ことを検知します。

7. Podの作成

構成の情報を検知したkubeletはコンテナランタイム（Docker）にPod作成を指示します。前項（4）で説明したとおりです。

流れを見ていくとわかるように、Kubernetesでは各コンポーネントが自律的に動作し、MasterのAPI Serverを介して連携しながら処理を行っています。参照 第7章「イベントチェーン」p.217

これを図にすると**図5.7**のとおりです。

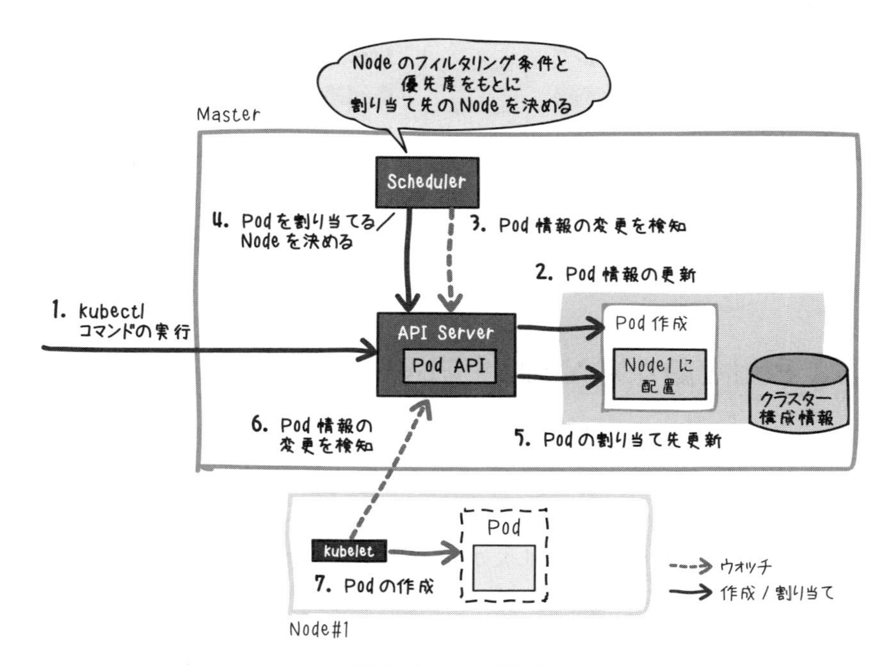

図5.7　Nodeの割り当て

Schedulerがどのようにして適切なNodeを決めるのかは、次の2つのルールに基づいています。

Nodeのフィルタリング

Podに NodeSelectorを設定しているかどうかや、Podに設定されたリソース要求と実際のリソースの空き状況などを見て、割り当てるNodeをフィルタリングします。

たとえば、「深層学習を行うシステムで学習処理を行うPodは、ハードウェアスペックの高いGPUが搭載されたNodeで実行したい」などのアプリケーション要件があれば、そのNodeにラベルを設定して、Podのマニフェストで明示的にハイスペックのNodeにスケジューリングされるように設定します。

Nodeの優先度

同じ種類のPodができる限り複数のNodeに分散するようにしたり、CPUとメモリの使用率のバランスをとるような優先度（0～10）をつけます（**図5.8**）。この優先に基づいて、配置先のNodeが決まります。

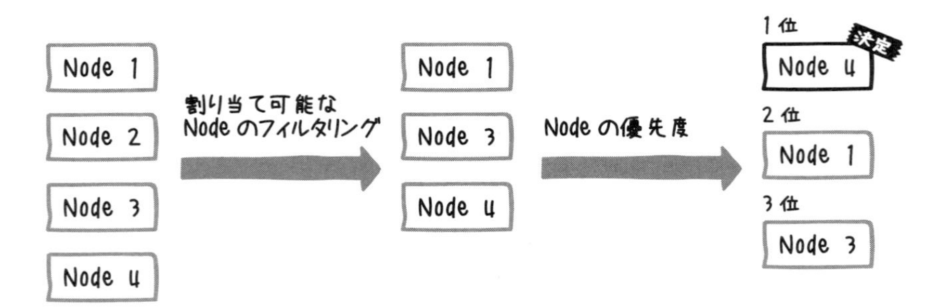

図5.8　Nodeの選定

Podを動かすNodeを明示的に設定する

ここで、詳しく見ていきましょう。通常、KubernetesではPodを動かすNodeの割り当てをクラスターに任せますが、Podを動かすNodeを明示的に指定したいときは、**NodeSelector**を使います。

第4章ではPodにLabelを設定しましたが、同様にしてNodeにもLabelを設定して論理的なグループを作ることができます。いまKubernetesクラスター上で3台のNodeを動かしていますが、**図5.9**のようにラベルを設定します。

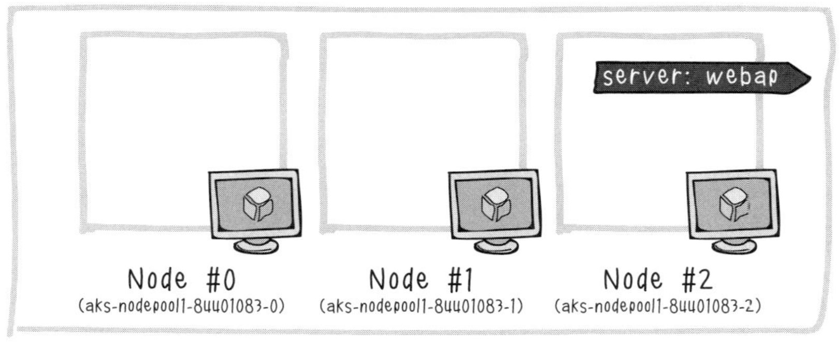

図5.9 Nodeへのラベル設定

まずコマンドを実行して、クラスター内のNodeを確認します。3台のノード（aks-nodepool1-84401083-0、aks-nodepool1-84401083-1、aks-nodepool1-84401083-2）が動いているのがわかります。

```
$ kubectl get node

NAME                       STATUS   ROLES   AGE     VERSION
aks-nodepool1-84401083-0   Ready    agent   2h      v1.11.4
aks-nodepool1-84401083-1   Ready    agent   2h      v1.11.4
aks-nodepool1-84401083-2   Ready    agent   2h      v1.11.4
```

ここで、うち1台（aks-nodepool1-84401083-2）に「server=webap」というラベルをつけます。

```
$ kubectl label node aks-nodepool1-84401083-2 server=webap

node/aks-nodepool1-84401083-2 labeled
```

次のコマンドを実行して、設定したラベルを確認します。

```
$ kubectl get node --show-labels
NAME                       STATUS   ROLES   AGE     VERSION   LABELS
aks-nodepool1-84401083-0   Ready    agent   2h      v1.11.4
➡agentpool=nodepool1, ...
aks-nodepool1-84401083-1   Ready    agent   2h      v1.11.4
➡agentpool=nodepool1, ...
aks-nodepool1-84401083-2   Ready    agent   2h      v1.11.4
➡agentpool=nodepool1, ... ,server=webap
```

これで1台のみにラベルの設定されたNodeができあがりました。続いて、このNodeでのみ動作するPodを作成します。マニフェストファイルは**リスト5.5**のとおりです。ポイントは［containers］フィールドに「nodeSelector」を設定していることです。ここで「server: webap」のタグが設定されているNodeを選んで起動します。

リスト5.5　chap05/Pod/labels-node.yaml

```
# [1] 基本項目
apiVersion: v1
kind: Pod
metadata:
  name: nginx
  labels:
    env: stage

# [2] Podのスペック
spec:
  # [3] コンテナーの仕様
  containers:
  - name: nginx
    image: nginx
  nodeSelector:
    server: webap  # webapというラベルのついたNodeで実行
```

マニフェストファイルができたら次のコマンドを実行して、Podを起動します。

```
$ kubectl create -f Pod/labels-node.yaml
pod/nginx created
```

クラスター内のPodを確認します。コマンド結果を見るとラベルを設定したNodeである「aks-nodepool1-33033183-2」であることがわかります。

```
$ kubectl get pod --output=wide
NAME      READY     STATUS    RESTARTS   AGE       IP            NODE
nginx     1/1       Running   0          21s       10.244.1.9    aks-nodepool1-84401083-2
```

このように、Nodeにラベルを設定することで、コンテナーアプリケーションを動かしたいマシンを指定できます。

一通り確認ができたら、次のコマンドでPodを削除しておきましょう。

```
$ kubectl delete -f Pod/labels-node.yaml
```

NOTE Podをスケジューリングする Nodeを細かく制御するには

どのNodeにPodを配置するか、スケジューリングを制御できる追加のパラメーターがあります。まずはPod Affinity/Anti Affinityです。Pod Affinityは、関連する2つのPodがありそれらのレイテンシを減らすためになるべく同じNodeにデプロイさせたいときに使います。逆にAnti Affinityは、あるPodが他のPodのパフォーマンスを妨げる場合など、同じNode上にPodをスケジューリングしたくないときに使います。

- **Assigning Pods to Nodes - Kubernetes**
  https://kubernetes.io/docs/concepts/configuration/assign-pod-node/#affinity-and-anti-affinity

また、特定のNodeにPodをスケジューリングしないように設定したいときはTaintsとTolerationsを使います。TaintsはNodeに対して設定するもので、NoScheduleにすると、クラスターはそのNodeにはPodをスケジューリングしません。またPreferNoScheduleにすると、あらかじめ容認されたPod以外はスケジュールしないという制御ができます。Taintsが設定されたNodeにPodを配置したいときは、PodにTolerationsを設定します。具体的な使い方としては、クラスター内にGPUを搭載したマシンがある場合、GPUを必要とする演算処理を行うPodのみこのNodeを使用させ、その他のPodは他のNodeにスケジューリングされるなどの細かいルールを設定できます。

- **Taints and Tolerations - Kubernetes**
  https://kubernetes.io/docs/concepts/configuration/taint-and-toleration/

5.3 Podを効率よく動かそう

Kubernetesを使うとコンテナーアプリケーションが使用するコンピューティングリソースを明示的に要求したり、制限をかけたりすることができます。ここでは、Kubernetesクラスター全体のリソースの使用率を高め、効率よく安全にアプリケーションを稼働させるしくみについて説明します。

NodeのCPU／メモリのリソースを確認する

Kubernetesを使うと、あたかも1台のサーバーマシン上でコンテナーアプリケーションを動作させることができます。特にクラウド環境では、負荷に応じてクラスターを自在にスケールできるので、まるで魔法の箱のような感覚になってしまいがちです。しかし、裏側ではクラウドのデータセンターで物理サーバーマシンが稼働しています。それらのサーバーマシンには、CPUやメモリ、ストレージなどのコンピューティングリソースがあります。

第2章で作成したAKSのKubernetesクラスターは3台のNode（Azure仮想マシン）で構成されています。このマシンの構成は**図5.10**のとおりで、それぞれ、1vCPUでメモリ3.5GBになっています。

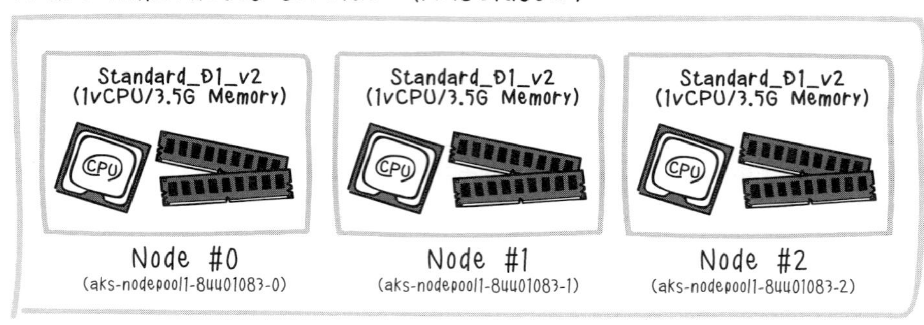

図5.10　クラスターの状態

各Nodeで利用できるリソースの詳細は次のコマンドで確認できます。ここで、Node「aks-nodepool1-84401083-0」を例に見てみましょう。

［Capacity］はNodeが使用可能なリソースが表示され、そのうちPodが利用可能なリソースの総量は［Allocatable］になります。

```
$ kubectl describe node aks-nodepool1-84401083-0
Name:                  aks-nodepool1-84401083-0
Roles:                 agent
～中略～
Capacity:
 cpu:                   1
 ephemeral-storage:     30428648Ki
 hugepages-1Gi:         0
 hugepages-2Mi:         0
```

```
  memory:             3524620Ki
  pods:               110
 Allocatable:
  cpu:                940m
  ephemeral-storage:  28043041951
  hugepages-1Gi:      0
  hugepages-2Mi:      0
  memory:             2504716Ki
  pods:               110
```

Podが利用可能なCPUを見るときは、[Allocatable] − [cpu] を確認します。Kubernetesにある1CPU（＝1000m）は、次を意味します。

- AWS vCPU
- GCPコア
- Azure vCore

メモリは [Allocatable] − [memory] で、この例では「2504716Ki」となっていることがわかります。

Kubernetesを使っていると、「クラスターには無限のコンピューティングリソースがある」と錯覚を起こしてしまいがちです。しかし、現実には複数の仮想マシンからなるサーバー群です。CPUやディスクの交換やネットワークの敷設などの物理的な作業は必要なくなりましたが、その基礎となるインフラストラクチャーの知識は重要です。参照 第7章 「インフラストラクチャーとの関係」p.212

Podに必要なメモリ／CPUを割り当てる

Kubernetesは、複数のサーバーマシンをNodeとして抽象化し、ここでコンテナーアプリケーションの集合であるPodを動かしていきます。どのNodeにどのPodがスケジューリングされるかは、5.2節で説明したとおりクラスターに任せることになりますが、非力なNodeにPodがデプロイされると困る場合もあります。

そこで、Kubernetesでは、あらかじめPodに含まれるコンテナーアプリケーションがどのぐらいのCPUおよびメモリを使うアプリケーションなのかを、クラスターに宣言する機能があります。これを**Resource Requests**と呼びます。

このResource Requestsの値はPodをNodeにスケジューリングするときに使われます。たとえば、CPUを400mコア、メモリを2Gi使うコンテナーアプリケーションを含むPodがあるとします。これをマニフェストに定義すると、クラスターがPodをスケジューリングするときに、指定したリソースが確保できるNodeを探して割り当てます。

実際に設定してみましょう。**リスト5.6**のようなマニフェストを用意します。

［resources］－［requests］フィールドに、［cpu］と［memory］をそれぞれ指定します。メモリの単位はE、P、T、G、M、K、またはEi、Pi、Ti、Gi、Mi、Kiのいずれかを使用してください。

リスト5.6　chap05/Pod/pod-request.yaml

```
# [1] 基本項目
apiVersion: v1
kind: Pod
metadata:
  name: requests-pod

# [2] Pod のスペック
spec:
  # [3] コンテナーの仕様
  containers:
  - image: busybox
    command: ["dd", "if=/dev/zero", "of=/dev/null"]
    name: main
    resources:
      requests:
        cpu: 400m
        memory: 2Gi
```

次のコマンドを実行し、Podを起動します。

```
$ kubectl create -f Pod/pod-request.yaml
pod/requests-pod created
```

Podがどこの Nodeにスケジューリングされて動いているかを確認します。ここでは「aks-nodepool1-84401083-1」で動いていることがわかります。

```
$ kubectl get pods --output wide
NAME           READY   STATUS    RESTARTS   AGE   IP            NODE
requests-pod   1/1     Running   0          1m    10.244.2.14   aks-
➡nodepool1-84401083-1
```

このNodeのリソースがどのようになっているのかを確認します。動作しているPodの状態は［Non-terminated Pods］の値をチェックします。

```
$ kubectl describe node aks-nodepool1-84401083-1
Name:                aks-nodepool1-84401083-1
～中略～
Allocatable:
 cpu:                 940m
 ephemeral-storage:   28043041951
 hugepages-1Gi:       0
 hugepages-2Mi:       0
 memory:              2504716Ki
 pods:                110
～中略～
Non-terminated Pods:        (3 in total)
  Namespace     Name                       CPU Requests  CPU Limits  Memory Requests  Memory Limits
  ---------     ----                       ------------  ----------  ---------------  -------------
  default       requests-pod               400m (42%)    0 (0%)      2Gi (83%)        0 (0%)
  kube-system   kube-proxy-qqv98           100m (10%)    0 (0%)      0 (0%)           0 (0%)
  kube-system   kube-svc-redirect-vf2hk    10m (1%)      0 (0%)      34Mi (1%)        0 (0%)
Allocated resources:
  (Total limits may be over 100 percent, i.e., overcommitted.)
  Resource  Requests     Limits
  --------  --------     ------
  cpu       510m (54%)   0 (0%)
  memory    2082Mi (85%) 0 (0%)
```

これより以下のことがわかります。

CPU

Pod「requests-pod」で400mコアが確保されています。なおクラスター内部で使われるPod「kube-proxy-qqv98」で100mコア、Pod「kube-svc-redirect-vf2hk」で10mコアを要求しているので、トータルで510mコアが確保されています。

メモリ

Pod「requests-pod」でNode全体の83%にあたる2Giが確保されています。
また、Pod「kube-svc-redirect-vf2hk」も34Miのメモリを要求しているのがわかります。

この状態を**図5.11**で表すと、次のようになります。

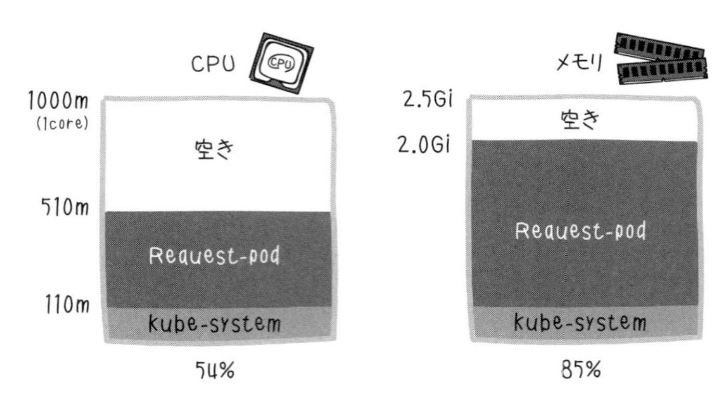

図5.11　コンピューティングリソースのリソース定義

このとき、注意しておきたいのは、Podをスケジューリングするときは、実際のNodeのリソース使用量をチェックするわけではありません。そのため、たとえ実際のリソース使用率が低く十分に余裕のあるNodeであっても、定義上リソースを保証できないNodeにはPodを配置しません。

なお、Resource Requestsは、Podに含まれるコンテナーアプリケーションが指定した総和になります。たとえば、[memory] で50Miを指定したアプリケーションAと80Miを指定したアプリケーションBの2つを含むPodは、130Miのメモリを要求します。

ここで、次のコマンドを実行し、いったんPodを削除します。

```
$ kubectl delete -f Pod/pod-request.yaml
```

次に、実際の物理メモリのサイズを超えるResource Requestsを指定するとどうなるかを見てみましょう。

マニフェストファイルを**リスト5.7**のように2Giから4Giに書き換えます。4Giは、Nodeとなっている Azure仮想マシンの1台あたりの物理メモリの容量を超えるサイズであることに注意しておきましょう。

リスト5.7　chap05/Pod/pod-request.yaml

```
apiVersion: v1
kind: Pod
metadata:
  name: requests-pod
spec:
  containers:
～中略～
    resources:
```

```
      requests:
        cpu: 400m
        memory: 4Gi  #ここを書き換える
```

次のコマンドを実行しPodを起動して、状態を確認します。Nodeへの割り当てが<none>で、STATUSが［Pending］のままであることがわかります。

```
$ kubectl apply -f Pod/pod-request.yaml
pod "requests-pod" created

$ kubectl get pod --output=wide
NAME           READY     STATUS     RESTARTS    AGE        IP         NODE
requests-pod   0/1       Pending    0           15s        <none>     <none>
```

次のコマンドを実行して、Pod「requests-pod」のログを確認します。

```
$ kubectl describe pod requests-pod
Name:          requests-pod
Namespace:     default
Node:          <none>
～中略
Containers:
  main:
～中略～
    Requests:
      cpu:         400m
      memory:      4Gi
～中略
Conditions:
  Type             Status
  PodScheduled     False
～中略
Events:
  Type     Reason             Age                 From               Message
  ----     ------             ----                ----               -------
  Warning  FailedScheduling   17s (x7 over 48s)   default-scheduler  0/3 nodes
➡are available: 3 Insufficient memory.
```

まず、PodがスケジューリングされているNodeを見ると［none］となっていて未割り当てであることがわかります。また、［Conditions］－［PodScheduled］が「False」となっています。［Events］でエラーログを見ると「0/3 nodes are available: 3 Insufficient memory.」です。

これを図で表すと**図5.12**のとおりです。

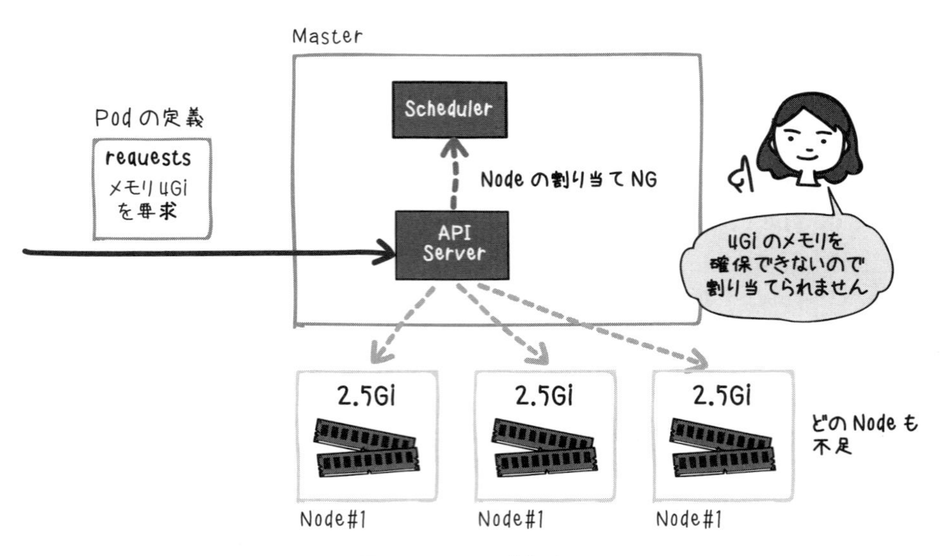

図5.12　Podの割り当て

つまり、要求したメモリが足りないためPodをスケジューリングできるNodeがなく割り当てられない状態であるのがわかります。

一通り確認ができたら、次のコマンドでPodを削除しましょう。

```
$ kubectl delete -f Pod/pod-request.yaml
```

NOTE Kubernetesが内部で利用するPodのResource Requests

Kubernetesは、第4章で説明したNamespace「kube-system」などで管理されている管理用のPodがいくつかあり、これらも開発者が作成したPodと同じように管理されています。

たとえば、以下は、クラスターを作成したばかりで、Podを1つも起動していない状態でPodを確認した例です。Node「aks-nodepool1-84401083-0」には、5つのPod「azureproxy-6496d6f4c6-dst64」「kube-dns-v20-55645bfd65-7rtfj」「kube-proxy-4j688」「kube-svc-redirect-7pn4z」「tunnelfront-5455b6bb9c-jtn6q」がすでに起動しているのが、ログから確認できます。

```
$ kubectl describe node aks-nodepool1-84401083-0

Name:                 aks-nodepool1-84401083-0
Roles:                agent
Labels:               agentpool=nodepool1
～中略～
```

```
Non-terminated Pods:      (5 in total)
  Namespace     Name                              CPU Requests  CPU Limits  Memory Requests  Memory Limits
  ---------     ----                              ------------  ----------  ---------------  -------------
  kube-system   azureproxy-6496d6f4c6-dst64       0 (0%)        0 (0%)      0 (0%)           0 (0%)
  kube-system   kube-dns-v20-55645bfd65-7rtfj     110m (11%)    0 (0%)      120Mi (3%)       220Mi (6%)
  kube-system   kube-proxy-4j688                  100m (10%)    0 (0%)      0 (0%)           0 (0%)
  kube-system   kube-svc-redirect-7pn4z           0 (0%)        0 (0%)      0 (0%)           0 (0%)
  kube-system   tunnelfront-5455b6bb9c-jtn6q      0 (0%)        0 (0%)      0 (0%)           0 (0%)
Allocated resources:
  (Total limits may be over 100 percent, i.e., overcommitted.)
  Resource  Requests     Limits
  --------  --------     ------
  cpu       210m (21%)   0 (0%)
  memory    120Mi (3%)   220Mi (6%)
Events:     <none>
```

これらのPodが使用しているリソースは［Allocated resources］で管理できます。この例の場合3つのPodで、CPUのResource Requestsが210m（21%）、メモリのResource Requests120Mi（3%）がすでに確保されている状態です。開発したコンテナーアプリケーションをデプロイするときは、これらを加味したうえで、適切なリソース配分をしてください。

Podのメモリ／CPUの上限を設定する

コンテナーアプリケーションのリソース使用量の上限を設定したいときは、Resources Limitsを使います。

こちらも実際に設定してみましょう。**リスト5.8**のようなマニフェストを用意します。これは、「polinux/stress」イメージからコンテナーを生成し、そのコンテナーが0.5Giのメモリを使用するアプリケーションです。そして、このコンテナーに対して、「cpuの上限は400mコア／メモリの上限は1Gi」と制限をかけています。

リスト5.8 chap05/Pod/pod-limits.yaml

```
# [1] 基本項目
apiVersion: v1
kind: Pod
metadata:
  name: limits-pod

# [2] Podのスペック
spec:
  # [3] コンテナーの仕様
  containers:
  - name: main
```

```
    image: polinux/stress
    resources:
      limits:
        cpu: 400m
        memory: 1Gi
    command: ["stress"]
    args: ["--vm", "1", "--vm-bytes", "500M", "--vm-hang", "1"]
```

次のコマンドを実行し、Podを起動し、どこのNodeにスケジューリングされたかを確認します。ここでは「aks-nodepool1-84401083-1」で動いていることがわかります。

```
$ kubectl create -f Pod/pod-limits.yaml
pod/limits-pod created

$ kubectl get pod --output=wide
NAME          READY    STATUS    RESTARTS   AGE      IP            NODE
limits-pod    1/1      Running   0          22s      10.244.2.15   aks-
➡nodepool1-84401083-1
```

このNodeのリソースがどのようになっているのかを確認します。動作しているPodの状態は［Non-terminated Pods］の値をチェックします。

```
$ kubectl describe node aks-nodepool1-84401083-1
Name:               aks-nodepool1-84401083-1
Roles:              agent
Labels:             agentpool=nodepool1
～中略～
Non-terminated Pods:         (3 in total)
  Namespace      Name                         CPU Requests  CPU Limits  Memory Requests  Memory Limits
  ---------      ----                         ------------  ----------  ---------------  -------------
  default        limits-pod                   400m (42%)    400m (42%)  1Gi (41%)        1Gi (41%)
  kube-system    kube-proxy-qqv98             100m (10%)    0 (0%)      0 (0%)           0 (0%)
  kube-system    kube-svc-redirect-vf2hk      10m (1%)      0 (0%)      34Mi (1%)        0 (0%)
Allocated resources:
  (Total limits may be over 100 percent, i.e., overcommitted.)
  Resource  Requests      Limits
  --------  --------      ------
  cpu       510m (54%)    400m (42%)
  memory    1058Mi (43%)  1Gi (41%)
～中略～
```

CPU

Pod「limits-pod」で［CPU Limits］が、400mコアに設定されています。

メモリ

Pod「limits-pod」で［Memory Limits］がNode全体の41%にあたる1Giに設定されています。

このケースのように、コンテナーアプリケーションが実際に使っているリソースが上限を超えない場合は、エラーにならずPodが動作しているのがわかります。

ここで、次のコマンドを実行し、いったんPodを削除します。

```
$ kubectl delete -f Pod/pod-limits.yaml
```

それでは、Podに含まれるコンテナーの実際のメモリ使用量が、Resources Limitsで指定したメモリのサイズを超えるとどうなるでしょう。ここでは、コンテナー内でstressコマンドを実行していますので、これの引数を「500M」から「2G」に増やします（**リスト5.9**）。

リスト5.9 chap05/Pod/pod-limits.yamlの変更

変更前

```
    command: ["stress"]
    args: ["--vm", "1", "--vm-bytes", "500m", "--vm-hang", "1"]
```

変更後

```
    command: ["stress"]
    args: ["--vm", "1", "--vm-bytes", "2G", "--vm-hang", "1"]
```

次のコマンドを実行し、Podを起動して状態を確認します。すると、Podが再起動を繰り返し、正常に起動していないことがわかります。

```
$ kubectl apply -f Pod/pod-limits.yaml
pod/limits-pod created

$ kubectl get pod
NAME         READY    STATUS             RESTARTS   AGE
limits-pod   0/1      CrashLoopBackOff   1          24s
```

次のコマンドを実行して、詳細なログを確認します。

```
$ kubectl describe pod limits-pod

Name:         limits-pod
Namespace:    default
Node:         aks-nodepool1-84401083-1/10.240.0.4
～中略
Containers:
  main:
～中略～
    State:          Waiting
      Reason:       CrashLoopBackOff
    Last State:     Terminated
      Reason:       OOMKilled
      Exit Code:    1
      Started:      Sun, 05 Aug 2018 16:08:11 +0900
      Finished:     Sun, 05 Aug 2018 16:08:12 +0900
    Ready:          False
    Restart Count:  3
    Limits:
      cpu:     400m
      memory:  1Gi
～中略～
Conditions:
  Type           Status
  Initialized    True
  Ready          False
  PodScheduled   True
～中略
Events:

  Type     Reason     Age              From                         Message
  ----     ------     ----             ----                         -------
  Normal   Scheduled  1m               default-scheduler            Successfully assigned
➡limits-pod to aks-nodepool1-84401083-1
  Normal   SuccessfulMountVolume  1m               kubelet, aks-nodepool1-84401083-1  MountVolume.SetUp
➡succeeded for volume "default-token-nvgkg"
  Normal   Pulling    44s (x4 over 1m)  kubelet, aks-nodepool1-84401083-1  pulling image "polinux/
➡stress"  Normal   Pulled   42s (x4 over 1m)  kubelet, aks-nodepool1-84401083-1  Successfully
➡pulled image "polinux/stress"
  Normal   Created    41s (x4 over 1m)  kubelet, aks-nodepool1-84401083-1  Created container
  Normal   Started    41s (x4 over 1m)  kubelet, aks-nodepool1-84401083-1  Started container
  Warning  BackOff    11s (x7 over 1m)  kubelet, aks-nodepool1-84401083-1  Back-off restarting failed
➡container
```

　このPodは先ほどとは異なりNode「aks-nodepool1-84401083-1」にスケジューリングされています。しかし、[State]を確認すると「CrashLoopBackOff」が理由で「Waiting」になっています。これはコンテナー内のプロセスの終了を検知していることを意味しています。

さらに［Last State］を見ると「OOMKilled」が理由でPodが削除（Terminated）されているのがわかります。これはコンテナーに割り当てられたメモリを使いきって、コンテナー内でOOM Killerにプロセスをkillされているためです。

実際にはNodeで利用可能な物理メモリは約2.5Giあるので、まだ余裕はあるはずです。しかし、Resources Limitsによって、Podが利用できるリソースの上限を設定しているので、それを超えるとエラーになっています（**図5.13**）。

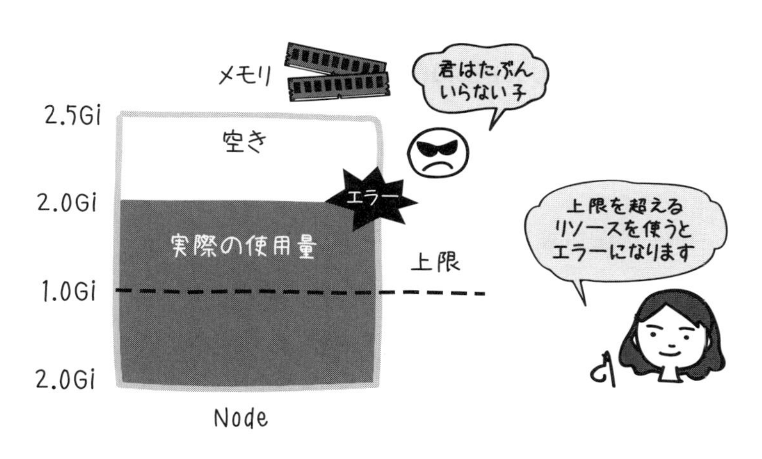

図5.13　メモリの上限設定

このようにResources Limitsを適切に設定しておくと、Node上で特定のPodがリソースを使い果たすということはなくなります。Resources Limitsを指定しない場合、無制限にリソースを使用できます。しかし、危険なので指定しておくほうがよいでしょう。さらに、Namespace単位でリソースの制限をかけることも必要です。参照 第11章「11.6　リソース利用量の制限」p.314

一通り確認が終わったら、次のコマンドを実行しいったんPodを削除します。

```
$ kubectl delete -f Pod/pod-limits.yaml
```

Podがエラーになったらどういう動きをするか

Kubernetesは自己修復機能を持っているため、Podがエラーを検知すると、デフォルトで再起動を繰り返します。

この再起動のポリシーを設定するには、マニフェストファイルで次のように［spec］－［restartPolicy］を設定します。

ここで指定できる値は次の3つです。もし値が未設定の場合はデフォルトで、「Always」となります。なおこのポリシーは、Podに含まれるすべてのコンテナーに適用されます。

- **Always**　常に再起動
- **OnFailure**　エラーのときに再起動
- **Never**　再起動しない

具体的に見てみましょう。マニフェストの［spec］－［restartPolicy］を追加し、値を「OnFailure」に設定します（**リスト5.10**）。

リスト5.10　chap05/Pod/pod-limits.yamlの変更

```
～中略～
spec:
  restartPolicy: OnFailure
```

次のコマンドを実行し、Podを起動したあと、kubectl getコマンドに-wオプションをつけて状態を確認します。すると、Podが再起動を繰り返しているのがわかります。この-wオプションのしくみについては、実践編で説明します。参照 第7章「APIのwatchオプション」p.216

```
$ kubectl apply -f Pod/pod-limits.yaml
pod/limits-pod created

$ kubectl get pod -w
NAME          READY     STATUS     RESTARTS    AGE
limits-pod    1/1       Running    0            6s
limits-pod    0/1       OOMKilled    0            7s
limits-pod    1/1       Running    1           10s
limits-pod    0/1       OOMKilled    1            11s
limits-pod    0/1       CrashLoopBackOff    1            12s
limits-pod    1/1       Running    2           29s
limits-pod    0/1       OOMKilled    2            30s
limits-pod    0/1       CrashLoopBackOff    2            45s
limits-pod    1/1       Running    3           1m
limits-pod    0/1       OOMKilled    3            1m
limits-pod    0/1       CrashLoopBackOff    3            1m
limits-pod    1/1       Running    4           1m
limits-pod    0/1       OOMKilled    4            1m
limits-pod    0/1       CrashLoopBackOff    4            2m
limits-pod    1/1       Running    5           3m
limits-pod    0/1       OOMKilled    5            3m
limits-pod    0/1       CrashLoopBackOff    5            3m
limits-pod    1/1       Running    6           6m
```

```
limits-pod   0/1     OOMKilled   6          6m
limits-pod   0/1     CrashLoopBackOff   6          6m
limits-pod   1/1     Running   7          11m
limits-pod   0/1     OOMKilled   7          11m
limits-pod   0/1     CrashLoopBackOff   7          11m
limits-pod   1/1     Running   8          16m
limits-pod   0/1     OOMKilled   8          16m
limits-pod   0/1     CrashLoopBackOff   8          16m
limits-pod   1/1     Running   9          21m
limits-pod   0/1     OOMKilled   9          21m
limits-pod   0/1     CrashLoopBackOff   9          22m
limits-pod   1/1     Running   10         26m
limits-pod   0/1     OOMKilled   10         27m
limits-pod   0/1     CrashLoopBackOff   10         27m
～続く～
```

Podの再起動回数は[RESTARTS]で確認できます。注目したいのは、再起動の間隔です。Kubernetesは一定間隔で再起動を繰り返すのではなく、Exponential Backoffというアルゴリズムに基づいて再起動します。これは、指数関数的に処理のリトライ間隔を後退させるアルゴリズムのことです。具体的に再起動の間隔を見てみましょう。まず、10s、20s、40s……のように、リトライの間隔を指数的に増やしていきます。そして最終的に10分を超えると、300s間隔で再起動が繰り返し行われているのがわかります。

このアルゴリズムに興味がある人は、以下の公式サイトを読んでみると面白いでしょう。

- **Pod Lifecycle - Kubernetes**
  https://kubernetes.io/docs/concepts/workloads/pods/pod-lifecycle/#restart-policy

Podの優先度(QoS)

Kubernetesは、1つのクラスターで複数のコンテナーアプリケーションを実行できます。しかし、たとえば「オンライン処理を提供するコンテナーは優先度を上げて実行したい」「バッチ処理は空いているリソースがあれば低優先度で」などの要件がある場合、Podに優先度をつけることができます。

Kubernetesでは、Podに対して3つのQuality of Service (QoS) クラスを提供しています。このQoSは、Resource Requestsとリソースの上限を決めるResource Limitsの2つの条件から次の優先度が決まります(**図5.14**)。

- **BestEffort**　Pod内のどのコンテナーにもResource RequestsとResource Limitsが設定されていないときに設定される。
- **Burstable**　BestEffortとGuaranteed以外の場合に設定される。
- **Guaranteed**　CPUとメモリの両方に、Resource RequestsとResource Limitsがセットされていること／Pod内のそれぞれのコンテナーにセットされていること／Resouce RequestsとResource Limitsの値がそれぞれ同じであること、で設定される。

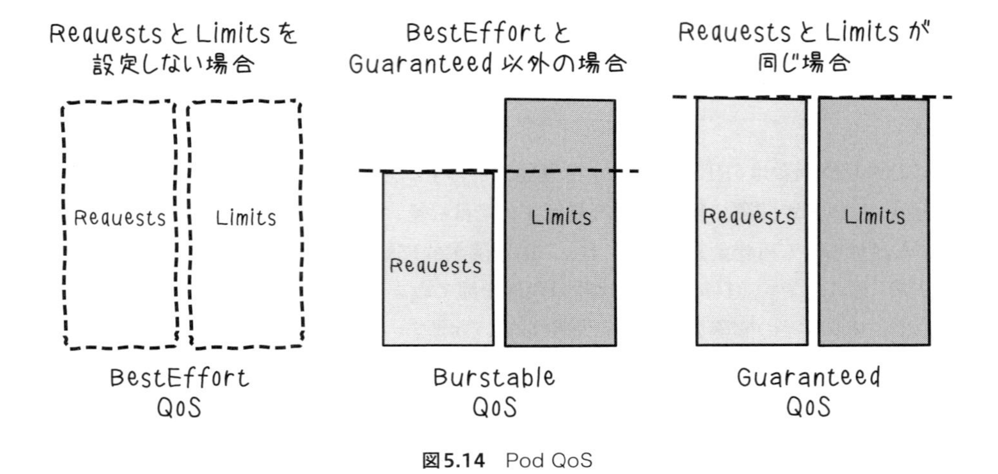

図5.14　Pod QoS

CPUとメモリそれぞれのResource RequestsとResource Limitsによるコンテナーアプリケーションの QoSの関係は、**表5.5**のとおりです。

表5.5　CPU／メモリ設定とQoSの関係

CPUの設定	メモリの設定	QoS class
−	−	BestEffort
−	Requests < Limits	Burstable
−	Requests = Limits	Burstable
Requests < Limits	−	Burstable
Requests < Limits	Requests < Limits	Burstable
Requests < Limits	Requests = Limits	Burstable
Requests = Limits	Requests = Limits	Guaranteed

複数のコンテナーからなるPodの場合は、まず各コンテナーにそれぞれQoSを割り当てます。すべてのコンテナーがBestEffortならPodのQoSはBestEffortとなり、すべてのコンテ

ナーがGuaranteedならPodのQoSはGuaranteedになります。いずれの条件にも当てはまらない場合は、BestEffortになります。

Podに設定されたQoSの確認は、kubectl describeでできます。たとえばPod「limits-pod」のQoSを確認するときは、次のコマンドになります。

```
$ kubectl describe pod limits-pod |grep QoS
QoS Class:       Guaranteed
```

Kubernetesでは、リソースが不足したとき、QoSに従ってどのPodのコンテナーアプリケーションがkillされるか決まります。最も優先度が低く最初にkillされるのはBestEffort、次にBurstable、最後にGuaranteedがkillされます。このGuaranteedはシステムがメモリを必要とした場合のみkillされます。もし同じQoSクラスだった場合は、OutOfMemory scoreによってどのプロセスをkillするかを比較して決めます。

これらの動作をふまえて、Podにはアプリケーション要件に応じた適切なQoSを設定しましょう。

一通り確認したら次のコマンドを実行し、Podをまとめて削除しておきましょう。

```
$ kubectl delete -f Pod/
```

5.4 Podを監視しよう

Kubernetesクラスター上には多くのPodが稼働します。これらが正常に動作しているかどうかをチェックし、もし問題があれば速やかに復旧しなければなりません。Kubernetesではコンテナーアプリケーションが正しく動いているかどうかを常に監視し、問題があればPodを自動で再起動するしくみがあります。

コンテナーアプリケーションの監視

Kubernetesでは、Podが稼働しているかをPod内のコンテナーのプロセスが稼働しているかどうかで判断します。しかし実際のコンテナーアプリケーションを運用するとき「Pod内のコンテナーのプロセスは稼働しているが、サービスとしては正しく動いていない」という場合もあります。たとえばプロセスがデッドロックを起こしてリクエストに応答できない場合などです。

このようなときに対処するために、Kubernetesでは**Liveness Probe**というしくみが作られました。このLiveness Probeは字のごとく「アプリケーションが応答するかどうか」をチェックするためのものです（**図5.15**）。Liveness ProbeはPodのマニフェストにチェックの条件を追加することで、有効になります。

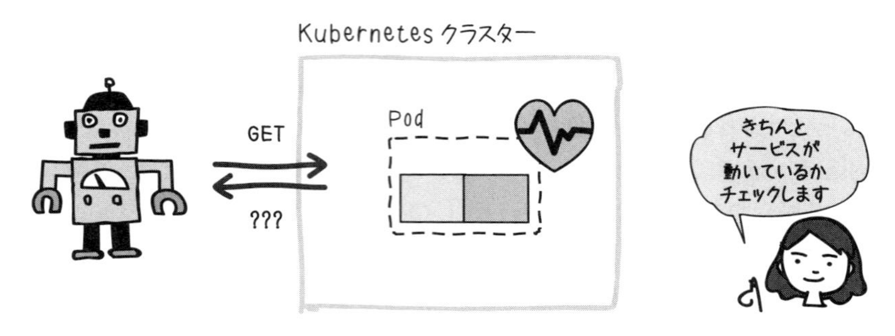

図5.15　Liveness Probe

Liveness Probeでは、次の3種類の方法でPodの稼働監視ができます。

①HTTPリクエストの戻り値をチェックする
②TCP Socketで接続できるかチェックする
③コマンドの実行結果をチェックする

HTTPリクエストの戻り値をチェックする

Webアプリケーションの場合、特定のURLにHTTPリクエストを送り、その戻り値をチェックすることで、アプリケーションが正しく動いているかを判定します（**図5.16**）。

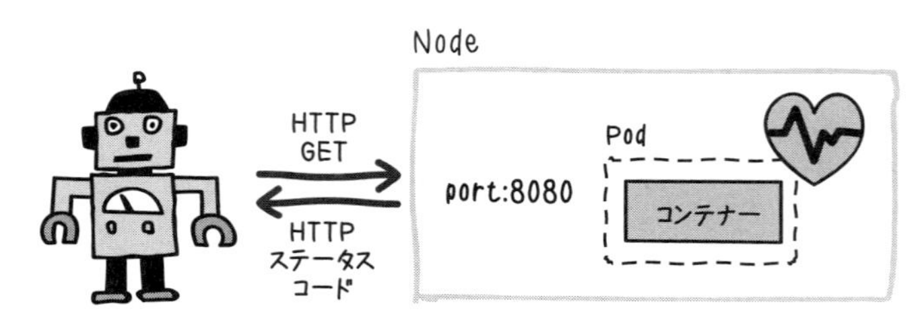

図5.16　HTTPでのチェック

リスト5.11のようなマニフェストを作ります。

リスト5.11　chap05/Liveness/pod-liveness-http.yaml

```
# [1] 基本項目
apiVersion: v1
kind: Pod
metadata:
  labels:
    test: liveness
  name: liveness-http

# [2] Pod のスペック
spec:

  # [3] コンテナーの仕様
  containers:
  - name: liveness
    image: k8s.gcr.io/liveness
    args:
    - /server
    livenessProbe:
      httpGet:  # HTTP リクエストの戻り値によるチェックを行う
        path: /healthz
        port: 8080
        httpHeaders:
        - name: X-Custom-Header
          value: Awesome
      initialDelaySeconds: 10
      periodSeconds: 5
```

このマニフェストでは、Liveness Probeを実行するために、kubeletはHTTP GETリクエストをコンテナー内で実行されている/healthz :8080に対して送信します。このリクエストのHTTPステータスコードが200以上400未満の場合は、成功とみなします。それ以外のステータスコードが返った場合（たとえば404や500～など）は、エラーとみなしkubeletがコンテナーを再起動します。

また、マニフェストの［initialDelaySeconds］フィールドは、Podが起動してから最初の監視を実行するまでの時間のことで、この例では10秒が設定されています（**図5.17**）。［periodSeconds］フィールドは、Liveness Probeの実行間隔です。この例では5秒が設定されているので、5秒ごとにチェックが行われます。

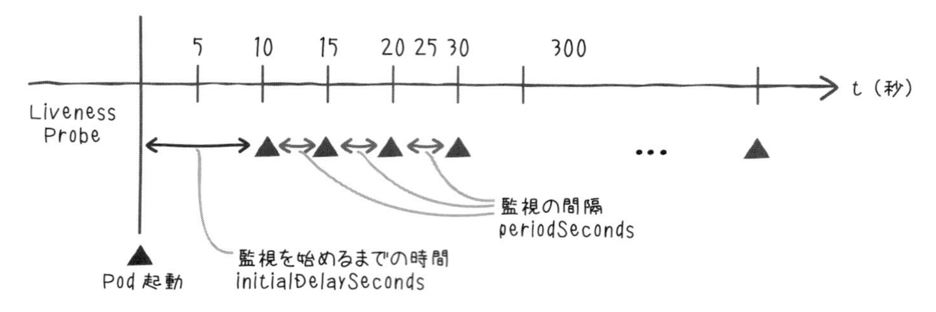

図5.17　監視のタイミング

なお、このマニフェストで起動するコンテナーでは、コンテナーが生存している最初の10秒間、/healthzハンドラがステータス200を返します（**リスト5.12**）。その後、ハンドラはステータス500を返します。

リスト5.12　サンプルの実装

```
http.HandleFunc("/healthz", func(w http.ResponseWriter, r *http.Request) {
    duration := time.Now().Sub(started)
    if duration.Seconds() > 10 {
        w.WriteHeader(500)
        w.Write([]byte(fmt.Sprintf("error: %v", duration.Seconds())))
    } else {
        w.WriteHeader(200)
        w.Write([]byte("ok"))
    }
})
```

- **［参考］server.go - kubernetes**
  https://github.com/kubernetes/kubernetes/blob/master/test/images/liveness/server.go

動作を理解したうえで、次のコマンドを実行してPodを起動し、ログを確認してみましょう。監視が始まる10s以降はリターンコード500が返るようになっているため、HTTP probeが「failed」になっているのがわかります。

```
$ kubectl apply -f Liveness/pod-liveness-http.yaml
pod " liveness-http" created

$ kubectl describe pod liveness-http
～中略～
Events:
```

```
 Type     Reason                 Age                 From                               Message
 ----     ------                 ----                ----                               -------
 Normal   Scheduled              1m                  default-scheduler                  Successfully assigned
➡liveness-http to aks-nodepool1-84401083-1
 Normal   SuccessfulMountVolume  1m                  kubelet, aks-nodepool1-84401083-1  MountVolume.SetUp
➡succeeded for volume "default-token-nvgkg"
 Normal   Pulling                40s (x3 over 1m)    kubelet, aks-nodepool1-84401083-1  pulling image "k8s.gcr.
➡io/liveness"
 Normal   Pulled                 39s (x3 over 1m)    kubelet, aks-nodepool1-84401083-1  Successfully pulled image
➡"k8s.gcr.io/liveness"
 Normal   Created                38s (x3 over 1m)    kubelet, aks-nodepool1-84401083-1  Created container
 Normal   Started                38s (x3 over 1m)    kubelet, aks-nodepool1-84401083-1  Started container
 Warning  Unhealthy              22s (x9 over 1m)    kubelet, aks-nodepool1-84401083-1  Liveness probe failed:
➡HTTP probe failed with statuscode: 500
 Normal   Killing                22s (x3 over 58s)   kubelet, aks-nodepool1-84401083-1  Killing container with id
➡docker://liveness:Container failed liveness probe.. Container will be killed and recreated.
```


TCP Socketで接続できるかチェックする

HTTPによる監視とほぼ同じですが、TCP Socketによる接続を確立できるかどうかで監視もできます。マニフェストファイルでは、[livenessProbe] フィールドに [tcpSocket] を設定します（**リスト5.13**）。

リスト5.13 chap05/Liveness/pod-liveness-tcp.yaml

```
# [1] 基本項目
apiVersion: v1
kind: Pod
metadata:
  name: liveness-tcp

# [2] Podのスペック
spec:
  # [3] コンテナーの仕様
  containers:
  - name: goproxy
    image: k8s.gcr.io/goproxy:0.1
    livenessProbe:
      tcpSocket:  # TCPソケット通信によるチェックを行う
        port: 8080
      initialDelaySeconds: 15
      periodSeconds: 20
```

この例では、コンテナーが起動して15秒後から8080ポートに対して監視を始めます。接続が確立できると正常として扱われ、監視の間隔は20秒ごとです。

これは主にHTTP以外のサービスをチェックするときに使います。

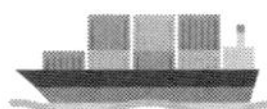

コマンドの実行結果をチェックする

リクエストの結果ではなく、コンテナー内で任意のコマンドを実行し、それの結果で稼働しているかどうかを判断することもできます（**図5.18**）。

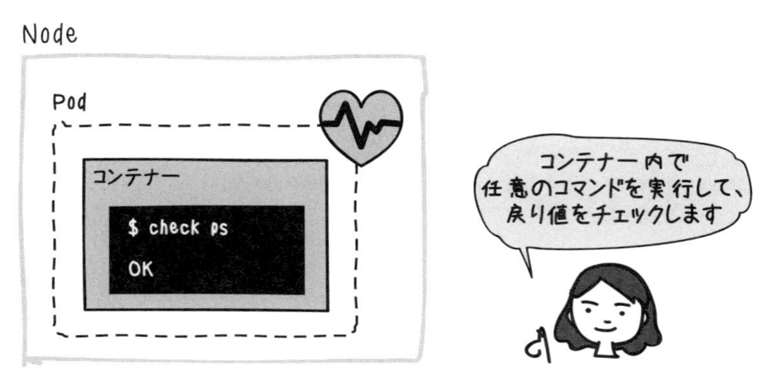

図5.18　コマンドによるチェック

リスト5.14のマニフェストを作ります。

リスト5.14　chap05/Liveness/pod-liveness-exec.yaml

```
# [1] 基本項目
apiVersion: v1
kind: Pod
metadata:
  labels:
    test: liveness
  name: liveness-exec

# [2] Podのスペック
spec:

  # [3] コンテナーの仕様
  containers:
  - name: liveness
    image: busybox
    args:
    - /bin/sh
    - -c
    - touch /tmp/healthy; sleep 30; rm -rf /tmp/healthy; sleep 600
    livenessProbe:
```

```
        exec:    # コマンドの実行結果によるチェックを行う
          command:
          - cat
          - /tmp/healthy
        initialDelaySeconds: 10
        periodSeconds: 5
```

コンテナーが稼働しているかどうかを確認するため、コンテナー内でcatコマンドを実行します。コマンドが成功すると0を返します。もし0以外の値が返ったときは「アプリケーションが稼働していない」とみなし、kubeletがコンテナーを再起動します。

コンテナー内では最初に/tmp/healthyを作成し、その後30秒Sleepしてからhealthyファイルを削除しています。これを説明すると**図5.19**のとおりです。

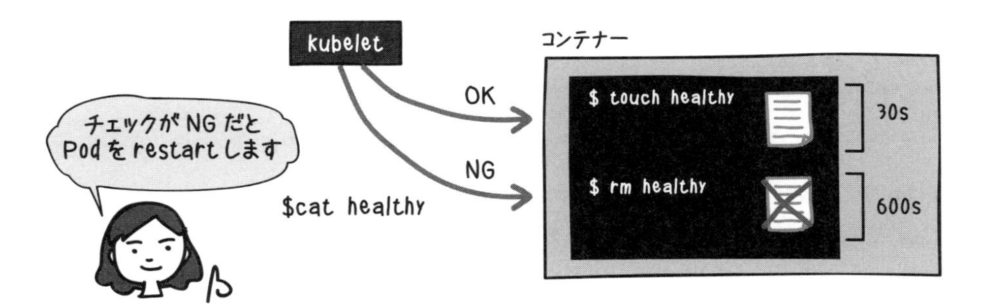

図5.19 コマンドによるチェックの詳細

そのため、はじめの30秒後は/tmp/healthyファイルが存在するため、Liveness Probeは監視に成功しますが、30秒後に削除されるため、エラーとなるはずです。

Probeを実行するために、kubeletはコンテナー内でcatコマンドを実行します。コマンドが成功すると、0を返し、kubeletはコンテナーが動作しているとみなします。コマンドがゼロ以外の値を返した場合、kubeletはコンテナーを強制終了して再起動します。

ここで次のコマンドを実行し、Podを起動します。

```
$ kubectl apply -f Liveness/pod-liveness-exec.yaml
pod/liveness-exec created
```

実際に内部でどのような動きをしているのかを、次のコマンドでチェックします。ログはkubectl describeコマンドの［Events］フィールドで確認できます。30秒以内に、次のコマンドを実行すると、Podが問題なく起動しているのがわかります。しかし、35秒以降に実行すると、Liveness Probeのチェックでエラーになり、Podが再起動されているのがわかります。

```
$ kubectl describe pod liveness-exec

～中略～
Events:
  Type     Reason                 Age               From                                Message
  ----     ------                 ----              ----                                -------
  Normal   Scheduled              1m                default-scheduler                   Successfully
assigned liveness-exec to aks-nodepool1-84401083-1
  Normal   SuccessfulMountVolume  1m                kubelet, aks-nodepool1-84401083-1   MountVolume.
SetUp succeeded for volume "default-token-nvgkg"
  Warning  Unhealthy              57s (x3 over 1m)  kubelet, aks-nodepool1-84401083-1   Liveness
probe failed: cat: can't open '/tmp/healthy': No such file or directory
～中略～
```

Podが正しく動いているかをチェックすることは重要です。アプリケーションを開発するときは、どのような方法で監視するのかを考えて実装しましょう。参照 第12章「Kubernetes環境の可観測性」p.323

一通り確認したら次のコマンドを実行し、Podをまとめて削除しておきましょう。

```
$ kubectl delete -f Liveness/
```

5.5 ReplicaSetで複数のPodを管理しよう

Podとはどのようなものか、PodがどのようなしくみでNodeにスケジューリングされるかを理解したところで、実際にクラスターに複数のPodをデプロイしてみましょう。ここでは、Kubernetesの重要なコンセプトの1つである自己修復機能（Self-Healing）を実現するReplicaSetについて説明します。

ReplicaSet

ReplicaSetは、クラスターの中で動かすPodの数を維持するしくみです(**図5.20**)。もしアプリケーションエラーやNode障害などでPodが停止してしまった場合、ReplicaSetが自動的に新しいPodを立ち上げます。

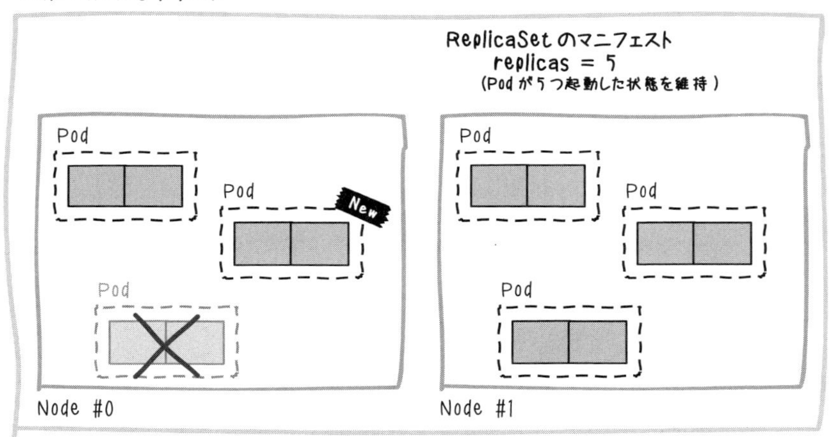

図5.20 ReplicaSet

ReplicaSetはLabelセレクタの条件に従ってPodを検索し、稼働しているPodの数がマニフェストファイルのreplicasの数と一致しているかどうかをチェックします。もし不一致があったとき、稼働しているPodの数が足りないときは新規にPodを追加し、Podの数が多いときは余剰分のPodを停止します。

稼働中のアプリケーションのPod数を変更したいときは、ReplicaSetのreplicasの値を修正するだけです。すると、修正したPodの数にあわせてPodの起動と停止を行います。

マニフェストファイル

ReplicaSetのマニフェストの基本的な書き方を説明します。基本的な書き方はPodに似ていますが、ポイントとなるのはクラスターの中でいくつPodを動かしたいかを設定する[replicas] フィールドになります(**リスト5.15**)。

リスト5.15　ReplicaSetのマニフェストファイル

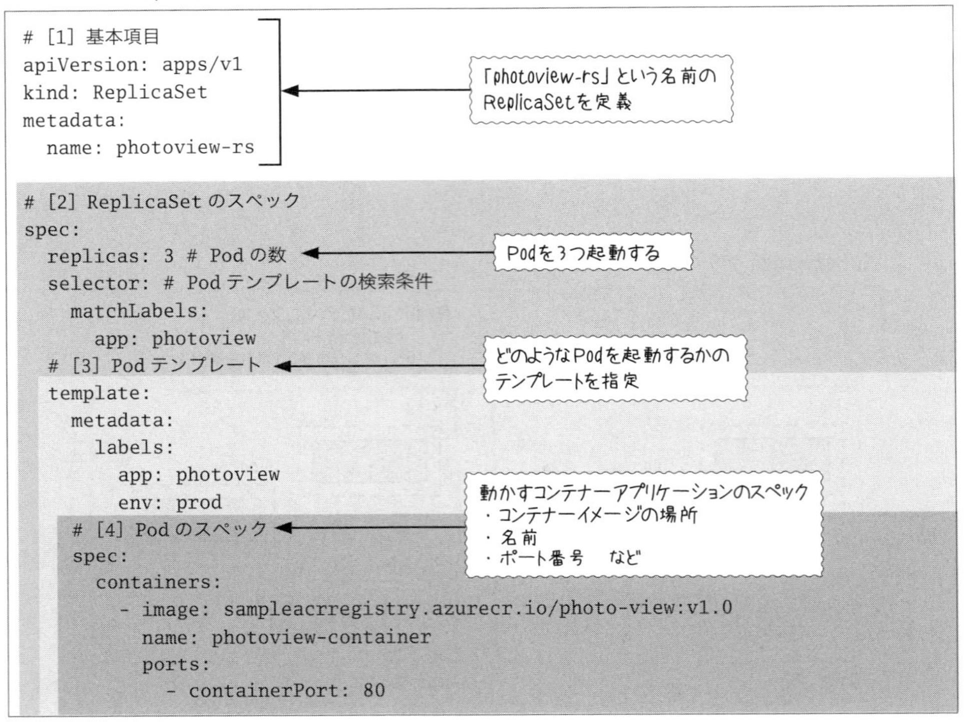

```
# [1] 基本項目
apiVersion: apps/v1
kind: ReplicaSet
metadata:
  name: photoview-rs

# [2] ReplicaSet のスペック
spec:
  replicas: 3 # Pod の数
  selector: # Pod テンプレートの検索条件
    matchLabels:
      app: photoview
  # [3] Pod テンプレート
  template:
    metadata:
      labels:
        app: photoview
        env: prod
    # [4] Pod のスペック
    spec:
      containers:
        - image: sampleacrregistry.azurecr.io/photo-view:v1.0
          name: photoview-container
          ports:
            - containerPort: 80
```


[1] マニフェストの基本項目

まず、APIのバージョンやReplicaSet名などの基本項目を設定します（**表5.6**）。

表5.6　ReplicaSetマニフェストの基本項目

フィールド	データ型	説明	例
apiVersion	文字列	APIのバージョン。執筆時点での最新は「apps/v1」。存在しない値を設定するとエラーになる	apps/v1
kind	文字列	Kubernetesリソースの種類	ReplicaSet
metadata	Object	ReplicaSetの名前やLabelなどのメタデータ	name: photoview-rs
spec	PodSpec	Podの詳細を設定	－

[2] ReplicaSetのスペック

［spec］フィールドには、ReplicaSetの内容を設定します（**表5.7**）。クラスター内で動かしたいPodの数をreplicasで設定します。また、もし実際にクラスター内で動いているPodの数が足りないときに、どのPodを新たに起動するかのテンプレートを決めます。

表5.7　ReplicaSetのスペック（[spec] フィールド）

フィールド	データ型	説明
replicas	整数	クラスター内で起動するPodの数。デフォルトは1
selector	LabelSelector	どのPodを起動するかのセレクタ。PodのTemplateに設定されたラベルと一致しなければならない（**図5.21**）
template	PodTemplateSpec	実際にクラスター内で動くPodの数がreplicasに設定されたPodの数に満たないときに、新たに作成されるPodのテンプレート

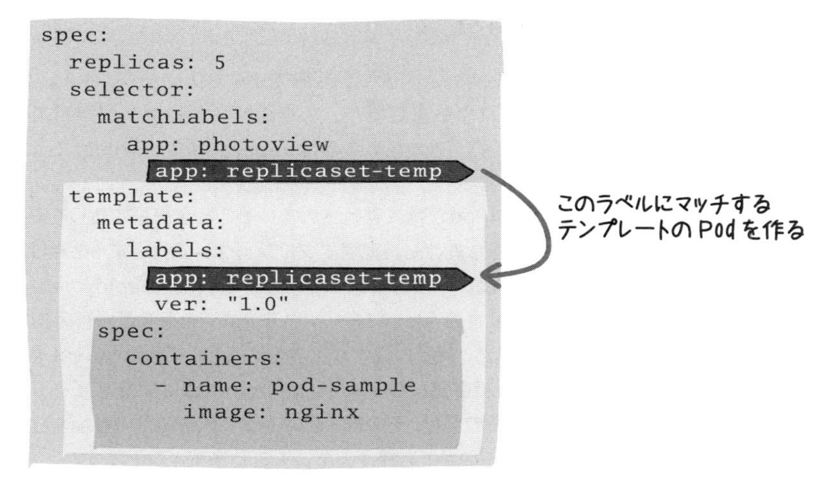

図5.21　LabelSelector

[3] Podテンプレート

[template] フィールドには、動かしたいPodのテンプレートを指定します（**表5.8**）。[2]のselectorで指定した条件に合うものを作る必要があります。

表5.8　ReplicaSetのPodテンプレート（[template] フィールド）

フィールド	データ型	説明
metadata	Object	テンプレートの名前やLabelなどのメタデータ
spec	PodSpec	Podの詳細を設定

[4] Podのスペック

[spec] フィールドには、Podの詳細を設定します。これは、第5章で説明した「Podのスペック」と同じ設定です。参照 第5章 「[2] Podのスペック」p.94

その他のReplicaSetマニフェストファイルに指定できる項目の詳細は、以下の公式サイトを参照してください。

- **ReplicaSet v1 apps - Kubernetes API Reference Docs**
  https://kubernetes.io/docs/reference/generated/kubernetes-api/v1.10/#replicaset-v1-apps

NOTE ReplicationControllerとは

ReplicationControllerは、ReplicaSetとよく似た機能を持つリソースです。古いKubernetesのバージョンでは利用されていましたが、より柔軟なセレクタが指定できるReplicaSetのほうが主流になっています。そのため今後はReplicationControllerではなくReplicaSetを利用しましょう

また、ReplicaSetは、指定された数のPodが常に実行されていることを保証するしくみですが、バージョンの管理をするしくみを持ちません。実際にプロジェクトで利用するときは、後述の第6章で説明するReplicaSetの上位レベルのコンセプトで作られた、Deploymentを利用するのがよいでしょう。Deploymentを使うと、ローリングアップデートなどが行えます。

ただし、ReplicaSetを理解するうえで、Podの概念が必要なように、Deploymentを正しく使いこなすには、ReplicaSetの概念が重要になります。Kubernetesは開発スピードが速く、最新の情報を追いかけることが重要ですが、その際「どのような背景でその機能が生まれたのか」「どのようなしくみで動いているのか」を押さえていくことがポイントです。

ReplicaSetの作成／変更／削除

それでは、マニフェストファイルをもとにReplicaSetを作成／変更／削除してみましょう。手順はPodとほぼ同じですが、確認するポイントが違うので、実際に手を動かしてみましょう。

(1) ReplicaSetの作成

サンプルのマニフェストファイルを修正します。Podのマニフェストファイルと同様にコンテナーイメージの公開場所を、第2章で作成したACRのレジストリに変更します。この例では「sampleacrregistry.azurecr.io」になっていますが、ここを各自の環境に合わせて書き換えてください（**リスト5.16**）。

リスト5.16 chap05/ReplicaSet/replicaset.yaml

```
# [1] 基本項目
apiVersion: v1
〜中略〜
spec:
  # [3] コンテナーの仕様
  containers:
  - image: sampleacrregistry.azurecr.io/photo-view:v1.0  # ここを書き換える
    name: photoview-container
〜中略〜
```

次のコマンドを実行して、ReplicaSetを作成します。

```
$ kubectl create -f ReplicaSet/replicaset.yaml
replicaset.apps/photoview-rs created
```

次のコマンドでReplicaSetの一覧を見てみましょう。STATUSが「Running」になっていて、問題なく動作していることがわかります。

```
$ kubectl get pod --show-labels
NAME                 READY   STATUS    RESTARTS   AGE    LABELS
photoview-rs-jswf4   1/1     Running   0          3s     app=photoview,env=prod
photoview-rs-k6xzk   1/1     Running   0          3s     app=photoview,env=prod
photoview-rs-pqm9p   1/1     Running   0          3s     app=photoview,env=prod
```

ReplicaSetの詳細を確認するには次のコマンドを実行します。[Replicas]フィールドを確認するとPodが3つ起動しているのがわかります。[Events]フィールドを見ると、それぞれPodが作成されているのもわかります。

```
$ kubectl describe rs photoview-rs
Name:         photoview-rs
Namespace:    default
Selector:     app=photoview
Labels:       app=photoview
              env=prod
Annotations:  <none>
Replicas:     3 current / 3 desired
Pods Status:  0 Running / 3 Waiting / 0 Succeeded / 0 Failed
```

CHAPTER 05

```
Pod Template:
～中略～
Events:
  Type    Reason            Age   From                   Message
  ----    ------            ----  ----                   -------
  Normal  SuccessfulCreate  5m    replicaset-controller  Created pod: photoview-rs-r8kbq
  Normal  SuccessfulCreate  5m    replicaset-controller  Created pod: photoview-rs-dflqs
  Normal  SuccessfulCreate  5m    replicaset-controller  Created pod: photoview-rs-lgpvj
```

Podの状態を確認してみましょう。起動したReplicaSetの名前の後ろにランダムな文字が自動的に付加されているのがわかります。これによりPodを一意に決めています。

```
$ kubectl get pod --show-labels
NAME                 READY     STATUS    RESTARTS   AGE       LABELS
photoview-rs-jswf4   1/1       Running   0          3s        app=photoview,env=prod
photoview-rs-k6xzk   1/1       Running   0          3s        app=photoview,env=prod
photoview-rs-pqm9p   1/1       Running   0          3s        app=photoview,env=prod
```

(2) ReplicaSetの変更

次は、ReplicaSetの内容を変更してみましょう。現在クラスター内に3つのPodが起動していますが、これを10個に変更します。マニフェストファイルのreplicasを**リスト5.17**のように変更するだけです。

リスト5.17　chap05/ReplicaSet/replicaset.yamlの変更

```
# [2] ReplicaSet のスペック
spec:
  replicas: 10    # Pod の数
  selector:    # Pod テンプレートの検索条件
    matchLabels:
      app: photoview
```

次のコマンドを実行すると、ReplicaSetを更新します。

```
$ kubectl apply -f ReplicaSet/replicaset.yaml
replicaset.apps/photoview-rs configured
```

Podの状態を確認してみましょう。3個から10個に増えているのがわかります。

```
$ kubectl get pod
NAME                 READY     STATUS    RESTARTS   AGE
photoview-rs-5grtt   1/1       Running   0          1m
photoview-rs-8c9f7   1/1       Running   0          1m
photoview-rs-8v2mn   1/1       Running   0          1m
photoview-rs-9wlvc   1/1       Running   0          1m
photoview-rs-gvw25   1/1       Running   0          1m
photoview-rs-jswf4   1/1       Running   0          10m
photoview-rs-k6xzk   1/1       Running   0          10m
photoview-rs-pqm9p   1/1       Running   0          10m
photoview-rs-rv5kd   1/1       Running   0          1m
photoview-rs-z65dr   1/1       Running   0          1m
```

(3) ReplicaSetの削除

次のコマンドを実行すると、ReplicaSetを削除します。ReplicaSetを削除すると、Podがまとめて削除されます。

```
$ kubectl delete -f ReplicaSet/replicaset.yaml
replicaset.apps "photoview-rs" deleted

$ kubectl get pod
No resources found.
```

どのようにクラスター内の状態を制御するのか

これまでReplicaSetのしくみを見てきましたが、クラスター内でPodを決まった数だけ起動しておくということは、何かしらの方法でクラスターの状態を常時監視して制御することが必要なはずです。

この役割を**コントローラー**と呼びます。コントローラーの基本的な動きは次のとおりです。

(1) クラスター（X）の現在の状態を確認
(2) クラスター（Y）のあるべき状態を確認
(3) X == Y
- true　何もしない
- false　コンテナーの開始または再起動、または特定のアプリケーションのレプリカ数のスケーリングなど、Yになるようタスクを実行

(4) (1) に戻る

Kubernetesは、この処理をループすることにより、クラスターの状態を確認し、あるべき姿、つまりマニフェストで定義された状態になっているかを監視します。そして、もし状態が異なっていれば、あるべき姿になるよう自動で修復します。

これらは、どのようなしくみで実装されているのでしょうか。具体的に、ReplicaSetの機能を提供するコントローラーであるReplicaSet ControllerがどのようにクラスターのPodを監視しているのかを例にして説明します。

まず、ReplicaSet Controllerは、実行中のPodのリストを常に監視し、Podの実際の数を確認します。また、マニフェストファイルに定義した「replicas」の数もチェックします。たとえば、replicas=3の場合、次の動作をします（**図5.22**）。

(1) Podが3より少ない場合　➡マニフェストファイルの［spec］フィールドに定義されたPodを新しく作成するようAPI Serverに通知する

(2) Podの数が3の場合　➡何もしない

(3) Podの数が3より多い場合　➡余剰のPodを削除するようAPI Serverに通知する

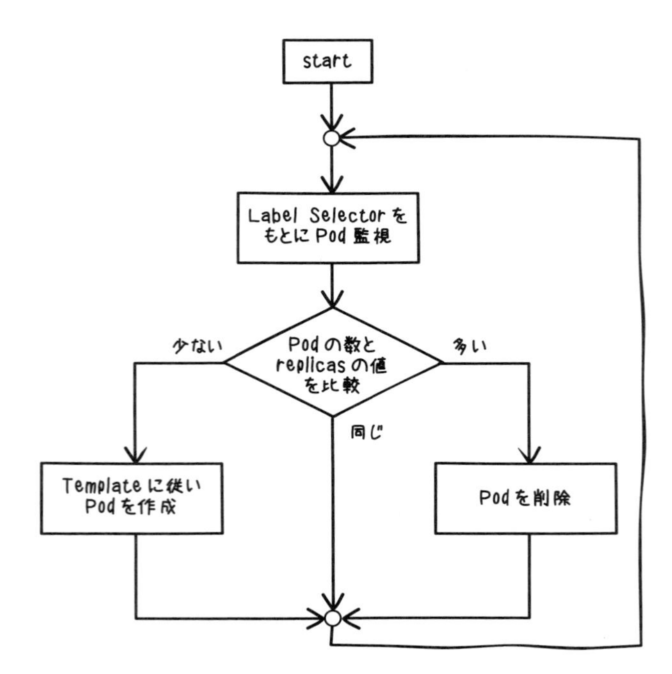

図5.22　ReplicaSetの動作

なお、実際にPodを作成／削除するのは、Node上のkubeletがコンテナーランタイム（Docker）に指示を出して行います。

ここで勘違いしやすいポイントを確認しておきましょう。ReplicaSetは「指定した数のPodを起動するリソース」であると思いがちですが、あくまでも「指定した数のPodが起動した状態を維持する」ためのリソースです。

ここで実際にコマンドを動かして確認します。ここでは、次のことを行い、実際にどうなるかを見てみましょう（**図5.23**）。

(1) Podを1つ生成する
(2) (1) と同じラベルがついたPodを5つ動かすReplicaSetを生成する

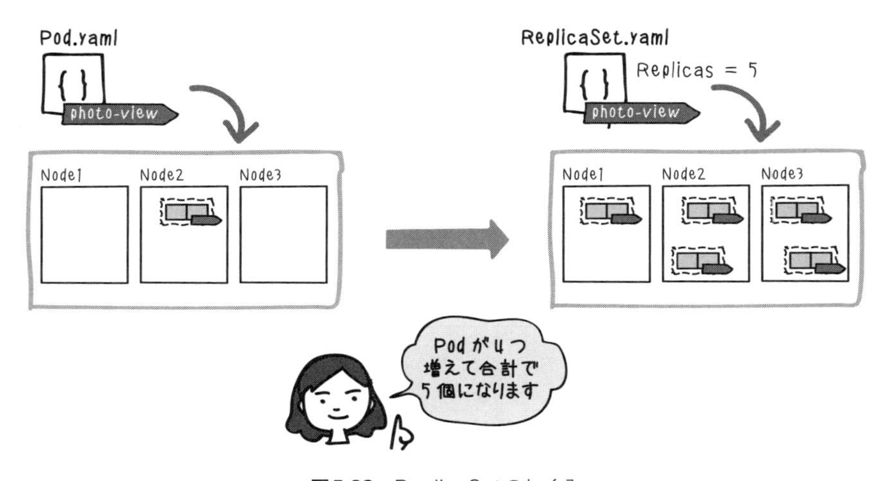

図5.23　ReplicaSetのしくみ

(1) Podを1つ起動する

nginxのコンテナーが起動するシンプルなマニフェストを用意します（**リスト5.18**）。このPodには「app: photo-view」というラベルがついています。

リスト5.18　chap05/nginx/nginx-pod.yaml

```
apiVersion: v1
kind: Pod
metadata:
  name: nginx-pod
  labels:
    app: photo-view
spec:
  containers:
  - image: nginx
    name: photoview-container
```

このマニフェストファイルを次のコマンドでクラスターに送信し、Podの状態を確認します。「nginx-pod」という名前のPodが1つ起動しているのがわかります。

```
$ kubectl apply -f ReplicaSet/pod-nginx.yaml
pod/nginx-pod created

$ kubectl get pod
NAME        READY     STATUS    RESTARTS   AGE
nginx-pod   1/1       Running   0          9s
```

(2) ReplicaSetでPodの数を指定

続いて、ReplicaSetのマニフェストを書きます。「replicas」が5に設定されているので、クラスター内に5つのPodが複製された状態にするためのマニフェストです（**リスト5.19**）。このマニフェストのポイントは「app: photoview」というLabelがついたPodをテンプレートにしているということになります。これは（1）で作成したPodと同じLabelであり、すでに1つのPodがクラスター内で動いています。

リスト5.19　chap05/ReplicaSet/replicaset-nginx.yaml

```
apiVersion: apps/v1
kind: ReplicaSet
～中略～
spec:
  replicas: 5
～中略～
  template:
    metadata:
      labels:
        app: photoview
～中略～
```

次のコマンドを実行してReplicaSetを作成します。

```
$ kubectl apply -f ReplicaSet/replicaset-nginx.yaml
replicaset.apps/nginx-replicaset created
```

ここで、クラスター内でPodがどのような状態になったかを見てみます。

```
$ kubectl get pod
NAME                     READY     STATUS    RESTARTS   AGE
nginx-pod                1/1       Running   0          2m
nginx-replicaset-bb8j6   1/1       Running   0          46s
nginx-replicaset-bdlh6   1/1       Running   0          46s
nginx-replicaset-ctbbq   1/1       Running   0          46s
nginx-replicaset-swk4z   1/1       Running   0          46s
```

すでに（1）で起動していたPod「nginx-pod」はそのままで、新たに4つのPod「nginx-replicaset-bb8j6～nginx-replicaset-swk4z」が作成されているのがわかります。これで**合計5つのPodが起動した状態**になります。

これにより、ReplicaSetは起動中のクラスターの状態を監視し、マニフェストファイルで定義した状態と異なる場合は、自動で調整をするということがわかりました。

このように、ReplicaSetはあくまでもクラスター内のPodの数をLabelに基づいて維持するしくみであるということです。今回の例のように「app: photoview」というLabelがついたPodがすでにクラスター上で動いていると、ReplicaSetなどで同じLabelのついたPodがスケールダウンされたとき、削除の対象となります。Kubernetesでは、ネーミングルールが重要です。特にLabelのネーミングルールは、設計段階で決めておくとよいでしょう。

NOTE Kubernetesのコントローラーの種類

Kubernetesには大きく分けて2つのコントローラーが提供されています。1つはクラスター内の状態を監視するもので、もう1つはクラウドプロバイダー独自のものです。

①kube-controller-manager

Kubernetesクラスター内のリソースを監視し、状態をあるべき姿になるよう維持します。クラスターのコントロールプレーンのMasterで動き、主に次のものがあります。なお、コントローラーはリソースによってさまざまな種類がありますが、コントローラー同士がお互いに直接通信することはありません。

- ReplicationManager
- ReplicaSet/DaemonSet/Job controllers
- Deployment controller
- StatefulSet controller
- Node controller
- Service controller
- Endpoint controller
- Namespace controller

②cloud-controller-manager

Kubernetesマネージドサービスなどでクラウド独自のコントローラーを実装するためのものです。具体的にはストレージサービスや、負荷分散のためのロードバランサー機能などに利用されています。Azureの場合は、主にMicrosoftのエンジニアが開発に貢献しています。

また、これ以外にも利用者自身がカスタムでコントローラーを実装することが可能です。Kubernetesはオープンソースプロジェクトなので、誰でも開発に参加できます。必要な機能があれば実装して、コントリビュートしてみるとよいでしょう。参照 第7章「イベントチェーン」p.217

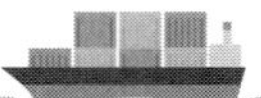

Pod障害が発生したらどうなるのか

これまでReplicaSetのしくみを見てきましたが、実際にReplicaSetで生成したPodで障害が発生するとどのようになるのかを見てみましょう。Podのコンテナーアプリケーションがエラーを起こした場合などを想定しています。

いま5つのPodがクラスター上で起動しています。これらがどのNodeで動いているのかを確認してみましょう。

```
$ kubectl get pod -o wide
NAME                    READY   STATUS    RESTARTS   AGE   IP            NODE
nginx-pod               1/1     Running   0          6m    10.244.2.29   aks-
➡nodepool1-84401083-1
nginx-replicaset-bb8j6  1/1     Running   0          5m    10.244.2.30   aks-
➡nodepool1-84401083-1
nginx-replicaset-bdlh6  1/1     Running   0          5m    10.244.1.17   aks-
➡nodepool1-84401083-2
nginx-replicaset-ctbbq  1/1     Running   0          5m    10.244.2.31   aks-
➡nodepool1-84401083-1
nginx-replicaset-swk4z  1/1     Running   0          5m    10.244.1.18   aks-
➡nodepool1-84401083-2
```

ここで、Pod「nginx-replicaset-bb8j6」を以下のコマンドで意図的に削除します。

```
$ kubectl delete pod nginx-replicaset-bb8j6
pod "nginx-replicaset-bb8j6" deleted
```

再びクラスター内のPodを次のコマンドで確認します。

```
$ kubectl get pod -o wide
NAME                      READY    STATUS     RESTARTS    AGE       IP            NODE
nginx-pod                 1/1      Running    0           16m       10.244.2.29   aks-
➡nodepool1-84401083-1
nginx-replicaset-bdlh6    1/1      Running    0           14m       10.244.1.17   aks-
➡nodepool1-84401083-2
nginx-replicaset-ctbbq    1/1      Running    0           14m       10.244.2.31   aks-
➡nodepool1-84401083-1
nginx-replicaset-swk4z    1/1      Running    0           14m       10.244.1.18   aks-
➡nodepool1-84401083-2
nginx-replicaset-tqxgt    1/1      Running    0           12s       10.244.0.13   aks-
➡nodepool1-84401083-0
```

コマンド実行結果を確認すると、削除したPod「nginx-replicaset-bb8j6」がなくなり、代わりにPod「nginx-replicaset-tqxgt」が新たに生成されているのがわかります（**図5.24**）。

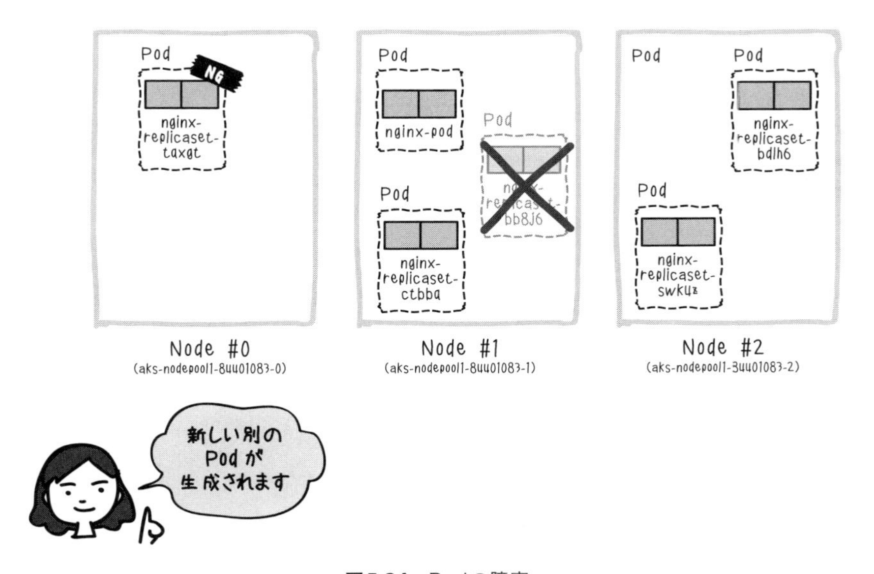

図5.24　Podの障害

このように、コンテナーアプリケーションが動作するある1つのPodが何らかの障害で利用できなくなったときも、ReplicaSetのマニフェストファイルの「replicas」で設定した5つの状態を維持するよう、新たにPodが自動で1つ生成されました。

ここで、注意しておきたいのは、異常終了したPodが再起動されるわけではなく、新たに別のPodが生成されるということです。新しいPodはReplicaSetのテンプレートで指定された条件で作られます。

Kubernetesでコンテナーアプリケーションを運用するときは、このことを頭に入れておく必要があります。ステートフルなアプリケーションの場合、Podの状態を保証するわけではないので、StatefulSetを使ってください。

Node障害が発生したらPodはどうなるのか

ReplicaSetはクラスター内のPodの数を維持するしくみですが、Podではなく、Nodeの障害が起こったときにどのような動きをするのかを確認します。つまり、コンテナーアプリケーションの障害ではなく、クラスターを構成するマシンの1台が物理的に故障したような状態を想定しています。

まず、次のコマンドで現在のリソースグループを確認します。ここで、「MC_」から始まるリソースグループの中にKubernetesクラスターを構成するNodeとなる仮想マシンが含まれるので確認します。

```
$ az group list
Name                                Location    Status
----------------------------------  ----------  ---------
AKSCluster                          japaneast   Succeeded
MC_AKSCluster_AKSCluster_japaneast  japaneast   Succeeded
sampleACRRegistry                   japaneast   Succeeded
```

次に、Node「aks-nodepool1-84401083-0」を次のコマンドで停止します[※3]。ここで、-gオプションで仮想マシンのリソースグループを指定します。しばらく待つと仮想マシンが停止します。

```
$ az vm stop --name aks-nodepool1-84401083-0 -g MC_AKSCluster_AKSCluster_
➡japaneast
```

ここで、kubectlコマンドでNodeの状態を確認すると停止した「aks-nodepool1-84401083-0」が「NotReady」となり、KubernetesのMasterから利用できない状態になっていることがわかります。

```
$ kubectl get node
NAME                       STATUS     ROLES   AGE   VERSION
aks-nodepool1-84401083-0   NotReady   agent   8h    v1.11.3
aks-nodepool1-84401083-1   Ready      agent   8h    v1.11.3
aks-nodepool1-84401083-2   Ready      agent   8h    v1.11.3
```

※3　この操作は、検証のために行っています。運用中の環境でNodeを減らす場合は、az aks scaleコマンドを使ってください。

次のコマンドでPodがどうなったかを確認します。

コマンドを実行すると、6つのPodが確認できます。うち5つが稼働（Running）し、1つのPodが不明（Unknown）な状態であることがわかります。

```
$ kubectl get pod -o wide
NAME                    READY   STATUS    RESTARTS   AGE   IP            NODE
nginx-pod               1/1     Running   0          32m   10.244.2.29   aks-
➡nodepool1-84401083-1
nginx-replicaset-bdlh6  1/1     Running   0          31m   10.244.1.17   aks-
➡nodepool1-84401083-2
nginx-replicaset-ctbbq  1/1     Running   0          31m   10.244.2.31   aks-
➡nodepool1-84401083-1
nginx-replicaset-jfpd8  1/1     Running   0          13s   10.244.2.32   aks-
➡nodepool1-84401083-1
nginx-replicaset-swk4z  1/1     Running   0          31m   10.244.1.18   aks-
➡nodepool1-84401083-2
nginx-replicaset-tqxgt  1/1     Unknown   0          16m   10.244.0.13   aks-
➡nodepool1-84401083-0
```

ログを確認して、これらの6つのPodがNodeにどう配置されているかを見ていきます。

（1）Node0で稼働していたPod（nginx-replicaset-tqxgt）

［Ready］フィールドがFalseとなり、使用不可能な状態になっています。

```
$ kubectl describe pod nginx-replicaset-tqxgt
～中略～
Conditions:
  Type           Status
  Initialized    True
  Ready          False
  PodScheduled   True
～中略～
Events:
  Type    Reason                 Age   From                                Message
  ----    ------                 ----  ----                                -------
  Normal  Scheduled              27m   default-scheduler                   Successfully assigned
➡nginx-replicaset-tqxgt to aks-nodepool1-84401083-0
  Normal  SuccessfulMountVolume  27m   kubelet, aks-nodepool1-84401083-0   MountVolume.SetUp
➡succeeded for volume "default-token-nvgkg"
  Normal  Pulling                27m   kubelet, aks-nodepool1-84401083-0   pulling image "nginx"
  Normal  Pulled                 27m   kubelet, aks-nodepool1-84401083-0   Successfully pulled image
➡"nginx"
  Normal  Created                27m   kubelet, aks-nodepool1-84401083-0   Created container
  Normal  Started                27m   kubelet, aks-nodepool1-84401083-0   Started container
```

CHAPTER 05

(2) Node1またはNode2で稼働していたPod (nginx-pod/nginx-replicaset-bdlh6/nginx-replicaset-ctbbq/nginx-replicaset-swk4z)

Podは起動したままの状態で変更はありません。

```
$ kubectl describe pod nginx-pod

～中略～
Events:
  Type    Reason                 Age  From                              Message
  ----    ------                 ---- ----                              -------
  Normal  Scheduled              43m  default-scheduler                 Successfully assigned
➡nginx-pod to aks-nodepool1-84401083-1
  Normal  SuccessfulMountVolume  43m  kubelet, aks-nodepool1-84401083-1  MountVolume.SetUp
➡succeeded for volume "default-token-nvgkg"
  Normal  Pulling                43m  kubelet, aks-nodepool1-84401083-1  pulling image "nginx"
  Normal  Pulled                 43m  kubelet, aks-nodepool1-84401083-1  Successfully pulled image
➡"nginx"
  Normal  Created                43m  kubelet, aks-nodepool1-84401083-1  Created container
  Normal  Started                43m  kubelet, aks-nodepool1-84401083-1  Started container
```

(3) 新しく生成されたPod (nginx-replicaset-jfpd8)

default-schedulerから指示を受けたNode1のkubeletによって新しいPodが生成されています。

```
$ kubectl describe pod nginx-replicaset-jfpd8

～中略～
Events:
  Type    Reason                 Age  From                              Message
  ----    ------                 ---- ----                              -------
  Normal  Scheduled              8m   default-scheduler                 Successfully assigned
➡nginx-replicaset-jfpd8 to aks-nodepool1-84401083-1
  Normal  SuccessfulMountVolume  8m   kubelet, aks-nodepool1-84401083-1  MountVolume.SetUp
➡succeeded for volume "default-token-nvgkg"
  Normal  Pulling                8m   kubelet, aks-nodepool1-84401083-1  pulling image "nginx"
  Normal  Pulled                 8m   kubelet, aks-nodepool1-84401083-1  Successfully pulled image
➡"nginx"
  Normal  Created                8m   kubelet, aks-nodepool1-84401083-1  Created container
  Normal  Started                8m   kubelet, aks-nodepool1-84401083-1  Started container
```

このように、1つのNodeが何らかの障害で利用できなくなったとき、正常に動作している別のNode上で、ReplicaSetのマニフェストで指定したレプリカ数になるよう、Podが自動生成されます。

ただし、障害が発生したNodeで稼働していたPodが再び再配置されるわけではなく、新しい別のPodが正常なNode上に生成されることがわかります。

なぜ、このような動きになっているのかのしくみを説明します。Kubernetesでは、Masterで動作するController ManagerのNode ControllerがNodeの管理を行います。Node Controllerは、Kubernetes内部のノードリストを最新の状態に保持する役割があります。クラスター内のNodeが正常でない場合、そのNodeが割り当てたマシン（VM）が使用可能かどうかを確認し、使用可能でない場合、Node Controllerは該当のNodeを、クラスターのNodeリストからスケジューリング対象として利用できない（Not Ready）ようにします（**図5.25**）。

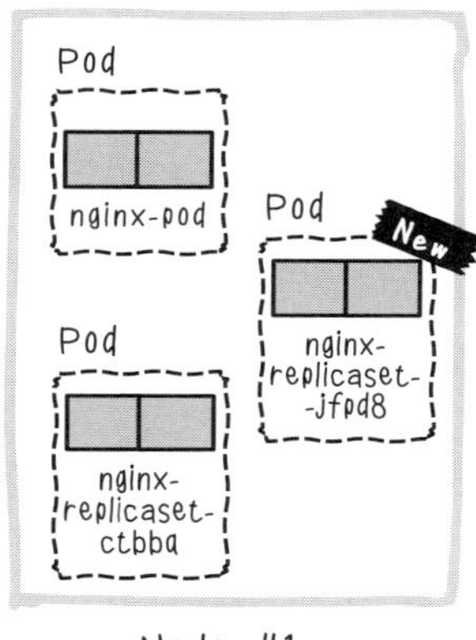

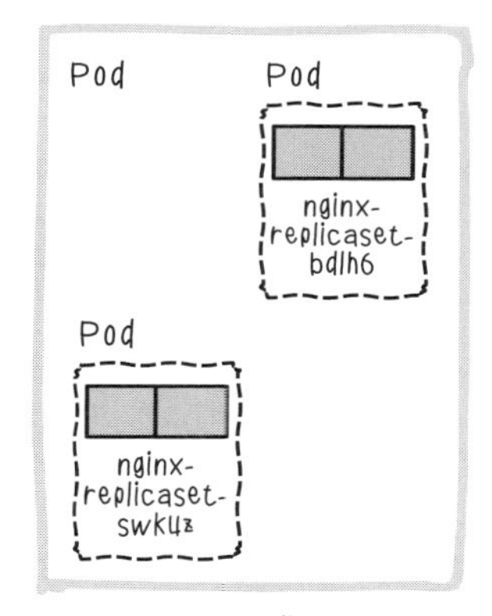

図5.25　Nodeの障害

Podは、Schedulerによって再配置されます。その際は、Nodeリストに基づいて正常なNodeのみに配置されます。具体的には、Node0の停止を検知したNode Controllerがノードリストから Node0を外したため、正常に動作しているNode1にReplicaSetで定義したレプリカ数を維持するよう別のPodが新たに配置されました。

NOTE ReplicaSetを利用した障害トレース

本番環境でアプリケーションエラーが発生すると該当のプロセスを停止して各種ログなどを解析してエラーの原因を特定しますが、Kubernetesでは前述したとおり、Labelの設定変更だけでPodの役割を変えることができます（**図5.A**）。

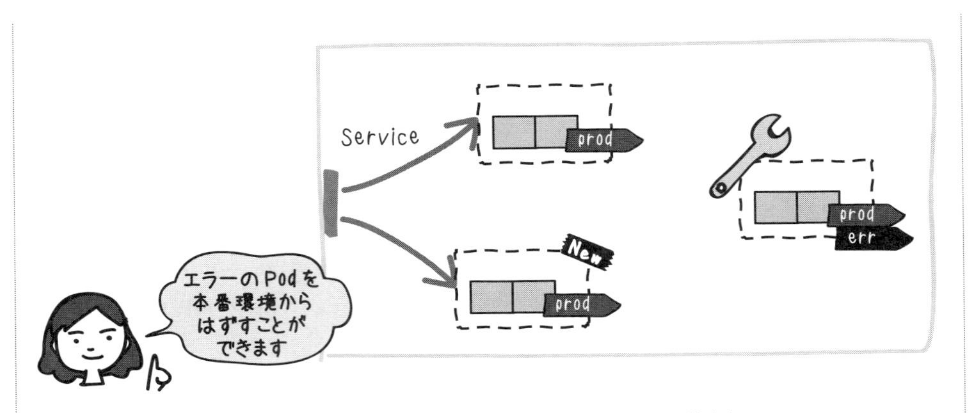

図5.A　Labelを使用したコンテナーアプリケーションの障害トレース

このラベル変更により、まず、ラベルを変更したPodはServiceのセレクタの条件にマッチしなくなるので、リクエストが転送されません。また、ReplicaSetが「env: prod」のラベルにマッチするPodが1つ足りないことを検知して、自動で新しいPodを配置します。

そのため、エラーの発生したPodをクラスター上で動かしたままエラーの原因を調査できます。

一通り確認が終わったら、次のコマンドで停止したNodeを起動しておきましょう。

```
$ az vm start --name aks-nodepool1-84401083-0 -g MC_AKSCluster_AKSCluster_
➡japaneast
```

また、次のコマンドを実行し、Podをまとめて削除しておきましょう。

```
$ kubectl delete -f ReplicaSet/
```

5.6 負荷に応じてPodの数を変えてみよう

Kubernetesクラスターは高い拡張性を持っているのが特徴です。たとえば、Webアプリケーションでアクセスが急増したときも柔軟にスケールすることが可能です。しかし、コンピューティングリソースは無尽蔵にあるわけではないので、しくみを理解しておくことが重要です。

スケーラビリティ

Kubernetesは**スケーラビリティ**が高いと言われており、システムの稼働状況によって**柔軟にシステムを拡張**できるのが魅力です。

ここで、分散システムにおけるシステムのスケーラビリティについて理解するときに重要な2つの考え方を整理しておきましょう。

①スケールアウト（水平スケール）

スケールアウトとは、システムを構成するサーバーの台数を増やすことで、システムの処理能力を高める手法です（**図5.26**）。

たとえば、10件/sのリクエストを処理できるサーバーが1台あったとします。これを5台に増やすと、理論的にはシステム全体では50件/sのリクエストを処理[※4]できることになります。同じ構成のサーバーの数を水平に増やすので、**水平スケール**と呼ばれます。

スケールアウトするときは、サーバーにリクエストを振り分けるロードバランサーを導入します。そのため、何らかのトラブルでサーバーの1台が故障しても別のサーバーで処理を継続できるため、システムの可用性が高まります。

図5.26　スケールアウト

②スケールアップ（垂直スケール）

サーバーの台数を増やすのではなく、サーバーのCPUやメモリ、ディスク容量などのコンピューティングリソースを増強することを**スケールアップ**と呼びます（**図5.27**）。クラウドを利用している場合、負荷が高くなったので仮想マシンのサイズをアップするなどがあります。

※4　ただしネットワークやストレージの影響があるため実際の処理性能は理論値とは異なります。

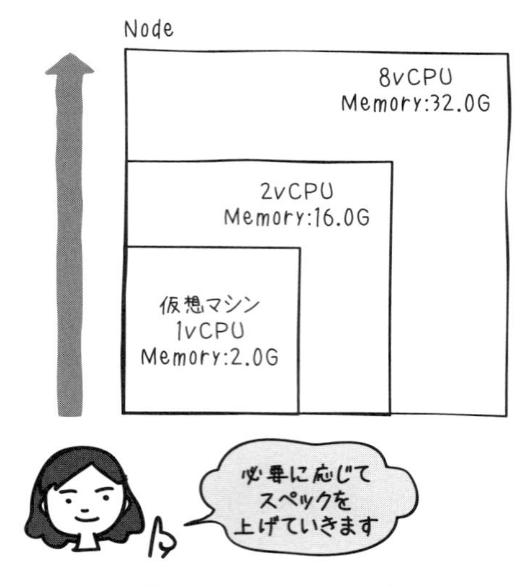

図5.27　スケールアップ

Azureを使ったKubernetesの環境では、スケーラビリティに対して**図5.28**のように整理できます（**表5.9**）。

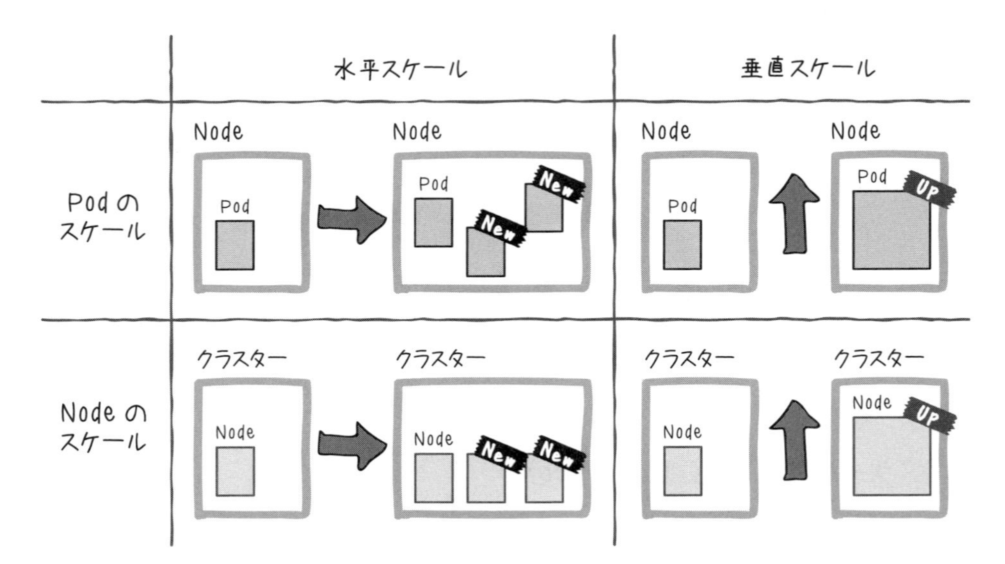

図5.28　Kubernetesの拡張

表5.9 クラスターの拡張

	機能	水平スケール	垂直スケール
Pod	Kubernetesの機能	Horizontal Pod Autoscaler (HPA)	Vertical Pod Autoscaler (VPA) ※ただし執筆時点ではアルファ機能
Node	Azureの機能	az aks scaleコマンド	—

Kubernetesはよく「高いスケーラビリティを持つ」とうたわれるため、無限にシステムが拡張するような印象を持ってしまいがちです。しかし、実際に本番環境で運用するときはNodeとPodのスケーラビリティ、水平スケールと垂直スケールの違いなど基本的なことを押さえておくことが必要です。

また、Nodeのスケーラビリティに関しては、「クラスターに割り当てるリソースの拡張が必要になるため、クラウドサービスやオンプレミス環境での対処が必要である」という点も混同しがちなので注意しましょう。たとえば銀行の窓口のように、急に顧客が増えたとき、クローズしている窓口があればそれをオープンにして処理量を増やすことで事足ります。しかし、そもそも物理的に窓口がない、店舗に入らないほど顧客が増えた、などの場合は銀行の支店の拡張を検討しなければなりません。

以降では、Kubernetesの機能であるPod水平スケールについて説明していきます。

Podを手動水平スケールする

Pod水平スケールとは、クラスター内のPodの数を増やしたり減らしたりすることです。

前節でReplicaSetを使うとクラスター内のPodの数をマニフェストファイルで定義できることを説明しましたが、コマンドでもスケールできます（**図5.29**）。

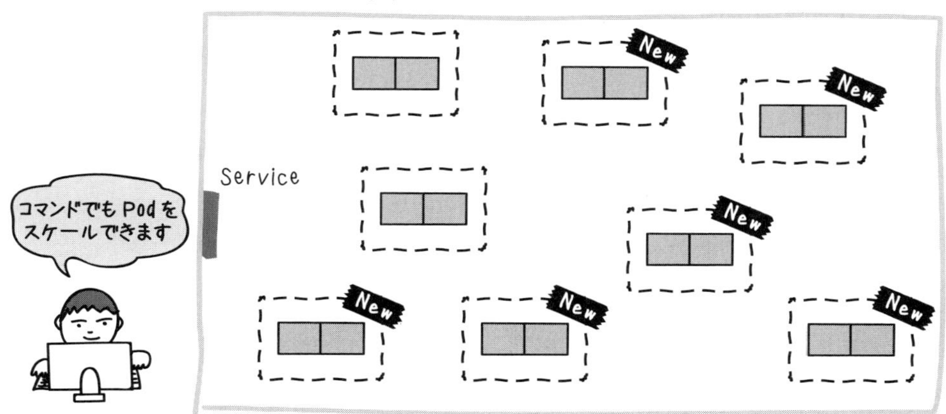

図5.29 Podの水平スケール

ここでは、クラスター上で3つのPodを動かすReplicaSetを使って確認します。サンプルのchap05/HPA/pod-scale.yamlを使います。次のコマンドを実行してReplicaSetを作成し、クラスター内で動いているPodを確認します。

```
$ kubectl apply -f HPA/pod-scale.yaml
replicaset.apps/nginx-replicaset created

$ kubectl get pod
NAME                     READY     STATUS     RESTARTS    AGE
nginx-replicaset-7wdll   1/1       Running    0           7s
nginx-replicaset-9whfn   1/1       Running    0           7s
nginx-replicaset-fgdmw   1/1       Running    0           7s
```

マニフェストの［replicas］フィールドで指定したとおり、3つのPodが起動しています。ここで、kubectl scaleコマンドでPodを増やします。次のコマンドは「nginx-replicaset」という名前のレプリカセットのPodの数を8にします。

```
$ kubectl scale --replicas=8 rs/nginx-replicaset
replicaset.extensions/nginx-replicaset scaled
```

再び、クラスター内のPodを確認すると、新たに5つのPodができあがり、合計で8つになっているのがわかります。

```
$ kubectl get pod
NAME                     READY     STATUS     RESTARTS    AGE
nginx-replicaset-2tqtw   1/1       Running    0           12s
nginx-replicaset-44s25   1/1       Running    0           11s
nginx-replicaset-72kr2   1/1       Running    0           11s
nginx-replicaset-7dw46   1/1       Running    0           11s
nginx-replicaset-7wdll   1/1       Running    0           1m
nginx-replicaset-9whfn   1/1       Running    0           1m
nginx-replicaset-b9lbn   1/1       Running    0           11s
nginx-replicaset-fgdmw   1/1       Running    0           1m
```

kubectl scaleコマンドは、ファイル名を指定してPodの数のスケールができます。ただし、マニフェスト自身の更新をするわけではないので注意してください。

```
$ kubectl scale --replicas=8 -f HPA/pod-scale.yaml
```

確認が終わったら、次のコマンドを実行し、Podを削除しておきましょう。

```
$ kubectl delete -f HPA/pod-scale.yaml
```

Podを自動水平スケールする

Kubernetesは、CPU使用率やその他のメトリックをチェックして、Podの数をスケールする機能があります。

これは**HorizontalPodAutoscaler**（以下、**HPA**）というもので、指定したメトリックをコントローラーがチェックし、負荷に応じて必要なPodのレプリカ数になるよう自動でPodを増やしたり減らしたりします。

HPAはReplicaSetだけでなく、以下のリソースのPodのスケーリングに使えます。

- Deployment
- ReplicaSet
- Replication Controller
- StatefulSet

ここでは、ReplicaSetでPodを自動スケールしてみましょう（**図5.30**）。

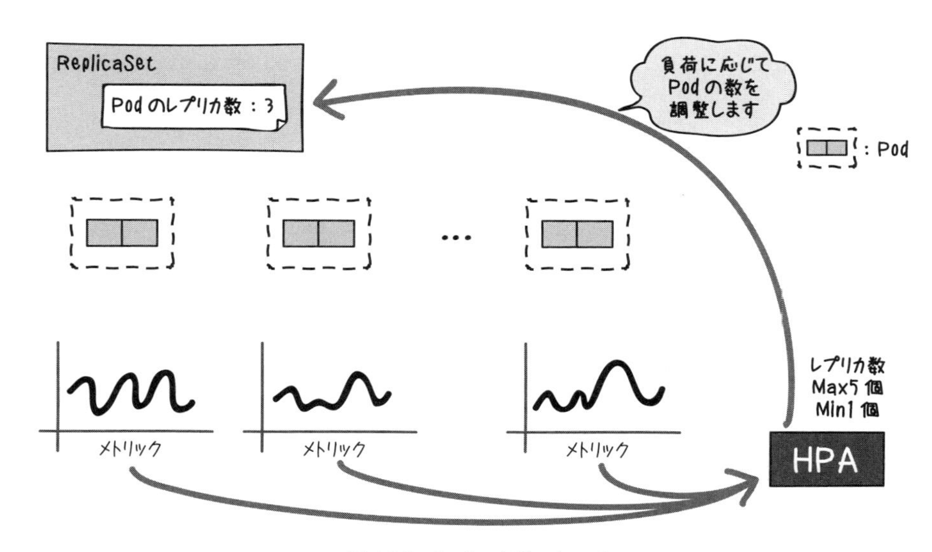

図5.30　Podの自動スケール

KubernetesのHPAは、Metrics Serverを使ってリソースの使用状況を収集します。

まず自動スケールさせたいReplicaSetを作成します。HPAを利用するときは、ReplicaSetのPodテンプレートでCPUのRequestsとLimitsを設定する必要があるので、ReplicaSetに**リスト5.20**の定義を入れておきます。

リスト5.20　chap05/HPA/replicaset-hpa.yaml

```
        resources:
          requests:   # リソースの要求
            cpu: 100m
          limits:
            cpu: 100m
```

次のコマンドでReplicaSetを作成し、Podが2つ起動していることを確認します。

```
$ kubectl apply -f HPA/replicaset-hpa.yaml
replicaset.apps/busy-replicaset created

$ kubectl get pod
NAME                    READY     STATUS    RESTARTS   AGE
busy-replicaset-7v5kb   1/1       Running   0          8s
busy-replicaset-dss5g   1/1       Running   0          8s
```

kubectl topコマンドでPodの負荷状況を確認します。Podの監視が有効になるにはしばらく時間がかかります。今回は、コンテナー内でddコマンドを実行し、意図的に負荷をかけていますが、CPUのLimitsを設定しているので、約100mコアになっているのがわかります。

```
$ kubectl top pod
NAME                    CPU(cores)   MEMORY(bytes)
busy-replicaset-7v5kb   100m         0Mi
busy-replicaset-dss5g   99m          0Mi
```

これで、クラスター内にPodが2つ動いている状態になったので、負荷に応じて自動スケールさせるためのHPAリソースを作成します。**リスト5.21**のマニフェストを定義します。

リスト5.21　chap05/HPA/hpa.yaml

```
# [1] 基本項目
apiVersion: autoscaling/v2beta1
kind: HorizontalPodAutoscaler
metadata:
  name: budy-hpa

# [2] HPA のスペック
spec:
  minReplicas: 1   # レプリカ数の最小
  maxReplicas: 5   # レプリカ数の最大

  # スケールする条件
  metrics:
```

```
  - resource:
      name: cpu
      targetAverageUtilization: 30   # CPUが30%になるよう調整
    type: Resource

  #  スケールするReplicaSetの設定
  scaleTargetRef:
    apiVersion: apps/v1
    kind: ReplicaSet
    name: busy-replicaset
```

[1] マニフェストの基本項目

まず、APIのバージョンやHPA名などの基本項目を設定します（**表5.10**）。

表5.10　HPAマニフェストの基本項目

フィールド	データ型	説明	例
apiVersion	文字列	APIのバージョン。執筆時点での最新は「autoscaling/v2beta1」。 存在しない値を設定するとエラーになる	autoscaling/v2beta1
kind	文字列	Kubernetesリソースの種類	HorizontalPodAutoscaler
metadata	Object	HPAの名前やLabelなどのメタデータ	name: photoview-rs
spec	HorizontalPodAutoscalerSpec	HPAの詳細を設定	−

[2] HorizontalPodAutoscalerのスペック

［spec］フィールドには、HorizontalPodAutoscalerの内容を設定します（**表5.11**）。ここでは、自動スケールするときの条件、具体的には自動スケールの最大値／最小値、自動スケールの対象を定義します。

表5.11　HPAのスペック（［spec］フィールド）

フィールド	データ型	説明
maxReplicas	整数	自動スケールするPodの最大値。minReplicasより小さな値は設定できない
minReplicas	整数	自動スケールするPodの最小値。デフォルトは1
scaleTargetRef	CrossVersionObjectReference	自動スケール対象のリソースを指定
metrics	MetricSpec	自動スケールするためのメトリック設定

今回の例では、リクエストに対してCPUの使用率が30%になるよう、Podの数が1〜5個の間で自動スケールするための定義をしています。

次のコマンドを実行し、HPAリソースを作成します。

```
$ kubectl apply -f HPA/hpa.yaml
horizontalpodautoscaler.autoscaling/budy-hpa created
```

HPAの状態を確認するため、次のコマンドを実行します。-wオプションでループさせておくと、状況が変わったら自動的に更新されます。コマンド結果を見ると、はじめはメトリックを取得できないため<unknown>になっていますが、約1分後にPodが4個に増えているのがわかります。さらに4分後にはマニフェストファイルで定義した最大数である5個に増えています。

```
$ kubectl get hpa -w
NAME       REFERENCE                      TARGETS          MINPODS   MAXPODS   REPLICAS
AGE
budy-hpa   ReplicaSet/busy-replicaset     <unknown>/30%    1         5         0
17s
budy-hpa   ReplicaSet/busy-replicaset     99%/30%    1         5         2         30s
budy-hpa   ReplicaSet/busy-replicaset     99%/30%    1         5         4         1m
budy-hpa   ReplicaSet/busy-replicaset     99%/30%    1         5         4         1m
budy-hpa   ReplicaSet/busy-replicaset     99%/30%    1         5         4         2m
budy-hpa   ReplicaSet/busy-replicaset     99%/30%    1         5         4         2m
budy-hpa   ReplicaSet/busy-replicaset     99%/30%    1         5         4         3m
budy-hpa   ReplicaSet/busy-replicaset     99%/30%    1         5         4         3m
budy-hpa   ReplicaSet/busy-replicaset     99%/30%    1         5         4         4m
budy-hpa   ReplicaSet/busy-replicaset     99%/30%    1         5         5         4m
```

再びkubectl topコマンドで負荷状況を確認すると、CPUが約100mコアの状態でPodが5つに増えているのがわかります。

```
$ kubectl top pod
NAME                     CPU(cores)   MEMORY(bytes)
busy-replicaset-5grps    101m         0Mi
busy-replicaset-7v5kb    99m          0Mi
busy-replicaset-clmsh    99m          0Mi
busy-replicaset-djtw6    100m         0Mi
busy-replicaset-dss5g    99m          0Mi
```

このように、負荷に応じてPodの数を自動でスケールさせることができます。

一通り確認が終わったら、次のコマンドでリソースをまとめて削除しましょう。

```
$ kubectl delete -f HPA/
```

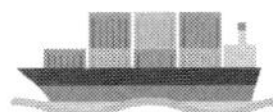

HPAのしくみ

それでは、Podの自動水平スケールを実現するHPAのしくみを見ていきます。

(1) メトリックの取得

Kubernetesでは、メトリックの収集はNode上で動くkubeletの**cAdvisor**というエージェントで行います。このcAdvisorはオープンソースのコンテナーの監視ツールでCPU/Memory/Network/FileSystemなどのメトリックを取得します。

クラスター上のリソースのメトリックをまとめて集約するのが**Metrics Server**の役割です。

このMetrics Serverは、名前空間「kube-system」内でKubernetesが内部で利用するPodとして動いています。確認するには、次のコマンドを実行します。この例では、Node「aks-nodepool1-84401083-2」でMetrics Serverが動いているのがわかります。

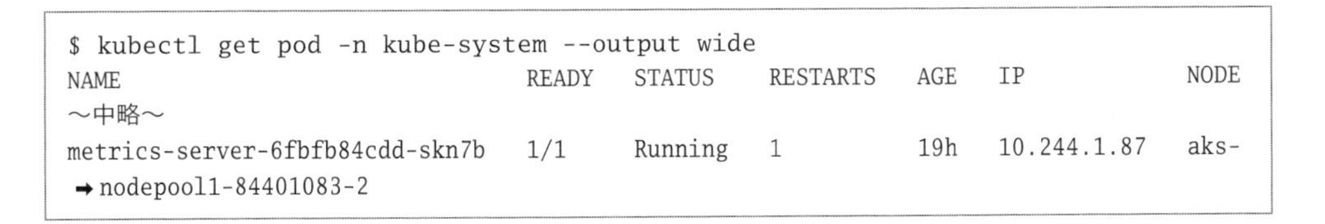

```
$ kubectl get pod -n kube-system --output wide
NAME                              READY   STATUS    RESTARTS   AGE   IP            NODE
～中略～
metrics-server-6fbfb84cdd-skn7b   1/1     Running   1          19h   10.244.1.87   aks-
➡nodepool1-84401083-2
```

Metrics Serverは、収集したクラスター内のメトリックの情報をメモリ上で管理します(**図5.31**)。CPU使用率の場合、Podの過去1分間の平均をPodで要求されたCPUで割った値になります。

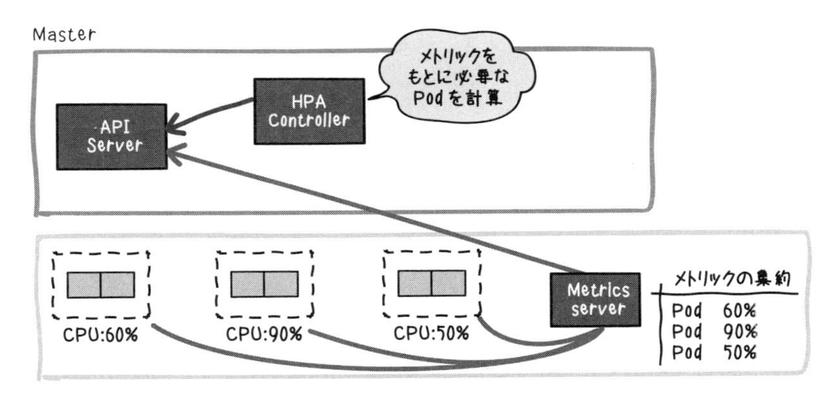

図5.31 HPAのしくみ

(2) 必要なポッドの数の計算

HPAリソースを作成すると、Metrics Serverで管理されているメトリックの値をもとに、クラスター内で必要な数のレプリカを計算します。たとえばCPUが50%になるようマニフェストで指定した場合、(1) で求めたすべてのPodのメトリックの和を、マニフェストの[targetAverageUtilization] フィールドで指定した値 (50%) で割り算して、必要なレプリカ数を求めます。その際、値は切り上げられます。図で表すと**図5.32**のとおりです。

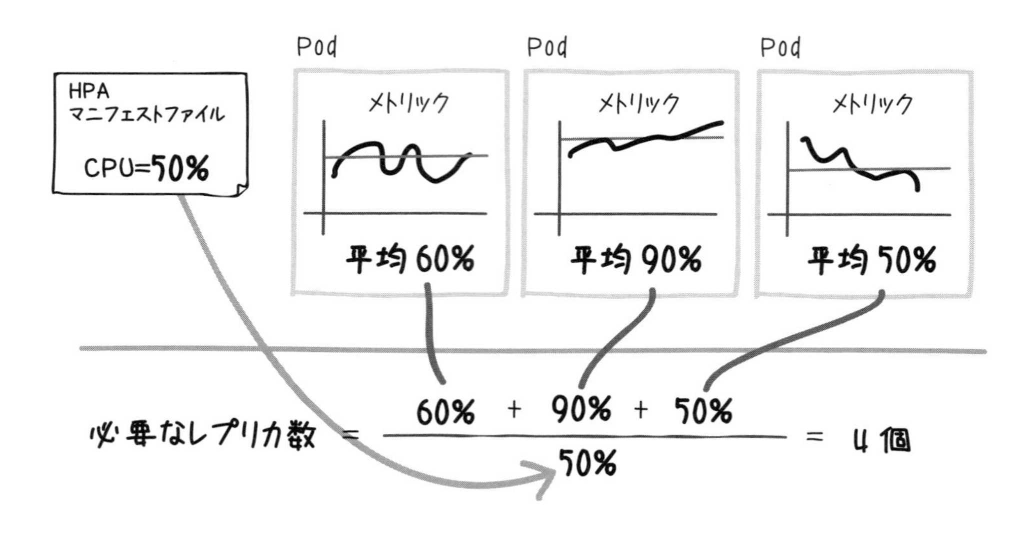

図5.32　必要なPod数の計算

また、複数のメトリック――たとえば、CPU使用率とQPS (Queries-Per-Second) の両方――を指定した場合、メトリックごとに必要なレプリカ数を計算して、それらの最大値になるように自動スケールすることもできます。詳細なアルゴリズムに興味のある方は、ソースコードを確認しましょう。

- **[GitHub] kubernetes/community/horizontal-pod-autoscaler.md**
  https://github.com/kubernetes/community/blob/master/contributors/design-proposals/autoscaling/horizontal-pod-autoscaler.md#autoscaling-algorithm

(3) [replicas] フィールドの更新

必要なレプリカ数を計算したので、これをクラスターに反映します。これにより、Podが多い場合は削除、足りないときはテンプレートをもとに生成されます。これは、ReplicaSetで説明したとおりの動作をします（**図5.33**）。

このように、クラスターの状態を常に監視しながら、自動でPodをスケールするしくみになっています。クラスター自体のスケールについては、第9章で解説します。

なお、執筆時点ではHeapsterという監視サーバーも動作していますが、今後はMetrics Serverに置き換わっていく予定です。Metrics Serverは数千台規模のNodeを持つクラスターでも安定して動作するよう、クラスター内部のコアメトリックのみを収集する目的で、よりスリム化されています。

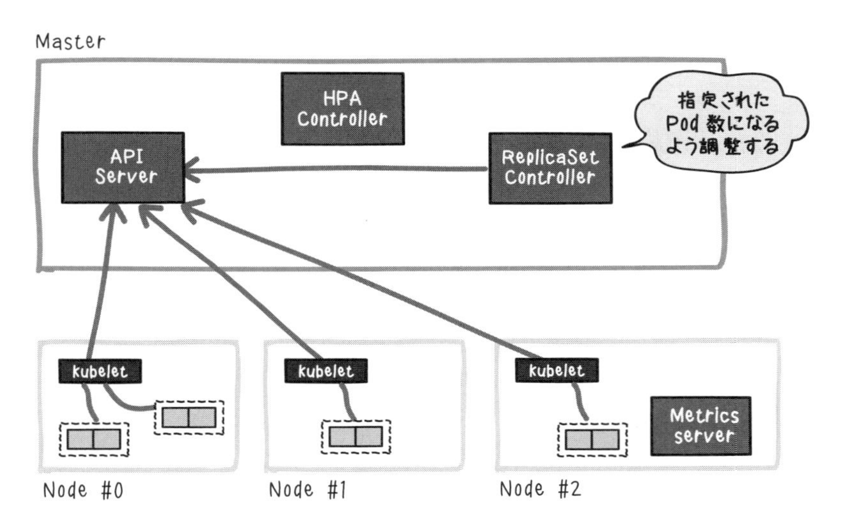

図5.33　Podのレプリカ数調整

また、カスタムメトリックをもとに自動スケールを行ったり、収集したメトリックの履歴を保存したりしたいときは、監視を行うPrometheusなど他のツールと連携させることも可能になります。参照 第9章「9.3　その他の自動スケール」p.262

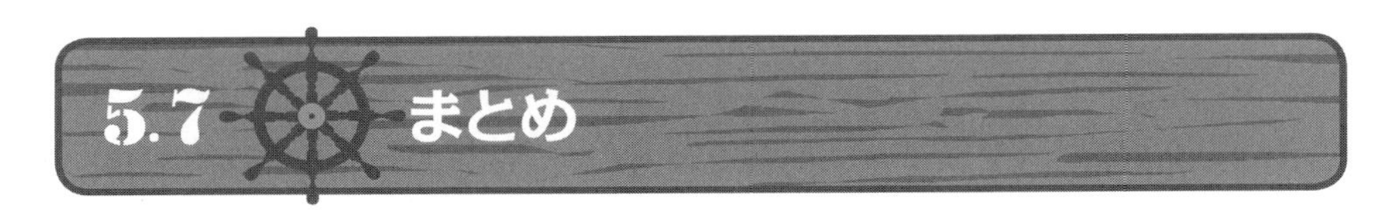

5.7 まとめ

本章では、まずKubernetesでコンテナーアプリケーションをデプロイするときの最小単位であるPodについて説明しました。

- マニフェストファイルの書き方
- スケジューリングのしくみ
- リソース管理
- 監視

次に、複数のPodを維持管理するしくみであるReplicaSetについて説明しました。

- マニフェストファイルの書き方
- Podの自己修復機能
- Podのスケール

ReplicaSetは、Kubernetesのコアコンセプトである、セルフヒーリングを実現するための重要な機能です。そのため、内部でどのような動きをしているのかを正しく理解することが、安定してコンテナーアプリケーションを運用する肝になります。

いよいよ基本編の最後となる第6章では、ReplicaSetの履歴を管理できるDeploymentを説明します。CI/CDを実現するためのしくみを詳しく見ていきましょう。

CHAPTER

06

アプリケーションのデプロイ

アプリケーションのデプロイが柔軟に行えることはKubernetesの強みです。サービスを停止することなく、十分にテストされた安全なアプリケーションを短期間でリリースし、万が一障害が発生しても切り戻しが容易なしくみが備わっています。これらはCI/CDを実現するうえで必要な機能となります。

※この章で解説する環境を構築するコード、サンプルアプリケーションはGitHub（https://github.com/ToruMakabe/Understanding-K8s/tree/master/chap06）で公開しています

6.1 Deploymentによるアプリケーションのデプロイ

第5章では、Kubernetesの基本となるPodのしくみ、およびクラスター内にPodのレプリカを維持するしくみであるReplicaSetについて説明しました。これらは、Kubernetesを理解するうえで欠かすことのできない重要な概念ですが、運用するときは、アプリケーションのデプロイを管理するリソースである「Deployment」が便利です。ここでは、Deploymentのしくみを見ていきましょう。

アプリケーションのバージョンアップの考え方

アプリケーション開発の世界では、一度リリース完了したらそれで終わりではなく、新機能追加やバグ修正などによりバージョンアップが行われます。特にビジネス要件の変更が頻繁なケースでは、小さな単位でアプリケーションを機能追加／修正し、短いタイミングでリリースする手法が使われています。

しかし、アプリケーションのバージョンアップには危険を伴います。ちょっとした設定ミスによりシステムエラーを起こし、場合によってはサービス停止に至ることもあるでしょう。したがって、テスト済みの安全なものを、なるべく迅速にデプロイできるしくみを整えることが大事です。

アプリケーションをデプロイする手法はいくつかあります。

ローリングアップデート

アプリケーションをバージョンアップする際に、まとめて一気に変更するのではなく、稼働状態のまま少しずつ順番に更新する方法です（**図6.1**）。同じアプリケーションが複数並列に動いている場合に徐々に入れ替えていくので、バージョンアップ中は新旧のアプリケーションが混在することになります。そのためアプリケーションがローリングアップデートに対応している必要があります。

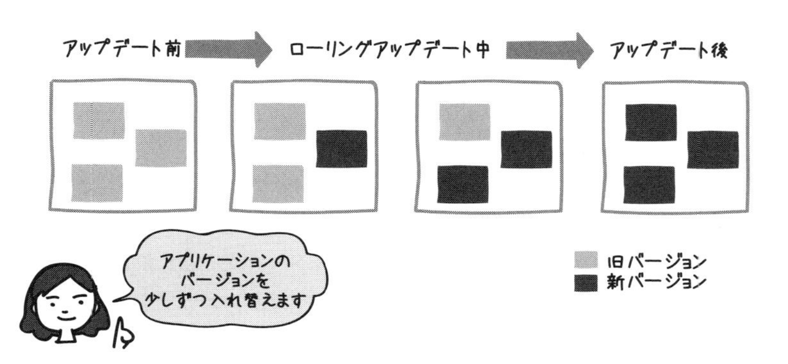

図6.1　ローリングアップデート

ブルー／グリーンデプロイメント

バージョンの異なる新旧2つのアプリケーションを同時に動かしておき、ネットワークの設定で変更する方法です。ブルー（旧）とグリーン（新）を切り替えることから、**ブルー／グリーンデプロイメント**と呼ばれます（**図6.2**）。

ブルーが本番としてサービス提供しているときには、グリーンは待機している状態となります。新機能は、待機系であるグリーン側に追加して、こちらで事前テストを実施します。そしてテストをクリアしたことを確認したうえでグリーンを本番に切り替えます。ブルー／グリーンデプロイメントは、もし切り替えたグリーンのアプリケーションで障害があったときに、即座にブルーに切り戻せるというメリットがあります。

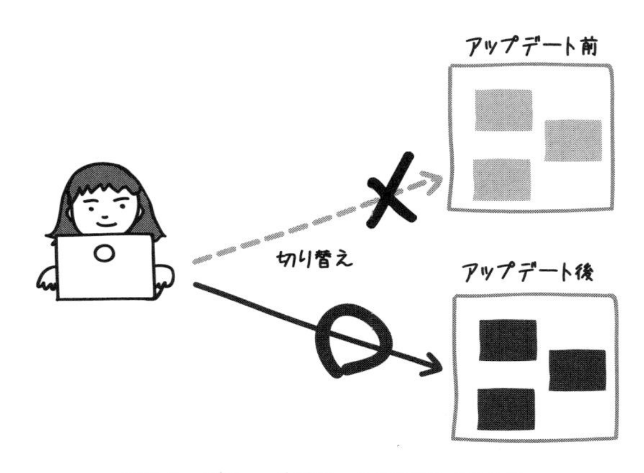

図6.2　ブルー／グリーンデプロイメント

このほかにも、一部の利用者にのみ新機能を提供し、問題がないことを確認してから全ユーザーに大規模展開する**カナリアリリース**などもあります。

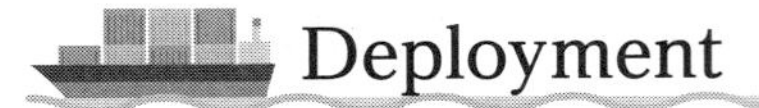

Deployment

Kubernetesの世界で見てみると、PodをどのNodeにどのように配置するかは第3章で説明したスケジューリングに基づきます。そしてクラスター上のPodはラベルによって管理しています。つまり「コンテナーアプリケーションのバージョンアップを行う」とは「アクセスするPodを変える」ということにほかなりません。これをまとめて管理する機能が**Deployment**です。

Pod/ReplicaSetは、履歴の概念がないため、リリース後に変更のないアプリケーションを管理するのに適しています。Deploymentはそれに加えて、バージョンの概念を加えたものだと考えるとわかりやすいでしょう（**図6.3**）。

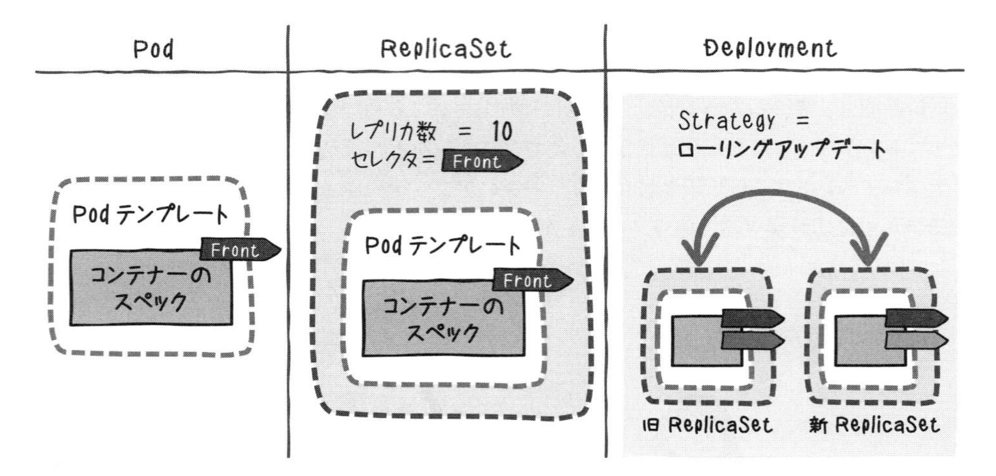

図6.3　Pod/ReplicaSet/Deployment

Deploymentを使うと、次のことができます。

- Podのロールアウト/ロールバック
- ロールアウト方式の指定
- ロールアウトの条件や速度の制御

Deploymentはコンテナーイメージのバージョンアップなどアップデートがあった場合、新しい仕様のReplicaSetを作成し、順次新しいPodに置き換えてロールアウトを行います

（**図6.4**）。

Deploymentが ReplicaSetと違うところは、履歴を管理していることです。そのため、1世代前に戻すなどのロールバックができます。

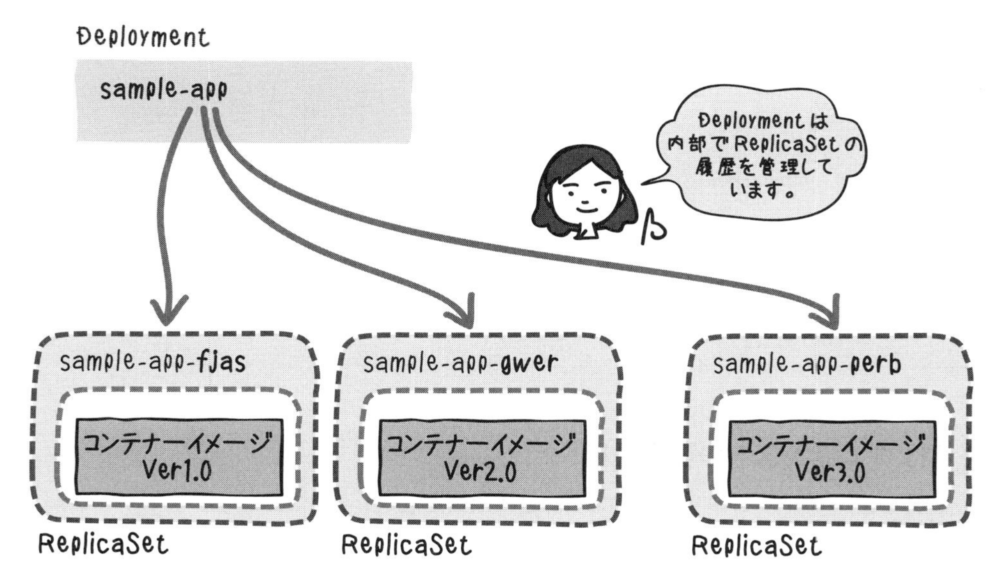

図6.4　Deployment

一般的に「一度作ったらそれで終わり」というアプリケーションは少ないため、PodやReplicaSetではなく、Deploymentを積極的に利用しましょう。

マニフェストファイル

Deploymentのマニフェストファイルの書き方は、ReplicaSetとよく似ています。基本構造は**リスト6.1**のとおりです。

リスト6.1　Deploymentのマニフェストファイル（chap06/Deployment/nginx-deployment.yaml）

```
# [1] 基本項目
apiVersion: apps/v1
kind: Deployment
metadata:
  name: nginx-deployment
```

```
# [2] Deployment のスペック
spec:
  replicas: 3    # レプリカ数
  selector:
    matchLabels:
      app: nginx-pod    # テンプレートの検索条件

  # [3] Pod のテンプレート
  template:
    metadata:
      labels:
        app: nginx-pod
    spec:
      containers:
      - name: nginx
        image: nginx:1.14    # コンテナーイメージの場所
        ports:
        - containerPort: 80    # ポート番号
```

[1] マニフェストの基本項目

まず、APIのバージョンやPod名などの基本項目を設定します（**表6.1**）。

表6.1　Deploymentマニフェストの基本項目

フィールド	データ型	説明	例
apiVersion	文字列	APIのバージョン。執筆時点での最新は「apps/v1」存在しない値を設定するとエラーになる	apps/v1
kind	文字列	Kubernetesリソースの種類	Deployment
metadata	Object	Deploymentの名前やLabelなどのメタデータ	－
spec	PodSpec	Deploymentの詳細を設定	－

[2] Deploymentのスペック

［spec］フィールドには、Deploymentの内容を設定します（**表6.2**）。クラスター内で動かしたいPodの数をreplicasで設定します。また、もし実際にクラスター内で動いているPodの数が足りないときに、どのPodを新たに起動するかのテンプレートを決めます。

表6.2 Deploymentのスペック（[spec] フィールド）

フィールド	データ型	説明
replicas	整数	クラスター内で起動するPodの数。デフォルトは1
selector	LabelSelector	どのPodを起動するかのセレクタ。PodのTemplateに設定されたラベルと一致しなければならない 参照 第5章 「[2] ReplicaSetのスペック」p.134
template	PodTemplateSpec	実際にクラスター内で動くPodの数がreplicasに設定されたPodの数に満たないときに、新たに作成されるPodのテンプレート

[3] Podのテンプレート

[template] フィールドには、動かしたいPodのテンプレートを指定します。これは、第5章で説明したPodのテンプレートと同じです。参照 第5章 「[3] Podテンプレート」p.135

Deploymentマニフェストファイルに指定できる項目の詳細は、APIのバージョンによって異なります。執筆時点での最新のapp/v1については、以下の公式サイトを参照してください。

- **Deployment v1 apps - Kubernetes API Reference Docs**
  https://kubernetes.io/docs/reference/generated/kubernetes-api/v1.10/#deployment-v1-apps

Deploymentの作成／変更／削除

それでは、マニフェストファイルをもとにDeploymentを作成／変更／削除してみましょう。もしまだKubernetesクラスターを起動していない場合は、第2章の手順をもとにクラスターを作成してください。

マニフェストファイルはReplicaSetとよく似ていますが、内部での動作が違うため、コマンド結果をじっくり確認しながら見ていきましょう。

(1) Deploymentの作成

次のコマンドを実行して、Deploymentを作成します。

```
$ kubectl apply -f Deployment/nginx-deployment.yaml
deployment.apps/nginx-deployment created
```

次のコマンドを実行すると、クラスター内のDeploymentの一覧を確認できます。

```
$ kubectl get deploy
NAME               DESIRED   CURRENT   UP-TO-DATE   AVAILABLE   AGE
nginx-deployment   3         3         3            0           9s
```

それぞれの意味は**表6.3**のとおりです。

表6.3　Deploymentのコマンド結果

項目	説明
NAME	Deployment名
DESIRED	マニフェストファイルで指定したレプリカ数
CURRENT	更新中のレプリカ数
UP-TO-DATE	更新されたレプリカ数
AVAILABLE	使用可能なレプリカ数
AGE	アプリケーションの実行時間

Deploymentを作成すると、自動的にReplicaSetとPodもできあがります。次のコマンドを実行すると、クラスター内のPod、ReplicaSetの一覧をまとめて確認できます。コマンドの結果を見ると、3つのPod「nginx-deployment-fdcd7ff9d-c8s7s ~ nginx-deployment-fdcd7ff9d-x6jzh」が動いているのがわかります。

```
$ kubectl get replicaset,pod
NAME                                              DESIRED   CURRENT   READY   AGE
replicaset.extensions/nginx-deployment-fdcd7ff9d   3         3         3       2m

NAME                                   READY   STATUS    RESTARTS   AGE
pod/nginx-deployment-fdcd7ff9d-c8s7s   1/1     Running   0          2m
pod/nginx-deployment-fdcd7ff9d-wwr8q   1/1     Running   0          2m
pod/nginx-deployment-fdcd7ff9d-x6jzh   1/1     Running   0          2m
```

［NAME］フィールドを注意深く見てみましょう。Deploymentの名前の次に、ReplicaSetの内部ID、そして次に、ポッドの内部IDの命名規則となっていることがわかります。これらの関係を図で表すと、**図6.5**のとおりです。

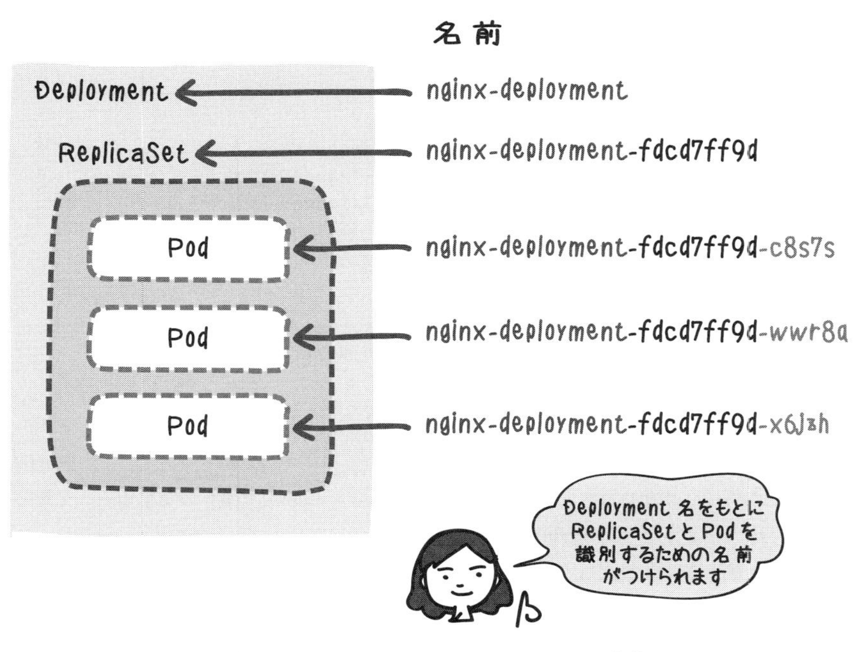

図6.5 Pod/ReplicaSet/Deploymentの名前

Deploymentの詳細を確認するときは、次のコマンドを実行します。ここで確認しておきたいのは、[OldReplicaSets] フィールドと [NewReplicaSet] です。Deploymentは内部でReplicaSetの履歴を保持しています。

```
$ kubectl describe deploy nginx-deployment
Name:                   nginx-deployment
Namespace:              default
～中略～
Conditions:
  Type           Status  Reason
  ----           ------  ------
  Available      True    MinimumReplicasAvailable
  Progressing    True    NewReplicaSetAvailable
OldReplicaSets:  <none>
NewReplicaSet:   nginx-deployment-fdcd7ff9d (3/3 replicas created)
```

(2) Deploymentの変更

次は、Deploymentの内容を変更してみましょう。ここでは、コンテナーのイメージのタグを新しいバージョンに変えてみましょう（**リスト6.2**）。

リスト6.2　chap06/Deployment/nginx-deployment.yaml

変更前

```
spec:
  containers:
  - name: nginx
    image: nginx:1.14
```

変更後

```
spec:
  containers:
  - name: nginx
    image: nginx:1.15
```

次のコマンドを実行してDeploymentを更新します。

```
$ kubectl apply -f Deployment/nginx-deployment.yaml
deployment.apps/nginx-deployment configured
```

再び、コマンドでDeploymentの詳細を確認します。[NewReplicaSet] フィールドを確認すると、変更前は「nginx-deployment-fdcd7ff9d」という名前のReplicaSetをもとにPodが作成されていましたが、今回は「nginx-deployment-547cfd8c49」に代わっているのがわかります。

```
$ kubectl describe deploy nginx-deployment

Conditions:
  Type            Status  Reason
  ----            ------  ------
  Available       True    MinimumReplicasAvailable
  Progressing     True    NewReplicaSetAvailable
OldReplicaSets:   <none>
NewReplicaSet:    nginx-deployment-547cfd8c49 (3/3 replicas created)
```

この様子を図にすると**図6.6**のような状態です。

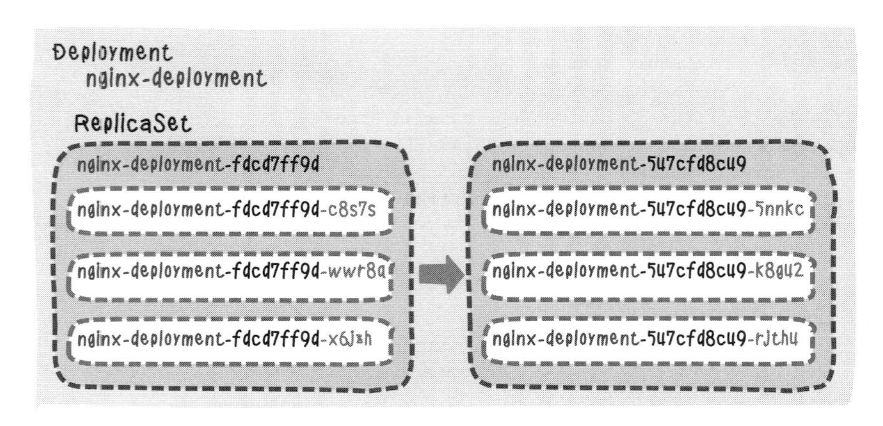

図6.6　Deploymentの更新

Deploymentは内部でReplicaSet履歴を持っています。次のコマンドを実行してLabelを確認してみましょう。

```
$ kubectl get replicaset --output=wide
NAME                            DESIRED   CURRENT   READY     AGE
CONTAINERS   IMAGES         SELECTOR
nginx-deployment-547cfd8c49   3         3         3         6m        nginx
nginx:1.15   app=nginx-pod,pod-template-hash=1037984705
nginx-deployment-fdcd7ff9d    0         0         0         24m       nginx
nginx:1.14   app=nginx-pod,pod-template-hash=987839958
```

ここで注目したいのが、ReplicaSetに［pod-template-hash］というキーのハッシュ値を持つLabelが自動で設定されているのがわかります。この値を使って内部でPodを識別しているため、値を変更しないでください。

(3) Deploymentの削除

Deploymentの削除は、PodやReplicaSetの削除と同じように、kubectl deleteコマンドを実行します。

```
$ kubectl delete -f Deployment/nginx-deployment.yaml
deployment.apps "nginx-deployment" deleted
```

先ほどと同様に、Pod、ReplicaSet、Deploymentの一覧を見てみましょう。すべてのリソースが削除されているのがわかります。Deploymentを作ると、内部でReplicaSetとPodが生成されますが、Deploymentを削除すると、ひも付いているReplicaSetとPodもすべて削除されます。念のため、次のコマンドで確認してみましょう。

```
$ kubectl get pod,replicaset,deploy
No resources found.
```

すべてのリソースがまとめて消えているのがわかります。

6.2 Deploymentのしくみ

Deploymentの基本を理解したところで、実際にコンテナーアプリケーションのバージョンアップをしながら、しくみを見ていきましょう。

ここでは、**図6.7**のような構成でバージョンの異なるサンプルアプリケーションを切り替えてどのような動きをするかを見ていきます。ここでは、実際に第2章でACRを使って作成した2つのサンプルアプリケーションのDockerイメージを使用します。もし、作成していない場合はイメージをビルドしておきましょう。

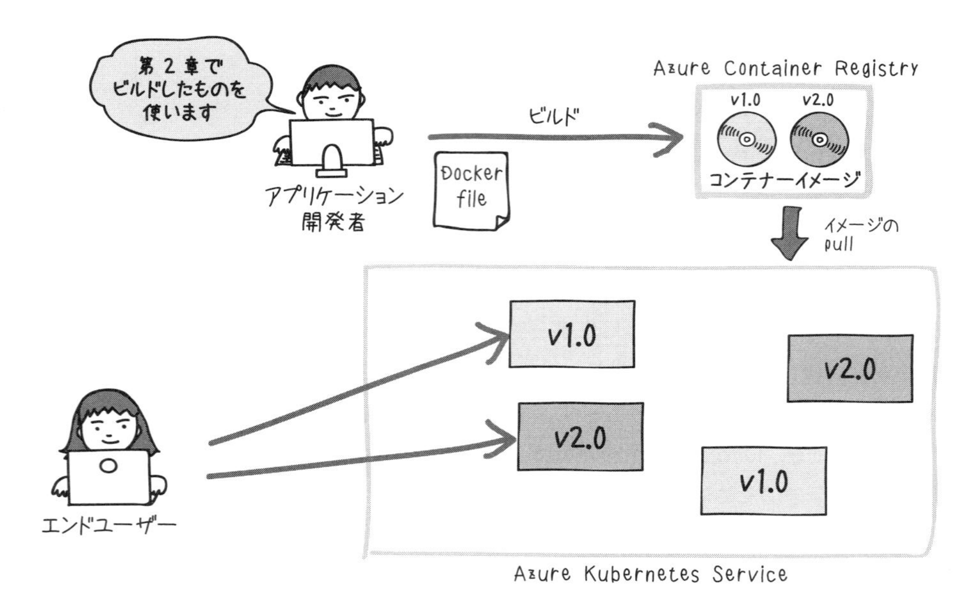

図6.7　サンプルアプリケーションの概要

アップデートの処理方式

本番稼働しているアプリケーションのデプロイには、新しいバージョンがうまく動かない、などリスクを伴います。

Kubernetesでは、大きく分けて次の2つのアップデートの処理方式があります（**図6.8**）。

Recreate

いったん古いPodをすべて停止し、新しいPodを再作成する方式です。シンプルで高速に動きますが、ダウンタイムが発生します。開発環境やダウンタイムが許容できるシステムなどで使います。

RollingUpdate

クラスターで動くPodを少しずつアップデートしていく方式です。古いPodが動いている状態で、新しいPodを起動し、新しいPodの起動が確認できたら古いPodを停止するという動きをします。一時的に新旧のバージョンが混在するので処理方法は複雑になりますが、ダウンタイムなしで移行できるのが特徴です。

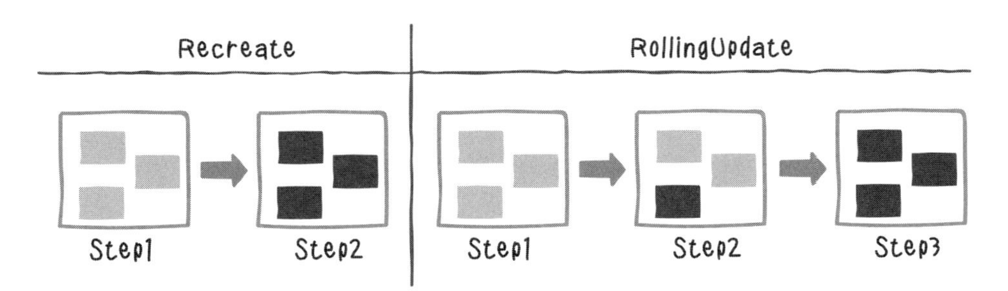

図6.8 アップデート方式

アップデートの処理方式は、マニフェストファイルのDeploymentのスペックの[strategy] − [Type] で設定します。設定できる値は「RollingUpdate」または「Recreate」です。**リスト6.3**は、10個のレプリカを作成し、条件に「Recreate」を指定した例です。なお、[strategy] − [Type] を明示的に指定しなかった場合は、デフォルトである「RollingUpdate」になります。

リスト6.3 アップデートの処理方式の指定

```
# Deployment のスペック
spec:
  replicas: 10    # レプリカ数

  # アップデートの方式
  strategy:
    type: Recreate
```

以降では、RollingUpdateによる処理方式での説明を行います。

ロールアウト

ロールアウトとは、アプリケーションをクラスター内にデプロイし、サービスを稼働させることです。

まず、**リスト6.4**のDeploymentのマニフェストファイルを作成します。

リスト6.4　chap06/Deployment/rollout-deployment.yaml

```
# [1] 基本項目
apiVersion: apps/v1
kind: Deployment
metadata:
  name: rollout-deployment

# [2] Deployment のスペック
spec:
  replicas: 3    # レプリカ数
  selector:
    matchLabels:
      app: photo-view    # テンプレートの検索条件

  # [3] Pod のテンプレート
  template:
    metadata:
      labels:
        app: photo-view

    spec:
      containers:
      - image: <作成したACRレジストリ名>.azurecr.io/photo-view:v1.0   # ここを変更する
        name: photoview-container    # コンテナー名
        ports:
        - containerPort: 80    # ポート番号
```

これは「rollout-deployment」という名前のDeploymentで、3つのPodを起動します。Podの中のコンテナーのイメージは、[image] フィールドで設定します。この例では「sampleacrregistry.azurecr.io/photo-view:v1.0」から取得していますが、ここを第2章で作成したレジストリに変更してください。

次のコマンドを実行して、リソースを作成します。

```
$ kubectl apply -f Deployment/rollout-depoyment.yaml
deployment.apps/rollout-deployment created
service/rollout created
```

なお、サンプルの動作確認を行うため、DeploymentだけでなくServiceリソースも作成しています。

「rollout-deployment」という名前のDeploymentの結果を確認するには、次のコマンドを実行します。問題なくロールアウトできていることがわかります。

```
$ kubectl rollout status deploy rollout-deployment
deployment "rollout-deployment" successfully rolled out
```

次のコマンドでPodの一覧が確認できます。コマンドの結果を見ると、3つのPodが動いているのがわかります。

```
$ kubectl get pod
NAME                                  READY     STATUS    RESTARTS   AGE
rollout-deployment-68c78b7444-7txtr   1/1       Running   0          1m
rollout-deployment-68c78b7444-fn7r2   1/1       Running   0          1m
rollout-deployment-68c78b7444-x4gp9   1/1       Running   0          1m
```

続いて、このPodに対してクラスター外部からアクセスできるグローバルIPを調べるため、次のコマンドを実行します。ここで、Service「webserver」のEXTERNAL-IPのアドレスを確認します。たとえば次の場合「40.115.182.239」となります。なお、IPアドレスの割り当てには少し時間がかかります。

```
$ kubectl get service
NAME         TYPE           CLUSTER-IP    EXTERNAL-IP      PORT(S)        AGE
kubernetes   ClusterIP      10.0.0.1      <none>           443/TCP        1d
rollout      LoadBalancer   10.0.57.34    40.115.182.239   80:30201/TCP   2m
```

これでクラスター外部からアクセスできるグローバルIPアドレスが取得できたので、ブラウザを起動してアクセスします（**図6.9**）。

http://40.115.182.239/

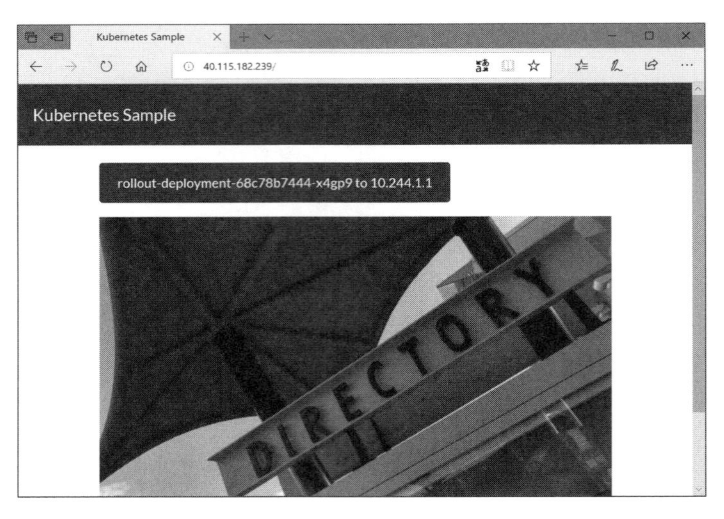

図6.9　動作確認

Deploymentの詳細を確認するときは、次のコマンドを実行します。

```
$ kubectl describe deploy rollout-deployment
```

まず、Deploymentの概要が表示されます。注目したいのは［Annotations］フィールドに「**revision=1**」が自動で付加されているところです。この値はDeploymentのリビジョンを表していて、ローリングアップデートのたびに増えていきます。

```
Name:                    rollout-deployment
Namespace:               default
CreationTimestamp:       Tue, 07 Aug 2018 09:45:08 +0900
Labels:                  <none>
Annotations:             deployment.kubernetes.io/revision=1
```

以下のフィールドでは、ローリングアップデートの状況が確認できます。

```
Selector:                app=photo-view
Replicas:                3 desired | 3 updated | 3 total | 3 available | 0
unavailable
StrategyType:            RollingUpdate
MinReadySeconds:         0
RollingUpdateStrategy:   25% max unavailable, 25% max surge
```

Podの詳細は、ReplicaSetやPodの場合と同じです。[Pod Template] フィールドでPodの仕様が確認できます。

```
Pod Template:
  Labels:  app=photo-view
  Containers:
   photoview-container:
    Image:        <作成したACRレジストリ名>.azurecr.io/photo-view:v1.0
    Port:         80/TCP
～中略～
```

最後にDeploymentの状態が [Conditions] フィールド、ログが [Events] フィールドで確認できます。新旧のReplicaSetはそれぞれ [OldReplicaSets] と [NewReplicaSet] フィールドで確認できます。

```
Conditions:
  Type           Status  Reason
  ----           ------  ------
  Progressing    True    NewReplicaSetAvailable
  Available      True    MinimumReplicasAvailable
OldReplicaSets:  <none>
NewReplicaSet:   rollout-deployment-68c78b7444 (3/3 replicas created)
Events:
  Type    Reason             Age   From                   Message
  ----    ------             ----  ----                   -------
  Normal  ScalingReplicaSet  5m    deployment-controller  Scaled up replica set
rollout-deployment-68c78b7444 to 3
```

アプリケーションのバージョンアップ

次に、アプリケーションのバージョンアップをするため、Deploymentの内容を変更します（**リスト6.5**）。ここでは、コンテナーのイメージを変更します。これによりアプリケーションのバージョンアップができます。

リスト6.5 chap06/Deployment/rollout-deployment.yamlの変更1

変更前

```
  template:
    spec:
      containers:
      - image: <作成したACRレジストリ名>.azurecr.io/photoview:v1.0
```

変更後

```
  template:
    spec:
      containers:
      - image: <作成したACRレジストリ名>.azurecr.io/photoview:v2.0
```

次のコマンドを実行してDeploymentを更新します。

```
$ kubectl apply -f Deployment/rollout-depoyment.yaml
deployment.apps/rollout-deployment configured
service/rollout unchanged
```

```
$ kubectl get deploy
NAME                 DESIRED   CURRENT   UP-TO-DATE   AVAILABLE   AGE
rollout-deployment   3         3         3            3           9m

$ kubectl get rs
NAME                            DESIRED   CURRENT   READY     AGE
rollout-deployment-68c78b7444   0         0         0         9m
rollout-deployment-796fdbcf97   3         3         3         2m
```

どのように入れ替わっているのかのログを[Events]フィールドから細かく見ていきましょう。

```
$ kubectl describe deploy rollout-deployment

Events:
  Type    Reason             Age   From                   Message
  ----    ------             ----  ----                   -------
  Normal  ScalingReplicaSet  8m    deployment-controller  Scaled up replica set rollout-deployment-68c78b7444 to 3
  Normal  ScalingReplicaSet  21s   deployment-controller  Scaled up replica set rollout-deployment-796fdbcf97 to 1
  Normal  ScalingReplicaSet  20s   deployment-controller  Scaled down replica set rollout-deployment-68c78b7444 to 2
  Normal  ScalingReplicaSet  20s   deployment-controller  Scaled up replica set rollout-deployment-796fdbcf97 to 2
  Normal  ScalingReplicaSet  18s   deployment-controller  Scaled down replica set rollout-deployment-68c78b7444 to 1
  Normal  ScalingReplicaSet  18s   deployment-controller  Scaled up replica set rollout-deployment-796fdbcf97 to 3
  Normal  ScalingReplicaSet  16s   deployment-controller  Scaled down replica set rollout-deployment-68c78b7444 to 0
```

古いReplicaSet「rollout-deployment-68c78b7444」から、新しいReplicaSet「rollout-deployment-796fdbcf97」に入れ替わっているのがわかります。
詳細にログを見ると、以下が行われているのがわかります。

(1) 新しいReplicaSetを作成
(2) 新しいReplicaSetのPodを増やす

(3) 古いReplicaSetのPodを減らす
(4) 古いReplicaSetのPodが0になるまで手順(2)と(3)を繰り返す

これを図で表すと**図6.10**のとおりです。

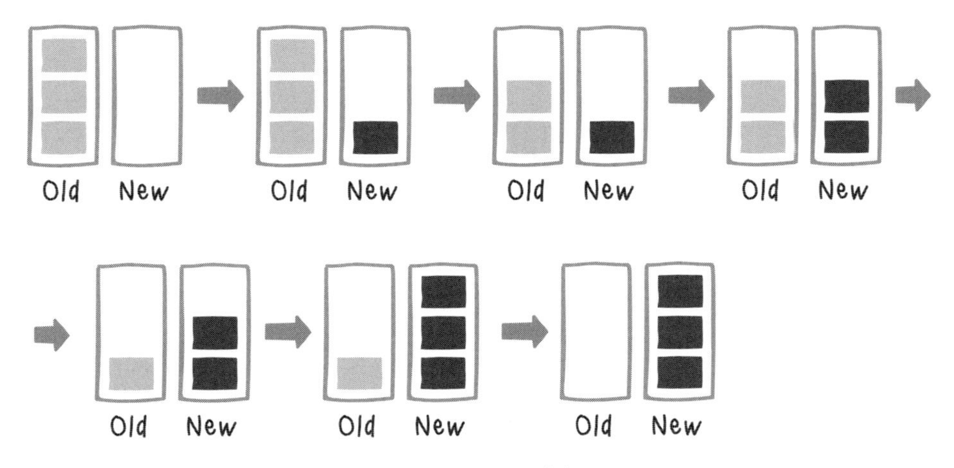

図6.10 ロールアウト

このようにサービスが停止しないように、内部で整合性をとりながら徐々にロールアウトしているのがわかります。

ロールバック

コンテナーイメージを変更し、アプリケーションのバージョンを「v1.0」から「v2.0」にバージョンアップできました。これを再び「v1.0」に戻したらどのような動きをするのでしょうか。変更の方法は先ほどと同様に、マニフェストファイルを修正し、kubectl applyコマンドを実行するだけです(**リスト6.6**)。

リスト6.6 chap06/Deployment/rollout-deployment.yamlの変更2

変更前

```
      - image: <作成したACRレジストリ名>.azurecr.io/photoview:v2.0
```

変更後

```
      - image: <作成したACRレジストリ名>.azurecr.io/photoview:v1.0
```

次のコマンドを実行してDeploymentを更新します。

```
$ kubectl apply -f Deployment/rollout-depoyment.yaml
deployment.apps/rollout-deployment configured
service/rollout unchanged
```

再び、kubectl describeコマンドで詳細を確認します。まず、[Annotations] フィールドが「**revision=3**」に上がっているのがわかります。

```
$ kubectl describe deploy rollout-deployment
Name:                   rollout-deployment
Namespace:              default
CreationTimestamp:      Tue, 07 Aug 2018 09:45:08 +0900
Labels:                 <none>
Annotations:            deployment.kubernetes.io/revision=3
～中略～
```

Podテンプレートのイメージは、マニフェストで指定したとおり「v2.0」から「v1.0」に代わっています。

```
Pod Template:
  Labels:  app=photo-view
  Containers:
   photoview-container:
    Image:        <作成したACRレジストリ名>.azurecr.io/photo-view:v1.0
```

最後に[NewReplicaSet] フィールドを確認します。「rollout-deployment-68c78b7444」になっています。これは、はじめにDeploymentを作成したときのレプリカセットと同じものです。

コマンドを注意深く確認すると、「**rollout-deployment-68c78b7444**」にロールアウトされています。

```
Conditions:
  Type           Status  Reason
  ----           ------  ------
  Available      True    MinimumReplicasAvailable
  Progressing    True    NewReplicaSetAvailable
OldReplicaSets:  <none>
NewReplicaSet:   rollout-deployment-68c78b7444 (3/3 replicas created)
```

```
$ kubectl get deploy
NAME                 DESIRED   CURRENT   UP-TO-DATE   AVAILABLE   AGE
rollout-deployment   3         3         3             3          13m
$ kubectl get rs
NAME                            DESIRED   CURRENT   READY     AGE
rollout-deployment-68c78b7444   3         3         3         14m
rollout-deployment-796fdbcf97   0         0         0         6m
```

つまり、Deploymentのリビジョンは「revison2.0」から「revison3.0」に上がっていますが、参照しているReplicaSetは「revison3.0」と「revison1.0」が同じものを使ってPodを起動していることがわかります。

これを図に表すと**図6.11**のとおりです。

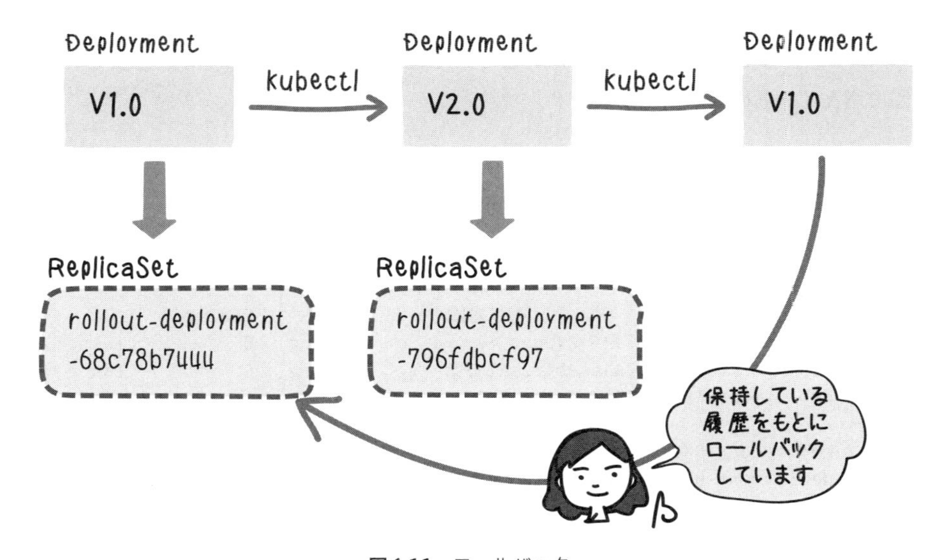

図6.11 ロールバック

このように、Deployment、ReplicaSet、Podが互いに履歴を持ちロールアウト／ロールバックを行っていることがわかります。

なお、kubectl editコマンドを使うと稼働中のマニフェストファイルを直接エディターで編集できますが、保存したタイミングでローリングアップデートが行われるため、うっかり誤って修正してしまった場合などはトラブルになることも考えられます。また、kubectl rolloutコマンドを使うと命令的にロールアウトも可能ですが、構成管理ができなくなるため、マニフェストファイルの更新で宣言的に管理することをおすすめします。

ロールアウトの条件

Deploymentのロールアウトは、端的に言うと「Podを変更する」ためのしくみです。したがって、Podテンプレート以外の更新では、リビジョンが上がりません。いまv1.0のPodが3個動いていますが、これを10個に増やしてみましょう。マニフェストファイルを**リスト6.7**のように書き換えます。

リスト6.7　chap06/Deployment/rollout-deployment.yamlの変更3

変更前

```
spec:
  replicas: 3
```

変更後

```
spec:
  replicas: 10
```

次のコマンドを実行してDeploymentを更新し、Podの数を確認してみましょう。Podが10個に増えているのがわかります。

```
$ kubectl apply -f Deployment/rollout-depoyment.yaml
deployment.apps/rollout-deployment configured
service/rollout unchanged

$ kubectl get pod
NAME                                  READY     STATUS    RESTARTS   AGE
rollout-deployment-68c78b7444-2vpqz   1/1       Running   0          16s
rollout-deployment-68c78b7444-4blrz   1/1       Running   0          16s
rollout-deployment-68c78b7444-6wmgs   1/1       Running   0          16s
～中略～
rollout-deployment-68c78b7444-htssq   1/1       Running   0          9m
rollout-deployment-68c78b7444-n49lb   1/1       Running   0          16s
rollout-deployment-68c78b7444-xsdcv   1/1       Running   0          16s
```

再び、kubectl describeコマンドで［Annotations］フィールドのリビジョンを確認すると、「**revision=3**」のままです。このように、Deploymentのマニフェストの［template］フィールドの更新以外はアップデートされないため注意してください（**図6.12**）。

```
$ kubectl describe deploy rollout-deployment
Name:                   rollout-deployment
Namespace:              default
CreationTimestamp:      Tue, 07 Aug 2018 09:45:08 +0900
Labels:                 <none>
Annotations:            deployment.kubernetes.io/revision=3
～中略～
```

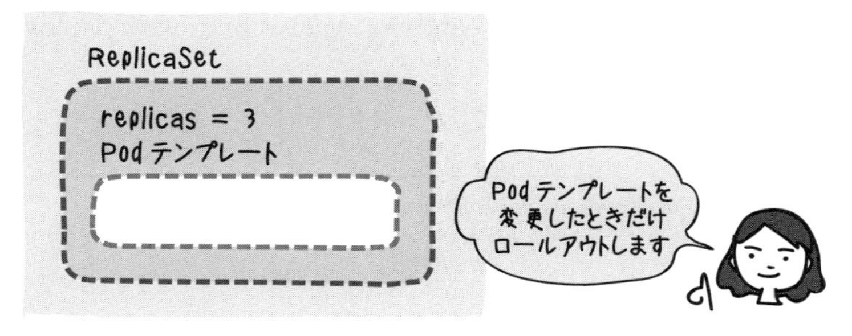

図6.12 ロールアウトの条件

Deploymentの履歴を確認するときは、kubectl rollout historyコマンドを使います。このコマンドを実行すると、ロールアウトでどのような変更が与えられたかを確認できます。

```
$ kubectl rollout history deploy rollout-deployment
deployments "rollout-deployment"
REVISION  CHANGE-CAUSE
2         <none>
3         <none>
```

リビジョンごとの詳細な内容を確認したいときは、コマンドに--revisionオプションを指定します。次は「revision=3」の内容を確認した例です。

```
$ kubectl rollout history deploy rollout-deployment --revision=3
deployments "rollout-deployment" with revision #3
Pod Template:
  Labels:       app=photo-view
        pod-template-hash=2473463000
  Containers:
   photoview-container:
    Image:      <作成したACRレジストリ名>.azurecr.io/photo-view:v1.0
    Port:       80/TCP
    Host Port:  0/TCP
    Environment:        <none>
    Mounts:     <none>
  Volumes:      <none>
```

また、Deploymentでは履歴を管理するので、長期間運用していると履歴情報が大きくなります。そのためロールバックの世代を指定しておくことも検討しましょう。履歴はデフォルトで10世代を管理しますが、これを変更するときはDeploymentのスペックで[revisionHistoryLimit]を設定します。詳細については、以下の公式サイトを参照してください。

- **Deployments - Kubernetes**
  https://kubernetes.io/docs/concepts/workloads/controllers/deployment/

一通り確認ができたら、次のコマンドでリソースを削除しましょう。

```
$ kubectl delete -f Deployment/rollout-depoyment.yaml
```

ローリングアップデートの制御

アプリケーションによってはアップデート中の性能縮退を最小に抑えたい場合もあります。Deploymentではこのローリングの処理を細かく制御できます。

(1) 使用できないPodの制御 (maxUnavailable)

アップデート中に使用できなくなってもよいPodの最大数を指定するときは、Deploymentの[spec] フィールドの [strategy] － [rollingUpdate] － [maxUnavailable] を設定します。設定できる値はPodの数または、全体のPodの割合（パーセント）です。たとえば10個のPodを起動したシステムで、[maxUnavailable] を30%に設定すると、ローリングアップデート中でも、常に利用可能なPodの総数が希望のPodの70%以上、つまり7個以上のPodがクラスター内で常に利用できる状態を維持します（**図6.13**）。この [maxUnavailable] を明示的に指定しないときのデフォルト値は25%です。

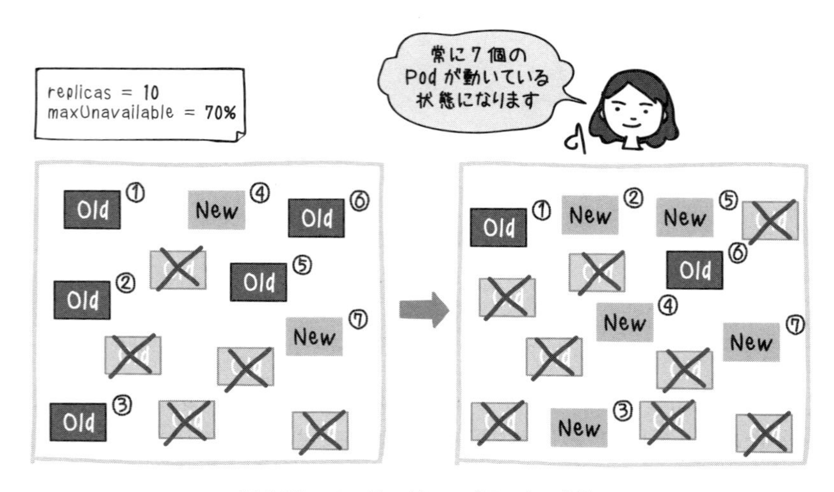

図6.13　ローリングアップデートの制御

(2) クラスターでPodを作成できる最大数 (maxSurge)

ロールアウトをするときにどのぐらいの追加リソースを作成できるかを制御したいときは、Deploymentの［spec］フィールドの［strategy］－［rollingUpdate］－［maxSurge］を設定します。設定できる値はPodの数または、全体のPodの割合（パーセント）です。たとえば、この値を30%に設定すると、ローリングアップデートが開始されるとすぐに新しいレプリカセットを拡大して、古いポッドと新しいポッドの合計数が130%を超えないように制御します（**図6.14**）。この値を100%にすると、クラスターの中にReplicasで指定した数だけ、新しいPodがすべて起動してから、古いPodをスケールダウンさせます。安全性は高まりますが、一方2倍のPodを稼働しておく必要があるため、コンピューティングリソースをより多く必要とします。ハードウェアが高性能でコンピューティングリソースに余裕がある場合は、これを高くしてもよいでしょう。この［maxSurge］を明示的に指定しないときのデフォルト値は25%です。

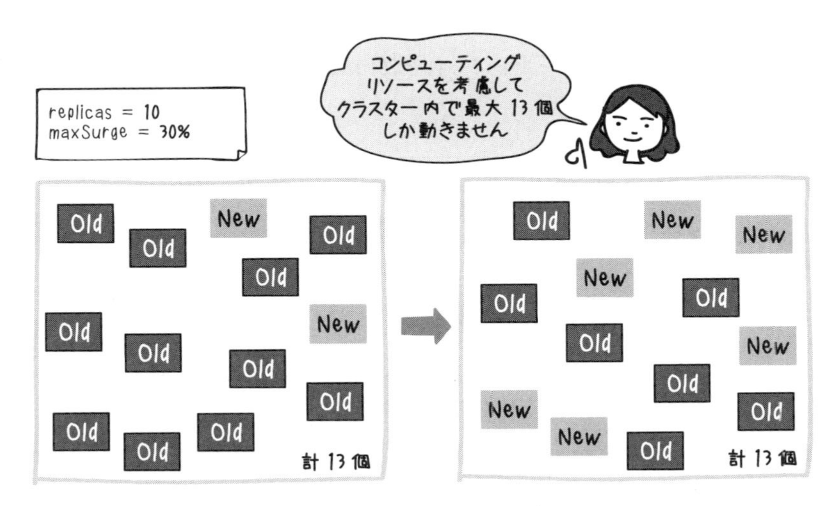

図6.14 maxSurgeの設定

具体的な設定は、**リスト6.8**のようになります。この例では、ローリングアップデートの設定では、ローリングアップデート中に使用できないPodを全体の10%、つまり1個までと設定し、クラスターでPodを作成できる最大数を30%、つまりクラスター全体で13個までを許容しています。

リスト6.8　chap06/Deployment/rollingupdate-deployment.yaml

```
# A. 基本項目
apiVersion: apps/v1
kind: Deployment
metadata:
  name: rolling-deployment

# B. Deployment のスペック
spec:
  replicas: 10   # レプリカ数

  # ローリングアップデートの設定
  strategy:
    type: RollingUpdate
    rollingUpdate:
      maxSurge: 30%
      maxUnavailable: 10%
```

ローリングアップデートの設定は、kubectl describe deployコマンドで確認できます。[RollingUpdateStrategy] フィールドにそれぞれmaxUnavailableとmaxSurgeが表示されます。

```
$ kubectl describe deploy rolling-deployment
Name:                   rolling-deployment
Namespace:              default
CreationTimestamp:      Thu, 26 Jul 2018 15:18:02 +0900
～中略～
StrategyType:           RollingUpdate
MinReadySeconds:        0
RollingUpdateStrategy:  10% max unavailable, 30% max surge
```

なお、maxUnavailableとmaxSurgeはいずれもレプリカ数の数値を指定できますが、特別な理由がない限り全体のレプリカ数に対するパーセントで指定するのがよいでしょう。なぜならPodのレプリカ数は負荷に応じて動的に変化したとき、予期せぬ動作になってしまうことも考えられるためです。たとえば、Podのレプリカ数をスケールしているうちに、動いているPodの数よりも、maxUnavailableがの値が多くなってしまっては困ります。

Readiness Probe

それでは、RollingUpdateでは更新したPodが正常動作したことをどのように判断するのでしょうか。

Deployment Controllerは、Podに設定されたReadiness Probeの結果を見て判断しています。このReadiness Probeとは、コンテナー内のアプリケーションがリクエストを受け付けることができるか確認するヘルスチェックです。字のごとくアプリケーションが(Ready)つまり準備できている状態かどうかをチェックします。

Readiness Probeを有効にするには、Podのマニフェストにチェックの条件を追加します。Readiness Probeでは、第5章で説明したLiveness Probeと同じ、次の3種類の方法でPodの監視ができます。

①HTTPリクエストの戻り値をチェックする
②TCP Socketで接続できるかチェックする
③コマンドの実行結果をチェックする

設定内容は、Liveness Probeとほぼ同じです。マニフェストファイルを書くときの違いは、[livenessProbe] フィールドを [readinessProbe] に変更することです。たとえば、/healthzにアクセスしたときのHTTPリクエストの戻り値をチェックしたいときは、**リスト6.9**のようになります。

リスト6.9 Readiness ProbeによるPodの監視

```
    readinessProbe:
      httpGet:
        path: /healthz
        port: 8080
        httpHeaders:
        - name: X-Custom-Header
          value: Awesome
      initialDelaySeconds: 3
      periodSeconds: 3
```

Liveness ProbeとReadinessProbeは、同じコンテナーに対して両方設定できます。Deploymentを使うときは、必ず設定しておきましょう。

ブルー/グリーンデプロイメント

ローリングアップデートは、サービスが停止しないようKubernetes内部で徐々にPodを更新しているしくみだということがわかりました。

しかし、もっとシンプルに行うこともできます。クラスター上にv1.0のアプリケーションとv2.0のアプリケーションをそれぞれ3つずつ合計6個起動しておき、ラベルを設定してServiceの定義でアクセス先を切り替える方法です。前項までで説明したローリングアップデートの方法に比べると切り替えのしくみが単純です。

リスト6.10と**リスト6.11**のように、Podのコンテナーのイメージのバージョンが異なる2種類のDeploymentを用意します。そしてこれらを識別するために、PodのLabelで「ver:

v1.0」と「ver: v2.0」をそれぞれ設定します。Podの中のコンテナーのイメージは、[image]フィールドで設定します。この例では「sampleacrregistry.azurecr.io/photo-view:v1.0」から取得していますが、ここを第2章で作成したレジストリに変更してください。

リスト6.10　chap06/Deployment/blue-deployment.yaml

```
# [1] 基本項目
apiVersion: apps/v1
kind: Deployment
metadata:
  name: blue-deployment

# [2] Deploymentのスペック
spec:
  replicas: 3   # レプリカ数
～中略～
  template:
    metadata:
      labels:
        app: photo-view
        ver: v1.0
    spec:
      containers:
      - image: <作成したACRレジストリ名>.azurecr.io/photo-view:v1.0  # ここを変更する
```

リスト6.11　chap06/Deployment/green-deployment.yaml

```
# [1] 基本項目
apiVersion: apps/v1
kind: Deployment
metadata:
  name: green-deployment

# [2] Deploymentのスペック
spec:
～中略～
  template:
    metadata:
      labels:
        app: photo-view
        ver: v2.0
    spec:
      containers:
      - image: <作成したACRレジストリ名>.azurecr.io/photo-view:v2.0  # ここを変更する
```

これらを次のコマンドでクラスターにデプロイします。

```
$ kubectl apply -f Deployment/blue-deployment.yaml
$ kubectl apply -f Deployment/green-deployment.yaml
```

次のコマンドを実行し、Podの状態を確認します。バージョンの異なるblue-deploymentとgreen-deploymentがそれぞれ3個ずつ、合計6個がクラスター内に共存して起動している状態になります。

```
$ kubectl get pod
NAME                                READY     STATUS    RESTARTS   AGE
blue-deployment-5f66db8454-vh7nj    1/1       Running   0          35s
blue-deployment-5f66db8454-vvj7t    1/1       Running   0          35s
blue-deployment-5f66db8454-wc82n    1/1       Running   0          35s
green-deployment-7b698f9db6-7p67d   1/1       Running   0          24s
green-deployment-7b698f9db6-mqmb7   1/1       Running   0          24s
green-deployment-7b698f9db6-nq4hq   1/1       Running   0          24s
```

クラスター外部からPodにアクセスするためのServiceのマニフェストファイルを作成します（**リスト6.12**）。ポイントは、PodのSelectorで「ver: v1.0」を指定していることです。これにより、クラスター内にデプロイされている6個のPodのうち、「ver: v1.0」のラベルを持っている、つまりblue-deployment.yamlをもとに作成したPodに転送されるということです。

リスト6.12 chap06/Deployment/service.yaml

```
# [1] 基本項目
apiVersion: v1
kind: Service
metadata:
  name: webserver

# [2] Service のスペック
spec:
  type: LoadBalancer
  ports:    # ポート番号
    - port: 80
      targetPort: 80
      protocol: TCP

  # [3] Pod の条件 ( ラベル )
  selector:
    app: photo-view
    ver: v1.0
```

次のコマンドで、Serviceを登録しましょう。また割り当てられるIPアドレスを確認します。

```
$ kubectl apply -f Deployment/service.yaml
service/webserver created

$ kubectl get svc
NAME          TYPE           CLUSTER-IP     EXTERNAL-IP     PORT(S)        AGE
kubernetes    ClusterIP      10.0.0.1       <none>          443/TCP        1d
webserver    LoadBalancer   10.0.60.107   23.100.98.137   80:30706/TCP   2m
```

ブラウザから確認すると、v1.0のサンプルアプリケーションが表示されます（**図6.15**）。

http://23.100.98.137/

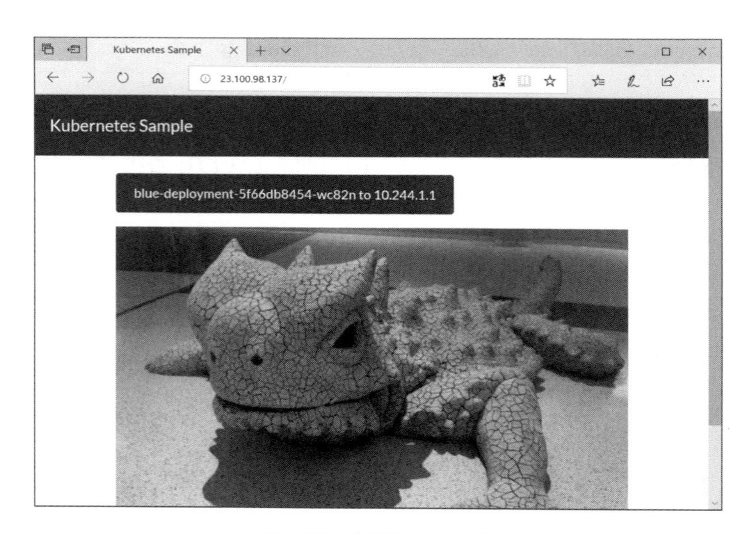

図6.15　動作確認（v1.0）

これをv2.0のバージョンのアプリケーションに切り替えます。Serviceのマニフェストファイルを**リスト6.13**のように書き換えます。

リスト6.13 chap06/Deployment/service.yamlの変更

変更前

```
  selector:
    app: photo-view
    ver: v1.0
```

変更後

```
  selector:
    app: photo-view
    ver: v2.0
```

次のコマンドでServiceのマニフェストファイルを変更します。

```
$ kubectl apply -f Deployment/service.yaml
service/webserver configured
```

再びブラウザからアプリケーションにアクセスすると、バージョンがv2.0に変更されているのがわかります（**図6.16**）。クラスター上ではどちらのバージョンも起動したままで参照先のみを切り替えるため、もし更新したv2.0に何か問題があったときも即座にv1.0に切り替えることができます。

図6.16 動作確認（v2.0）

このようにLabel Selectorの切り替えだけで、ブルー／グリーンデプロイメントが実現できます。なお、本章ではアプリケーションレベルでのアップデートのしくみを説明しましたが、インフラレベルでのアップデートについては第10章で説明します。

一通り確認ができたら、次のコマンドでまとめてリソースを削除しましょう。

```
$ kubectl delete -f Deployment/
```

6.3 アプリケーションの設定情報を管理しよう

　ここまででDeploymentを使ったアプリケーションのデプロイ方法を見てきました。加えて通常のアプリケーションでは、他システムにアクセスするための認証情報など、環境に依存する設定値を使うことが多いでしょう。ここでは、これらの情報を適切に管理する方法について説明します。

アプリケーションの設定情報管理

　アプリケーション内で利用する設定情報や外部サービスを利用するためのAPIキーなどは環境に依存するので、アプリケーションのコンテナーイメージで管理するのではなく別の方法で管理するのが望ましいでしょう。Kubernetesではこれらの設定情報を管理するためのリソースが提供されています。これを**ConfigMap**と呼びます。簡単に言ってしまえば、アプリケーションで利用する環境に依存する変数をまとめて管理するための入れ物のようなものだと思えばよいでしょう。

　ConfigMapは、実行時に設定ファイル／コマンドライン引数／環境変数などの情報をPodなどのKubernetesリソースにバインドします（**図6.17**）。ConfigMapを使用すると、環境に依存する設定とアプリケーションのロジックを分離できるため、Kubernetesでの設定変更や管理が容易になります。

　ConfigMapは、次の3種類の方法で作成できます。

①Kubernetesのマニフェストファイルを作成する
②アプリケーションのconfigファイルをマウントする
③kubectlコマンドから作成する

　ここでは、よく使われる①と②の手順を説明します。

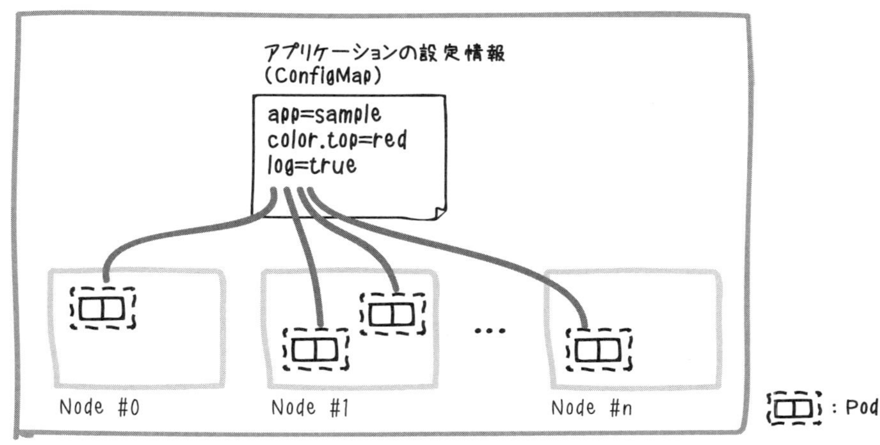

図6.17　ConfigMap

Kubernetesのマニフェストファイルを作成する

マニフェストファイルのkindを［ConfigMap］として、**リスト6.14**のようなファイル（configmap.yaml）を用意します。この例では、キーが「project.id」で値が「hello-kubernetes」であるConfigMapを定義しています。

リスト6.14　chap06/ConfigMap/configmap.yaml

```
# [1] 基本項目
apiVersion: v1
kind: ConfigMap
metadata:
    name: project-config

# [2] ConfigMapで設定するデータ
data:
    project.id: "hello-kubernetes"
```

次のコマンドでConfigMapを作成し、確認します。「project-config」という名前のConfigMapが作成できているのがわかります。

```
$ kubectl apply -f ConfigMap/configmap.yaml
configmap/project-config created

$ kubectl get configmap
NAME             DATA      AGE
project-config   1         12s
```

設定した値は、次のコマンドで確認します。マニフェストファイルで指定したとおりの内容になっているのがわかります。

```
$ kubectl describe configmap project-config
Name:          project-config
Namespace:     default
～中略～
Data
====
project.id:
----
hello-kubernetes
Events:  <none>
```

これでクラスターにConfigMapが作成できました。

アプリケーションのconfigファイルをマウントする

一般的にアプリケーションでは、複数のパラメーターを設定情報として持ちます。これらをファイルで管理している場合は、ファイルごとマウントすることができます。

たとえば、あるアプリケーションで以下の設定ファイルを利用しているとします。

```
 [UI]
color.top = blue
text.size = 10
```

これをConfigMapとしてコンテナーから利用できるようにするには、以下のコマンドを実行します。ファイルパス／ファイル名は--from-fileオプションで指定します。複数のファイルがあるときは、ディレクトリごと指定できます。次の例では、「config」以下のディレクトリにある設定ファイルをまとめて「app-config」という名前のConfigMapとして登録しています。

```
$ kubectl create configmap app-config --from-file=ConfigMap/config/
configmap/app-config created
```

再びConfigMapの一覧を確認してみます。「project-config」という名前のConfigMapが作成できているのがわかります。

```
$ kubectl get configmap
NAME             DATA      AGE
app-config       1         40s
project-config   1         5m
```

これで2つのConfigMapが作成できました。

ConfigMapの値の参照

PodからConfigMapの値を参照するときは、環境変数として渡すか、Volumeとしてマウントするかの2つのパターンがあります。設定は、Podのテンプレート内の［spec］フィールドで行います。

①環境変数として渡す

ConfigMapの値を環境変数で渡すときは、［containers］－［env］フィールドを使います。ここでは［valueFrom］を「configMapKeyRef」にして、そこで参照したいConfigMapの名前を［name］フィールドに、参照したいキーを［key］フィールドに設定します。

リスト6.15の例では、**リスト6.14**のマニフェストファイルから作成した「project-config」という名前のConfigMapで定義した「project-config」の値を、環境変数PROJECT_IDに設定しています。

リスト6.15　chap06/ConfigMap/deployment.yaml

```
  # C. Podのテンプレート
  template:
～中略～
    spec:
      containers:
       ～中略～

       # [1] ConfigMapを環境変数に設定
        env:
        - name: PROJECT_ID
          valueFrom:
            configMapKeyRef:
              name: project-config
              key: project.id
```

②Volumeとしてマウントする

登録したConfigMapをファイルとしてマウントするには、[containers]- [volumeMounts]フィールドを設定します。**リスト6.16**の例では、先ほど設定した「app-config」という名前のConfigMapをコンテナーの/etc/config/にマウントする例です。

リスト6.16　chap06/ConfigMap/deployment.yaml

```
# [1] 基本項目
apiVersion: apps/v1
kind: Deployment
metadata:
  name: configmap-deployment

# [2] Deploymentのスペック
spec:
  replicas: 3   # レプリカ数
～中略～
  template:
    spec:
      containers:
～中略～
        # ConfigMapのマウント設定
        volumeMounts:
          - name: config-volume
            mountPath: /etc/config

      # ConfigMapのボリュームのマウント
      volumes:
        - name: config-volume
          configMap:
            name: app-config
```

実際にDeploymentでPodをデプロイして動きを確認してみます。まず、Pod内のアプリケーションからConfigMapの値を参照するため、サンプルアプリケーションをv3.0にバージョンアップします。

次のコマンドを実行して、コンテナーイメージを作成しましょう。

コンテナーイメージのビルドの方法は、第2章を参照してください。ここではコンテナーイメージのタグを「v3.0」にしておきましょう。

```
$ ACR_NAME=<第2章で作成したACRレジストリ名前>
$ az acr build --registry $ACR_NAME --image photo-view:v3.0 ConfigMap/v3.0
```

次に、Deploymentのコンテナーイメージの場所を変更します。サンプルの**リスト6.17**の場所を書き換えてください。

リスト6.17　chap06/ConfigMap/Manifest/deployment.yamlの変更

```
- image: <作成したACRレジストリ名>.azurecr.io/photo-view:v3.0
```

次のコマンドを実行し、DeploymentとServiceのリソースを作成します。

```
$ kubectl apply -f ConfigMap/deployment.yaml
deployment.apps/configmap-deployment created
service/webserver created
```

これで、v3.0のアプリケーションがデプロイできました。次のコマンドを実行して、Serviceに割り当てられたEXTERNAL-IPを確認しましょう。

```
$ kubectl get svc
NAME          TYPE           CLUSTER-IP     EXTERNAL-IP      PORT(S)        AGE
kubernetes    ClusterIP      10.0.0.1       <none>           443/TCP        1d
webserver     LoadBalancer   10.0.145.42    52.246.164.167   80:31595/TCP   6m
```

ブラウザからデプロイしたアプリケーションにアクセスします。

http://52.246.164.167/

アプリケーションからConfigMapで設定した値が取得できているのがわかります（**図6.18**）。複数ブラウザをリロードして、動作を確認してみてください。参照しているPodは変わっていますが、ConfigMapで設定した内容は、どのPodからも同じ値になっているはずです。

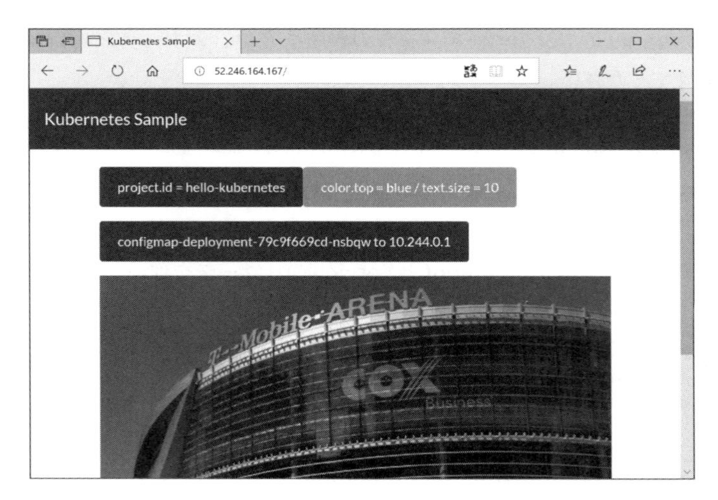

図6.18　動作確認

それではPodがどのような状態なのかを確認してみましょう。次のコマンドを実行して、動作しているPodの一覧を表示します。

```
$ kubectl get pod
NAME                                  READY     STATUS    RESTARTS   AGE
configmap-deployment-79c9f669cd-fx2ps   1/1       Running   0          7m
configmap-deployment-79c9f669cd-nsbqw   1/1       Running   0          7m
configmap-deployment-79c9f669cd-qc4vm   1/1       Running   0          7m
```

3つのPodが起動していますが、そのうちの1つである「configmap-deployment-79c9f669cd-fx2ps」にログインしてみます。次のコマンドを実行しましょう。プロンプトが変わり、Pod内でBashを起動している状態になります。

```
$ kubectl exec -it configmap-deployment-79c9f669cd-fx2ps /bin/bash
root@configmap-deployment-79c9f669cd-fx2ps:/#
```

まず、環境変数を確認します。ConfigMapで指定した「PROJECT_ID」に「hello-kubernetes」が設定されているのがわかります。

```
# env | grep PROJECT_ID
PROJECT_ID=hello-kubernetes
```

続いて、マウントしたディレクトリを確認します。次のコマンドを実行すると、/etc/config にConfigMapのui.iniファイルが展開されているのがわかります。

```
# ls /etc/config/
ui.ini

# cat /etc/config/ui.ini
; 設定ファイルの例
[UI]
color.top = blue
text.size = 10
```

同じ手順で、残りの2つのPodも確認しましょう。いずれも同じように環境変数とファイルのマウントが行われているのがわかります。これにより、Podが水平スケールしても、アプリケーションの設定情報はConfigMapでまとめて管理するため、可搬性が高くなります。また、設定漏れなど環境に依存する問題を減らすことにもなります。

ConfigMapをPodから参照するときは、すべてのPodを作成する前にConfigMapを先に作成しておく必要があります。ConfigMapの参照ができないとき、Podが正しく起動しないので注意してください。

- **[参考] Configure a Pod to Use a ConfigMap - Kubernetes**
  https://kubernetes.io/docs/tasks/configure-pod-container/configure-pod-configmap/

一通り確認ができたら、次のコマンドでリソースをまとめて削除しましょう。

```
$ kubectl delete -f ConfigMap/
```

パスワードや鍵の管理

一般的なアプリケーションは、他システムの呼び出しで使用するAPIキーやデータベースへの接続のためのID／パスワード、TLSに必要なキーと証明書などの機密データを扱います。

Kubernetesで機密情報を管理するときは、Secretsリソースを使います。Secretsのしくみは ConfigMapとよく似ています（**図6.19**）。しかし、ConfigMapはデータがプレーンテキストとして保存されますが、Secretsはetcdの中で暗号化された状態で管理されるなど、いくつかの違いがあります。

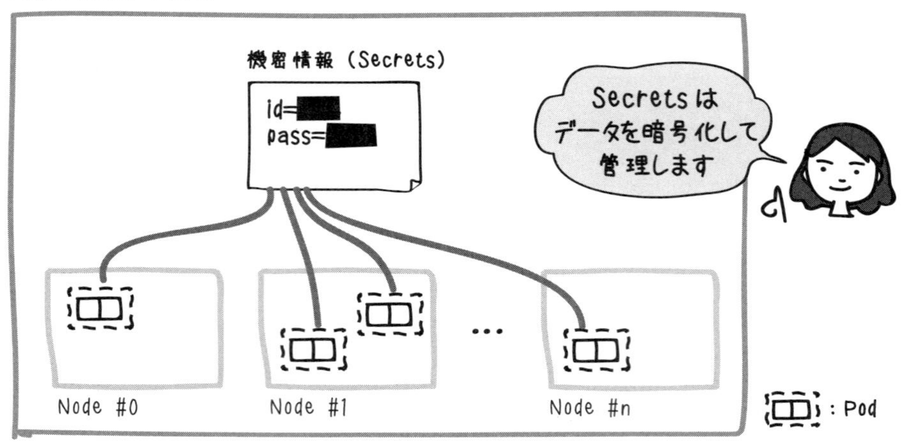

図6.19　Secrets

①Kubernetesのマニフェストファイルを作成する

Secretsの作成方法はいくつかありますが、マニフェストファイルから作成してみましょう。例として、idとkeyを機密情報として管理する場合を考えてみます。

リスト6.18は、「api-key」という名前のSecretsを定義したマニフェストファイルです。[kind] フィールドは「Secret」にします。

リスト6.18　chap06/Secrets/secrets.yaml

```
# [1] 基本項目
apiVersion: v1
kind: Secret
metadata:
  name: api-key
type: Opaque

# [2] Secret で設定するデータ
data:
  id: ZGJ1c2Vy
  key: YUJjRDEyMw==
```

[type] フィールドは機密情報の種類を表し、**表6.4**の設定ができます。

表6.4　[type] フィールドに設定できる値

設定値	説明
type: Opaque	一般的な機密情報
type: kubernetes.io/tls	TLSの情報
type: kubernetes.io/dockerconfigjson	Docker Registryの情報
type: kubernetes.io/service-account-token	Service Accountの情報

機密情報として渡したいデータは、[data] フィールドに設定します。データはKey-Value型で指定し、値はbase64でエンコードしたものを使います。これがConfigMapとは大きく違うところです。ここでは、**表6.5**の値を設定しています。

表6.5　secrets.yamlの [data] フィールド

設定値	値	base64エンコード
id	dbuser	ZGJ1c2Vy
key	aBcD123	YUJjRDEyMw==

次のコマンドを実行し、Secretsを作成します。

```
$ kubectl apply -f Secrets/secrets.yaml
secret/api-key created
```

base64エンコード

Secretsに格納する機密情報は、base64でエンコードされている必要があります。たとえば「dbuser」という文字列をエンコードするときは、次のコマンドを実行します。

```
$ echo -n "dbuser" | base64
ZGJ1c2Vy
```

設定した値は、次のコマンドで確認します。ConfigMapとは異なり、設定した値は表示されず、サイズのみになっているのがわかります。

```
$ kubectl describe secrets api-key
Name:         api-key
Namespace:    default
Labels:       <none>
Annotations:
Type:         Opaque
```

```
Data
====
id:    6 bytes
key:   7 bytes
```

②機密情報のファイルをマウントする

ConfigMapと同じ機密情報を、ファイルとしてマウントすることができます。たとえば、あるアプリケーションでapl.crtを認証情報として利用しているとします。これをSecretsとしてコンテナーから利用できるようにするには、次のコマンドを実行します。ファイルパス／ファイル名は、--from-fileオプションで指定します。複数のファイルがあるときは、ディレクトリごと指定できます。この例では、「key」以下のディレクトリにある設定ファイルをまとめて「apl-auth」という名前のSecretsとして登録しています。

```
$ kubectl create secret generic apl-auth --from-file=Secrets/key/
secret/apl-auth created
```

再びSecretsの一覧を確認してみましょう。「apl-auth」という名前のSecretsが作成できているのがわかります。

```
$ kubectl get secrets
NAME                  TYPE                                  DATA      AGE
api-key               Opaque                                2         1m
apl-auth              Opaque                                1         16s
```

これで2つのSecretsが作成できました。

なお、Secretsのマニフェストファイルは、Gitなどのバージョン管理システムに保存するのは避けましょう。誤ってパブリックなリポジトリにプッシュして情報漏えいさせてしまう可能性があります。

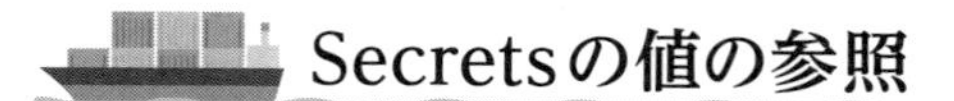

Secretsの値の参照

Podのアプリケーションから Secretsの値を参照するときは、ConfigMapとよく似ています。

①環境変数として渡す

Secretsの値を環境変数で渡すときは、[containers] － [env] フィールドを使います。Secretsの場合は [valueFrom] － [secretKeyRef] にして、そこで参照したい名前を

[name] フィールドに、キーを [key] フィールドに設定します。

リスト6.19は、「api-key」という名前で作成したSecretsから「id」と「key」をそれぞれ環境変数SECRET_IDとSECRET_KEYに設定する例です。

リスト6.19　chap06/Secrets/deployment.yaml

```
  # [3] Pod のテンプレート
  template:
    ～中略～
      spec:
      containers:
～中略～
        env:
        # Secrets を環境変数に設定
        - name: SECRET_ID
          valueFrom:
            secretKeyRef:
              name: api-key
              key: id
        - name: SECRET_KEY
          valueFrom:
            secretKeyRef:
              name: api-key
              key: key
```

②Volumeとしてマウントする

Secretsをファイルとしてマウントするには、[containers] − [volumeMounts] フィールドを設定します。**リスト6.20**は、先ほど設定した「app-config」という名前のConfigMapをコンテナーの/etc/secrets/にマウントする例です。

リスト6.20　chap06/Secrets/deployment.yaml

```
  # [3] Pod のテンプレート
  template:
    ～中略～
      spec:
      containers:
～中略～
        env:
        # Secrets のマウント設定
        volumeMounts:
          - name: secrets-volume
            mountPath: /etc/secrets
            readOnly: true
```

```
      # Secrets のボリュームのマウント
      volumes:
        - name: secrets-volume
          secret:
            secretName: apl-auth
```

実際にDeploymentでPodをデプロイして動きを確認してみます。次のコマンドを実行し、Deploymentのリソースを作成して、Podの一覧を確認します。

```
$ kubectl apply -f Secrets/deployment.yaml
deployment.apps/secret-deployment created

$ kubectl get pod
NAME                                READY     STATUS    RESTARTS   AGE
secret-deployment-6b8658cb7f-hc7t4   1/1       Running   0          9s
secret-deployment-6b8658cb7f-k7s59   1/1       Running   0          19s
secret-deployment-6b8658cb7f-mftv5   1/1       Running   0          7s
```

3つのPodが起動していますが、そのうちの1つにログインしてみます。次のコマンドを実行しましょう。プロンプトが変わり、Pod内でBashを起動している状態になります。

```
$ kubectl exec -it secret-deployment-6b8658cb7f-hc7t4 /bin/bash
root@secret-deployment-6b8658cb7f-hc7t4:/#
```

まず、環境変数を確認します。Secretsで指定したSECRET_IDとSECRET_KEYに値が設定されているのがわかります。

```
# env | grep SECRET*
SECRET_ID=dbuser
SECRET_KEY=aBcD123
```

続いて、マウントしたディレクトリを確認します。次のコマンドを実行すると、/etc/secretsにSecretsのapl.crtファイルが展開されているのがわかります。

```
# ls /etc/secrets/
apl.crt
```

マウントされた機密情報が入ったディレクトリの状況を確認してみましょう。次のコマンドを実行すると、/etc/secretsがtmpfsとなっているのがわかります。これは、このフォルダがディスクではなくメモリ上に展開されているということを意味しています。

```
# cat /etc/mtab | grep /etc/secrets
tmpfs /etc/secrets tmpfs ro,relatime 0 0
```

同じ手順で、残りの2つのPodも確認しましょう。いずれも同じように環境変数とファイルのマウントが行われているのがわかります。

なお、Secretsはアプリケーション中からの参照だけでなく、TLSに必要な情報やコンテナーイメージを取得するときのプライベートレジストリの認証情報の受け渡しなどで使用されます。参照 第11章「Service Account」p.296

一通り確認ができたら、次のコマンドでまとめてリソースを削除しましょう。

```
$ kubectl delete -f Secrets/
```

これで、基本編は終わりです。ここまでの章で利用した環境をすべて削除するには、次のコマンドを実行し、作成したACRとAKSのリソースグループを削除します。

```
$ ACR_RES_GROUP=<任意に設定したACRのリソースグループ>
$ az group delete --resource-group $ACR_RES_GROUP

$ AKS_RES_GROUP=<任意に設定したAKSのリソースグループ>
$ az group delete --resource-group $AKS_RES_GROUP
```

また、作成したサービスプリンシパルも削除しておきましょう。

```
$SP_NAME=< 任意に設定したサービスプリンシパル名 >
$az ad sp delete --id=$(az ad sp show --id http://$SP_NAME --query appId
⇒ --output tsv)
```

6.4 まとめ

本章では、コンテナーアプリケーションをデプロイするためのリソースである「Deployment」について説明しました。

- バージョンアップの考え方
- マニフェストファイルの書き方
- ローリングアップデートのしくみ
- ブルー／グリーンデプロイメント

また、分散環境でのコンテナーアプリケーションのConfig情報や秘匿情報を管理するConfigMapとSecretsについても解説しました。

難しいとされるKubernetesですが、基本となる概念をしっかり押さえておけばずいぶん見通しがよくなります。あとは公式のドキュメントやAPIリファレンスを確認しながら手を動かしていけるはずです。

以降の章では実践編として、Kubernetesの内部のしくみやシステム全体の可用性や拡張性などの視点から、インフラアーキテクチャーに一歩踏み込んで詳しく見ていきます。習熟は簡単ではありませんが、きっとその先には喜びがあります。エンジョイしましょう！

CHAPTER

07

アーキテクチャーと設計原則

基本編では、Kubernetesの基本的な使い方としくみを学びました。ここからは実践編として、Kubernetes環境を設計、構築、運用するうえで意識したいこと、理解しておきたいことを5つの視点（可用性、拡張性、保守性、リソースの分離、可観測性）で解説します。

まず5つの視点に入る前に、この章でKubernetesのアーキテクチャーと設計原則を紹介します。Kubernetesとその周辺の構成要素は、アプリケーションからインフラストラクチャーまで多岐にわたり、簡単に理解できるものではありません。ですが、そのディープな世界で迷子になったとしても、基本構造や原則に立ち返ることで、理解が深まったり、問題が解決したりすることがあります。深掘りする前に、よって立つ足場を固めておきましょう。

※この章のサンプル／環境構築コードはありません。

7.1 Kubernetesのアーキテクチャー

基本編で触れたとおり、KubernetesはAPI Server、Scheduler、kubeletなど複数のコンポーネントの集合体です（**図7.1**）。これらはユーザーのアプリケーションやデータとは区別され、**コントロールプレーン**と呼ばれます。

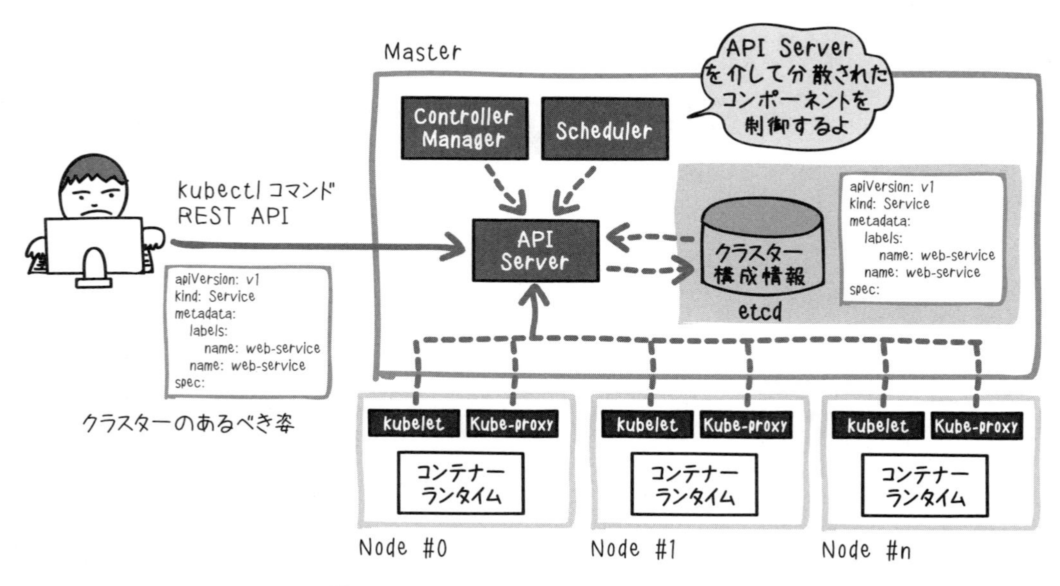

図7.1　Kubernetesの主要なコンポーネント

以下のコンポーネントは、Masterと位置づけられています。

- API Server
- Scheduler
- Controller Manager
- etcd（Masterから分離することもある）

そして各Nodeでは、主にPodやネットワーク環境を管理するコンポーネントが動きます。

- kubelet
- kube-proxy
- コンテナーランタイム（Docker、containerd、rktなど）

なお、アドオンコンポーネントはPodとして動きます。以下は代表的なものです。

- ダッシュボード
- DNS
- Ingress Controller
- 監視用エージェント（Prometheus Node Exporter、Microsoft OMS Agentなど）

アドオンコンポーネントは、主にNamespace kube-systemで動きます。基本編ですでに見ているので記憶に残っているかもしれませんが、配置状況という観点で見直してみましょう。次は、Azure Kubernetes Service（AKS）の例です。

```
$ kubectl get pod -n kube-system -o custom-columns=Pod:metadata.name,Node:spec.nodeName
Pod                                                               Node
addon-http-application-routing-default-http-backend-b8f5bcs6k8s   aks-agentpool-28313266-1
addon-http-application-routing-external-dns-6d598d9699-pqwg7      aks-agentpool-28313266-0
addon-http-application-routing-nginx-ingress-controller-864dvtt   aks-agentpool-28313266-0
azureproxy-57b7c7b896-q6cxj                                       aks-agentpool-28313266-1
heapster-5f7c7df649-9kg28                                         aks-agentpool-28313266-1
kube-dns-v20-58bc8dcd9f-8ll7k                                     aks-agentpool-28313266-1
kube-dns-v20-58bc8dcd9f-r7bq6                                     aks-agentpool-28313266-0
kube-proxy-2x95f                                                  aks-agentpool-28313266-0
kube-proxy-xdp28                                                  aks-agentpool-28313266-1
kube-svc-redirect-4q5t2                                           aks-agentpool-28313266-1
kube-svc-redirect-852ct                                           aks-agentpool-28313266-0
kubernetes-dashboard-586bf9bc58-k22cf                             aks-agentpool-28313266-0
omsagent-p7gg4                                                    aks-agentpool-28313266-0
omsagent-rs-f4db58545-jd2kl                                       aks-agentpool-28313266-1
```

```
omsagent-z47fk                                          aks-agentpool-28313266-1
tunnelfront-68bd78ff68-bgp92                            aks-agentpool-28313266-0
```

アドオンコンポーネントのPodはMasterではなく、Nodeに配置されます。基本編でも触れましたが、Nodeでは自分がデプロイしたアプリケーション以外にも、これらのPodが動いています。常に意識しましょう。

インフラストラクチャーとの関係

可用性や拡張性を考慮するにあたって、Kubernetesの各コンポーネントと、それらが配置されるインフラストラクチャーとの関係を理解すべきです。最も重要な要素は、MasterやNodeの実体であるサーバーです。実装は物理サーバー、仮想マシンを問いません。**図7.2**は典型的な配置です。

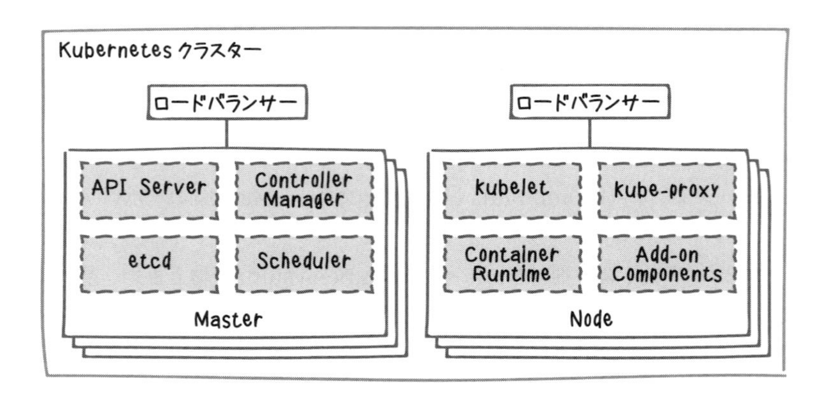

図7.2　Kubernetesコンポーネントとインフラストラクチャーの関係

特性の異なるMasterとNodeを分離し、複数のサーバーで構成します。かつ、ロードバランサーにより可用性と拡張性を向上させます。

Master群向けロードバランサーは、Kubernetesの外部で構成し、API Serverへのアクセスを分散します。

一方Node群向けのアクセス分散には、Kubernetesのコントロールプレーンと連動する多様な選択肢があります。AKSを利用した基本編の演習では、TypeがLoadBalancerであるServiceを作成しました。実は、ServiceとしてAzure Load Balancerを設定し、アクセスを分散していたのです。

なお、コントロールプレーンのデータストアであるetcdはMasterへの配置が一般的ですが、必須条件ではありません。Masterからの分離も可能です。

利用するクラウドプロバイダーや製品によって、サーバーの実装技術はさまざまです。サーバーをつなぐネットワーク、データを保管するデータストアも多様です。ですが、Kubernetesコンポーネントとそれらインフラストラクチャーのマッピングは、基本的に変わりません。以降の内容をスムーズに理解できるよう、このマッピングは覚えておきましょう。

7.2 Kubernetesの設計原則

基本編でImmutable Infrastructure、宣言的設定、自己修復というKubernetesの3つのコンセプトを紹介しました。Kubernetesコミュニティは、このコンセプトを設計に反映するよう、その原則を公開しています。

- **Kubernetes Design and Architecture**
  https://github.com/kubernetes/community/blob/master/contributors/design-proposals/architecture/architecture.md

- **Design Principles**
  https://github.com/kubernetes/community/blob/master/contributors/design-proposals/architecture/principles.md

この中でも特に、Design PrinciplesのArchitecture節はKubernetesのアーキテクチャーを理解する助けになります。要点は以下です。

- API Serverのみがデータストア（etcd）を扱う
- 部分的なサーバー障害がクラスター全体のダウンにつながらないようにする
- 各コンポーネントへの指示が失われても、直近の指示に基づいて処理を継続できるようにする
- 各コンポーネントは関連する設定や状態をメモリに持つが、永続化はAPI Serverを通じてデータストア（etcd）へ行う
- ユーザーや他のコンポーネントがオブジェクトを変化させたことを検知できるよう、コンポーネントはAPI Serverをウォッチする
- API Serverからポーリングするのではなく、各コンポーネントが自律的にウォッチする

Reconciliation Loopsとレベルトリガーロジック

各コンポーネントが「あるべき姿との差異がないか」をAPI Serverに問い合わせる動きは、基本編で説明したとおりです。そのコンセプトを**Reconciliation Loops**と呼びます。和訳が確立していないのでそのまま表現しますが、Reconciliationという言葉には突き合わせ、照合のニュアンスがあります（**図7.3**）。API Serverへ問い合わせし、現状との差分チェックを行うようループするイメージです。

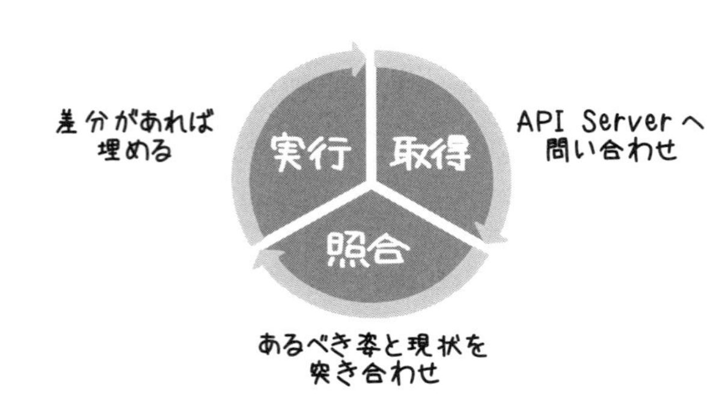

図7.3　Reconciliation Loops

仮に、オブジェクトの変化をイベントとして、API Serverからのプッシュで伝えるしくみだったとします。これは、電子工学の世界で言う**エッジトリガー**と似ています（**図7.4**）。

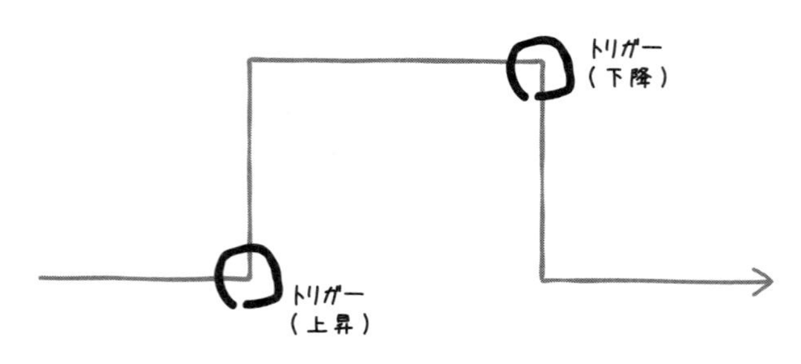

図7.4　エッジトリガー

このロジックの課題は、変化のトリガーと変化内容を受け手がキャッチできなかった場合の、検知とリカバリーです。

高い可用性や拡張性を実現したい場合、Kubernetesは複数のサーバーにコンポーネントを配置できます。いわゆる分散システムです。分散されたサーバーはネットワークで接続され、通信します。

分散システムの設計と運用は、例外処理との戦いでもあります。ネットワークが切れるかもしれません。一時的にサーバーの負荷が高まり、期待する時間内にレスポンスが返ってこないかもしれません。

Node上のkubeletとMaster上のAPI Serverが通信できなくなったケースを想像してみてください。API Server起点のエッジトリガーロジックを選ぶと仮定すると、API Serverにはオブジェクトの変化イベントが発生するたびに、分散したコンポーネントの状態を管理し、プッシュ、ポーリングし続けるしくみが必要です。なぜなら、指示した変更内容が反映できているか確認しなければいけないからです。コンポーネントの種類や数が増えてくると、API Serverの肥大化は避けられません。API Serverを介さずにコンポーネント間で直接通信するアイデアもありますが、コンポーネント間の接続数は掛け算で増加します。さらに複雑です。

一方、変化させたいどちらかのレベルや状態を維持し、確認し続ければどうでしょうか。一時的な通知であるエッジトリガーとは異なり、見逃したとしても、いずれ変化に気づきます。これが**レベルトリガーロジック**です（**図7.5**）。

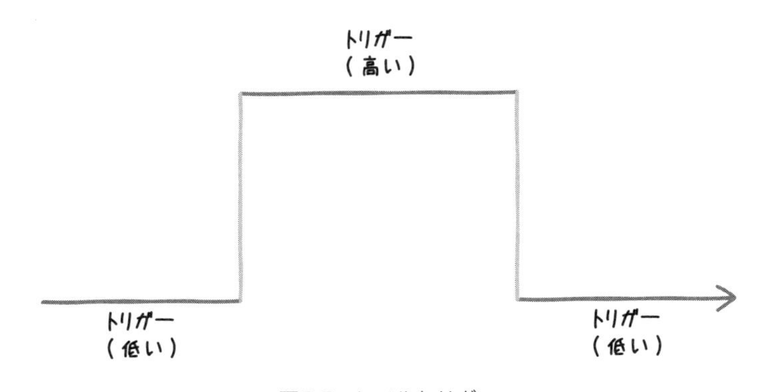

図7.5　レベルトリガー

Kubernetesはコンポーネントの変化を検知、適用するのに、この考えを採用しています。イベントのみで制御するのではなく、状態を確認し続けるのです。

ではKubernetesの実例として、ReplicaSetのレプリカ数を増減するケースで考えてみましょう。現状のレプリカ数が2で、4に増やし、その後3に減らすシナリオとします。

エッジトリガーで変化量を伝える場合は、以下の2ステップをふみます。

(1) 2を足し、成功（あるべき姿4、現状4）
(2) 1を引き、成功（あるべき姿3、現状3）

しかし、仮にステップ1が失敗し、次のステップに進んでしまったらどうでしょうか。

(1) 2を足し、失敗（あるべき姿4、現状2）
(2) 1を引き、成功（あるべき姿3、現状1）

あるべき姿と現状に不整合が生まれました。一方、レベルトリガーの場合を見てみましょう。

(1) 4にする（あるべき姿4、現状4）
(2) 3にする（あるべき姿3、現状3）

ステップ1を失敗しても、いずれ最後に指定した3になります。イベントを取りこぼした場合でも、いずれ定義通りのレプリカ数になることがわかります。

効率の観点からエッジトリガーロジックが有効なケースもありますが、Kubernetesはレベルトリガーを採用しています。

APIのwatchオプション

KubernetesのReconciliation Loopsを実現するしくみの1つが、APIの**watchオプション**です。API Serverに対し、watchオプションつきでAPIをコールすると、オブジェクトの変化を取得できます。指定にはクエリーパラメーターを使います。

```
GET <API Server>/api/v1/<object>?watch=true
```

Kubernetesの各コンポーネントはAPI Serverのクライアントとして、このオプションを使って変化を検知します。

kubectl getコマンドでその動きを体感することができます。今後、作成に時間がかかるオブジェクトを作る機会があれば、作成中に対象のオブジェクトを「--watch（-w）」オプションつきでgetしてみてください。

たとえば、TypeがLoadBalancerでEXTERNAL-IPを持つService、「azure-myapp-front」を作るとします。EXTERNAL-IPの割り当てには少し時間がかかるので、いい例です。作成後、-wオプションでウォッチします。

```
$ kubectl get svc azure-myapp-front -w
NAME                TYPE           CLUSTER-IP    EXTERNAL-IP   PORT(S)        AGE
azure-myapp-front   LoadBalancer   10.0.138.74   <pending>     80:30915/TCP   15s
[ 待機 ]
azure-myapp-front   LoadBalancer   10.0.138.74   13.78.26.75   80:30915/TCP   1m
[ 待機 ]
```

Service作成とkubectl getコマンド実行直後はEXTERNAL-IPがまだ割り当てられてい

ないため、<pending>状態で結果が出力されます。その後、コマンドは待機状態に入ります。EXTERNAL-IPが割り当てられたら、そのイベントを検知し、結果を出力します。そして再度、待機状態に入ります。これがwatchオプションの動作です。

イベントチェーン

watchオプションは、オブジェクト間に依存関係がある場合にも有用なしくみです。Deploymentを例に考えてみましょう。Deploymentは、ReplicaSetとその実体であるPodと依存関係を持つ、いい例です。

まず**Controller Manager**から説明します。概念の説明では1つで表現されることが多いController Managerですが、実はさまざまなコントローラーの集合体です。以下は代表的なコントローラーです。

- Deployment Controller
- ReplicaSet Controller
- Node Controller
- Service Controller

オブジェクトの特性に合わせたコントローラーがあります。それぞれのコントローラーはAPI Serverをウォッチし、オブジェクトをあるべき姿へと変更、維持します。

Deploymentを作成するケースで、各コンポーネントは**図7.6**の関係を持ちます。

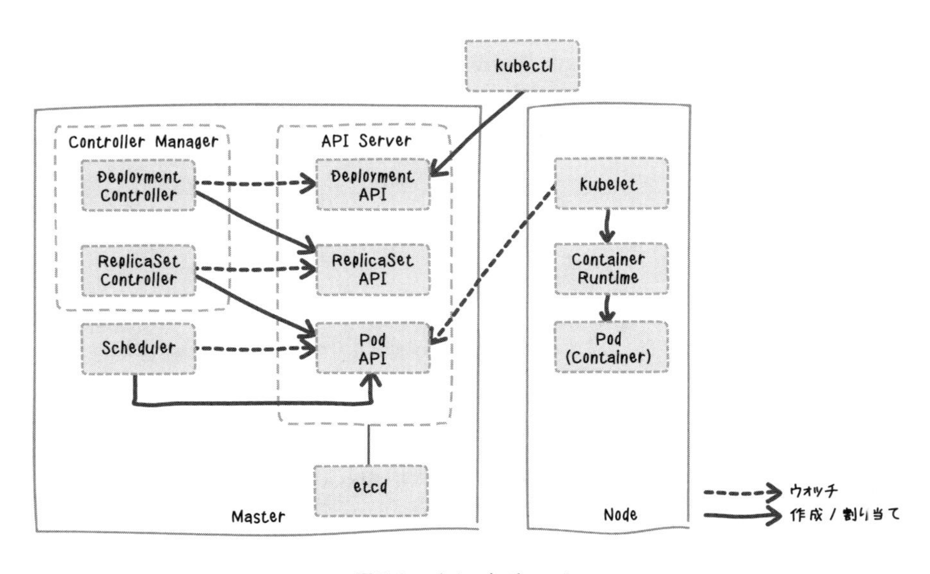

図7.6 イベントチェーン

Deployment ControllerとReplicaSet Controllerがそれぞれの担当オブジェクトをウォッチします。同時に、SchedulerとNode上のkubeletはPodの状態をウォッチします。

それでは、Deployment作成の流れを見ていきましょう。

- kubectlでDeploymentを作成するマニフェストをapply
- kubectlがDeployment APIを呼ぶ
- Deployment APIがDeploymentをetcdへ永続化
- Deployment APIをウォッチしているDeployment Controllerが変化を検知
- Deployment ControllerがReplicaSet APIを呼ぶ
- ReplicaSet APIがReplicaSetをetcdへ永続化
- ReplicaSet APIをウォッチしているReplicaSet Controllerが変化を検知
- ReplicaSet ControllerがPod APIを呼ぶ
- Pod APIがPodをetcdへ永続化
- Pod APIをウォッチしているSchedulerが変化を検知
- SchedulerがどのNodeへPodを配置するか判断
- SchedulerがPod APIを呼びetcd上のPod属性(配置Node)を更新
- Pod APIをウォッチしている配置先NodeのKubeletが変化を検知
- kubeletがContainer RuntimeにPod作成を指示
- 各コンポーネントは変化に備えウォッチを続ける

このようにKubernetesでは複数のループが同時に動いています。これがReconciliation Loopではなく「Loops」と複数形で表現した理由です。

なおこの一連の流れは、kubectl get eventsと--watch（-w）オプションで、イベント発生順に表示できます。次の結果は、Deployment「azure-myapp-front」を作成する際、別ターミナルで前もってkubectl get events -wを実行しておいた例です。

```
$ kubectl get events -w
LAST SEEN   FIRST SEEN   COUNT   NAME                                              KIND
➡ SUBOBJECT                              TYPE      REASON                    SOURCE
➡ MESSAGE
0s          0s           1       azure-myapp-front.153f43928138a6fe                Deployment
➡                                        Normal    ScalingReplicaSet         deployment-controller
➡ Scaled up replica set azure-myapp-front-7976b7dcd9 to 1
0s          0s           1       azure-myapp-front-7976b7dcd9.153f43928294d330     ReplicaSet
➡                                        Normal    SuccessfulCreate          replicaset-controller
➡ Created pod: azure-myapp-front-7976b7dcd9-mf64q
0s          0s           1       azure-myapp-front-7976b7dcd9-mf64q.153f439284624d71   Pod
➡                                        Normal    Scheduled                 default-scheduler
➡ Successfully assigned azure-myapp-front-7976b7dcd9-mf64q to aks-agentpool-28313266-0
```

```
0s          0s          1       azure-myapp-front-7976b7dcd9-mf64q.153f439290d3a2cf   Pod
➡                                       Normal    SuccessfulMountVolume   kubelet, aks-agentpool-28313266-0
➡ MountVolume.SetUp succeeded for volume "default-token-7gnh7"
0s          0s          1       azure-myapp-front-7976b7dcd9-mf64q.153f4392bc87dfc7   Pod
➡ spec.containers{azure-myapp-front}   Normal    Pulled                  kubelet, aks-agentpool-28313266-0
➡ Container image "microsoft/azure-myapp-front:v1" already present on machine
0s          0s          1       azure-myapp-front-7976b7dcd9-mf64q.153f4392c4b88744   Pod
➡ spec.containers{azure-myapp-front}   Normal    Created                 kubelet, aks-agentpool-28313266-0
➡ Created container
0s          0s          1       azure-myapp-front-7976b7dcd9-mf64q.153f4392cca07cfc   Pod
➡ spec.containers{azure-myapp-front}   Normal    Started                 kubelet, aks-agentpool-28313266-0
➡ Started container
[ 待機 ]
```

Kubernetesでは、1つのコンポーネントが多くの役割や関心事を持ちません。シンプルに、自分の役割に集中できるよう設計されています。それぞれの目的に特化した、シンプルなコンポーネントを組み合わせ、全体の目的を実現します。マイクロサービスアーキテクチャーと言えるかもしれません。

マイクロサービスアーキテクチャーはそれぞれのサービスをシンプルにできる反面、他サービスへの依存と接続相手の多さが課題になりがちです。Kubernetesにおいて、その課題を解決する手段の1つがAPI Serverへのインターフェイス集約とwatchオプションです。

API Serverを中心に、レベルトリガーロジックに基づいたReconciliation Loopsを回す、これがKubernetesの設計原則です。「もしどこかがおかしくなっても、いずれあるべき姿に落ち着く」「API Serverからのプッシュ、ポーリングに頼らず、各コンポーネントが自律的に問い合わせる」という割り切りとポリシーが、この原則の背景にあります。

NOTE Kubernetesに見え隠れするUNIX哲学

Design Principlesでは、一般的な原則としてEric Raymondの「17 UNIX Rules」が挙げられています。1つの目的をうまくこなす機能、シンプルでわかりやすい機能を組み合わせるというUNIXの哲学が根っこにあると感じられます。

Kubernetesは世界中の開発者がアイデアを持ち寄って作られている先進的なソフトウェアです。歴史あるUNIX哲学がそこに見え隠れするのは、興味深いと思いませんか。時は流れても、普遍的な原則は色あせません。

7.3 サービスや製品における実装

Kubernetesはオープンソースソフトウェアであり、ユーザーやベンダーがApache License 2.0のもとで利用できます。ライセンスの観点では、ユーザーやベンダーが改変して利用、再配布可能です。また、APIが準拠しているかを認定する制度はありますが、その実装やインフラストラクチャーに縛りはありません。多様性が認められています。よってサービスや製品を使う場合は、それぞれの実装を意識することが重要です。

Kubernetes Conformance Partner

Kubernetesには、3つの認定プログラムがあります。

- KCSP（Kubernetes Certified Service Providers）
- KTP（Kubernetes Training Partners）
- Conformance Partner

KCSPはKubernetesのシステムインテグレーション能力がある、プロフェッショナルサービスを提供できると認められたベンダーです。KTPは認定トレーニングを提供できるベンダーを指します。そしてConformance Partnerは、認定テストを通過したサービスや製品を有するベンダーです。クラウドプロバイダーのマネージドサービス、ソフトウェアベンダーのディストリビューションなど、さまざまなサービスや製品があります。

これらのベンダーは、以下のサイトで確認できます。

- **Kubernetes Partners**
  https://kubernetes.io/partners/

Conformance Partnerの認定テスト内容、各ベンダーのバージョン別サービス、製品のテスト結果も公開されています。

- **Certified Kubernetes**
  https://github.com/cncf/k8s-conformance

ただしテストの内容からわかるとおり、あくまでKubernetesの仕様に準じていることを認定する制度です。実装や土台となるインフラストラクチャーは、ベンダーに任されています。

Kubernetesコンポーネントを独自に開発したいベンダーは多くないでしょう。なぜならKubernetesコンポーネントを独自にしてしまうと、変化の激しいアップストリームに追従できなくなるからです。しかし、それを支えるインフラストラクチャーそのもの、インフラストラクチャーを操作するインターフェイスとツール、付加機能との統合は各ベンダーの差別化要因であり、違いがあります。

そして、その差異はKubernetesクラスターの構築と運用に少なからず影響します。代表例を挙げます。

- Kubernetesクラスターをポータルやツールで楽に作成できる
- Nodeやストレージの増減がツールやAPIで動的に実行できる
- MasterやNodeのコンポーネント、OSを容易にアップデートできる
- Kubernetesクラスターの外にあるロードバランサーやDNSなどの付加機能を利用できる
- バージョンアップ時や繁忙期などに、インフラストラクチャーリソースを一時的に導入、廃棄できる

その有無で、構築と運用におけるユーザーの負担は大きく変わります。これがベンダーごとの実装を意識すべき理由です。

とはいえ、本書に各ベンダーの実装を広く紹介するだけの余裕はありません。そこで基本編に続き、AKSを参考に以降の章を解説します。Kubernetes共通の概念やしくみを解説したのち、具体例としてAKSの実装を紹介する流れです。

以下の理由から、AKSはKubernetesの実装のリファレンスとして本書のコンセプトに合っていると考えます。

- Kubernetesをフォークせずにコミュニティで開発し、アップストリームに追従する方針である
- 煩雑な構築や運用作業の負担を軽減したいという、ユーザーニーズに基づいたマネージドサービスである
- マネージドサービスを使う場合の、可視／不可視の境界線の参考になる
- Nodeやネットワーク、ストレージに可視性があり、ブラックボックスではない

Kubernetesクラスターに必要なインフラストラクチャー

実装の解説に入る前に、Kubernetesクラスターに必要なインフラストラクチャーの要素を整理し、どんな作業が必要か理解しておきましょう。

まず、必要な要素を挙げます。

- サーバー（Master/Node）
- ネットワーク（Node間／Pod間／ロードバランサー）
- 各種証明書
- Kubernetesコンポーネント（バイナリー）
- Kubernetes設定ファイル
- etcdバイナリー
- etcd設定ファイル

上の多くの要素にはこれまで触れてきたため、説明は不要でしょう。初見と思われるNode間／Pod間ネットワークについてのみ、簡単に説明します。

Kubernetesはネットワークの実装を規定していません。以下3つの条件を満たせば、方式はユーザーやベンダーが選択できます。

- Pod間はNATなしで通信できる
- NodeとPod間もNATなしで通信できる
- Pod自身が認識しているIPは、他Podから見ても同じ

要するに、Podにはサーバーに閉じたプライベートIPを割り当てられません。従来Dockerのネットワーキングモデルで一般的だった、プライベートネットワークとNAT、ポートマッピングの組み合わせとは、違うアプローチです。

サーバーに閉じたプライベートなネットワークを作り、コンテナーを閉じ込める利点は多いです。他のネットワークとアドレスの重複を気にしなくていいですし、大量のコンテナーを作った際のスイッチのアドレス学習コストも軽減できます。しかし、サーバー外部と通信する場合、何かしらの変換が必要になります。その代表的な実装がNATとポートマッピングです。

しかしポートマッピングは、同じプライベートネットワークのコンテナーで使うポートが重複しないよう、コントロールするのが大変です。たとえばポート80や443はどれか1つのコンテナーにしかマッピングできません。よって、それをしないというKubernetesの方針も理解できます。

Kubernetesのルールに従うと、Nodeをつなぐネットワークだけでなく、Pod間のそれも検討しなければいけません。**図7.7**は、AKSでネットワークプラグインとしてkubenetを選んだ場合の例です。kubenetは、Kubernetes標準のシンプルなプラグインです。

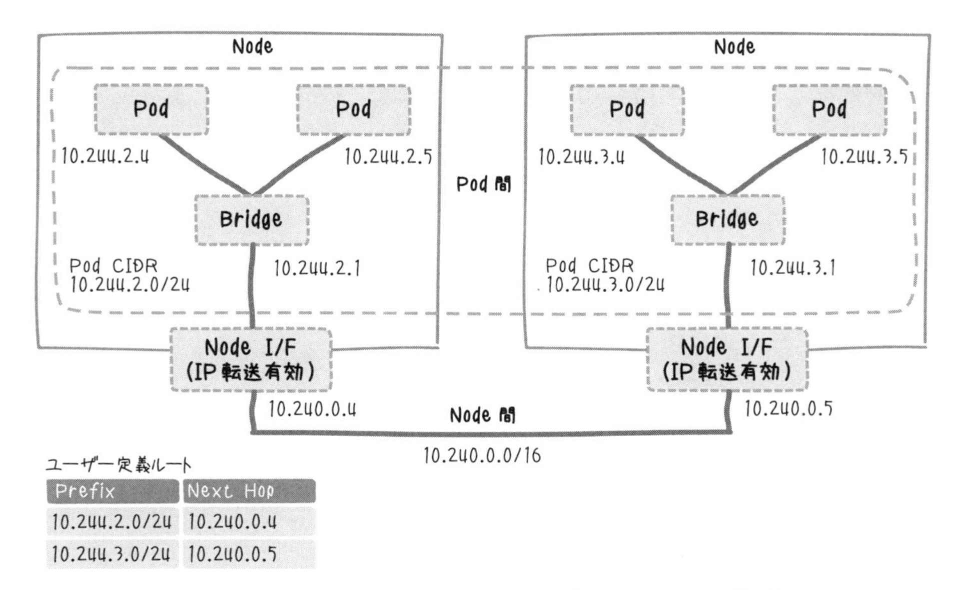

図7.7 他NodeのPodに到達するしくみ(AKS kubenetの場合)

上の例では、Nodeをつなぐネットワークは10.240.0.0/16です。Azureの仮想マシンのNICには、この範囲のIPを割り当てます。

次にPodのネットワーク空間をクラスター全体で検討します。その空間に基づき、NodeごとにPod CIDRを割り当てます。この例では2つのNodeにそれぞれ10.244.2.0/24と10.244.3.0/24を割り当てています。

そして最後の仕上げです。NodeをまたぐPod間通信のために、ユーザー定義ルートを設定します。このユーザー定義ルートは、Azure SDN(Software Defined Networking)の機能です。

ユーザー定義ルートが必要な理由は、Podが他Node上のPodと通信する際、Node間ネットワークを通るからです。しかし、通信したいPod CIDRがどのNode I/Fの先にあるかが、わかりません。そこで、送り先のPrefixを見て該当するNode I/F向けに送るようなルートを作ります。該当のNode I/Fまで到達できれば、あとはIP転送とブリッジングによりPodに届きます。

これはkubenetプラグインとAzure SDNを組み合わせた例ですが、ほかにも多くの選択肢があります。たとえば、CNI(Container Network Interface)コミュニティで仕様化しているCNIプラグインです。CNIにはCalico、Weave、CiliumやAzure SDNの機能をさらに引き出すものなど、多様なプラグインがあり、ネットワークモデルもさまざまです。それぞれのプラグインに本書では触れませんが、Kubernetesでは**Node間だけでなく、Pod間通信を考慮したネットワークのしくみが必要である**、とだけ理解してください。

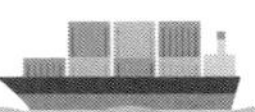

Kubernetesクラスターの構築に必要な作業

ではこれらの要素を組み合わせてクラスターを作成するのに、どのような作業が必要でしょうか。ざっと以下の流れです。

- Node間ネットワークの作成
- Masterサーバーの作成
- Masterサーバー向けロードバランサーの作成
- Nodeサーバーの作成
- Pod間ネットワークの作成
- 証明書の作成と配布
- etcd設定ファイルの作成と配布
- etcdの起動
- Kubernetes設定ファイルの作成と配布
- Kubernetesコンポーネント(バイナリー)の配布
- Kubernetesコンポーネントの起動
- Kubernetesアドオンコンポーネントの作成

手作業では大変そうですね。学習目的でなければ、この作業を自動化するツールに頼ることになるでしょう。ここではKubernetesクラスターを構成する要素と必要な作業が多くあること、それを支援するためにツールがあることをイメージできれば、十分です。

Kubernetes the hard way

Kubernetesは構成要素が幅広く、現状では進化も激しいです。構築や運用の負荷軽減のため、マネージドサービスや商用製品を使うユーザーが多い印象です。仮にそれらを採用しない場合でも、kubeadmやkopsなどのツールを使うことでしょう。

ユーザーの目的は一般的に、クラスターの構築や維持ではありません。その負荷や手間は、なるべく低く、少なくしたいものです。有償／無償を問わず、使える製品やツールは活用したほうがいいでしょう。

ですがもし、その構成要素や動作をより深く理解したい、という目的であれば、手作業でクラスターを作る手順があります。それが**Kubernetes the hard way**です。あえてhard way（つらいやり方）で作ってみよう、というコンセプトです。

オリジナルはGoogle社のKelsey Hightower氏が作成し、GitHubに公開されています。Google Cloud Platformが想定環境です。

- **Kubernetes The Hard Way**
  https://github.com/kelseyhightower/kubernetes-the-hard-way

他のプラットフォーム向けにもフォークされています。Azure向けもあります。

- **Kubernetes The Hard Way on Azure**
  https://github.com/ivanfioravanti/kubernetes-the-hard-way-on-azure

この手順は正直「めんどうくさい」のですが、仮想マシンやネットワークの作成、証明書の作成と配布、Kubernetesコンポーネント構成ファイルの作成と配布、etcdの作成など、ツールが隠蔽している内部要素にじかに触れられます。

もちろんこの手順で運用したいとは思わないでしょう。しかし、Kubernetesの理解には有用です。手順をなんとなく追うのではなく「なぜその作業をしているか」を意識しながら挑戦してみてください。得るものがあるはずです。

AKSのアーキテクチャーとCloud Controller Manager

当然ながらAKSは、そのインフラストラクチャーにAzureを使っています（**図7.8**）。

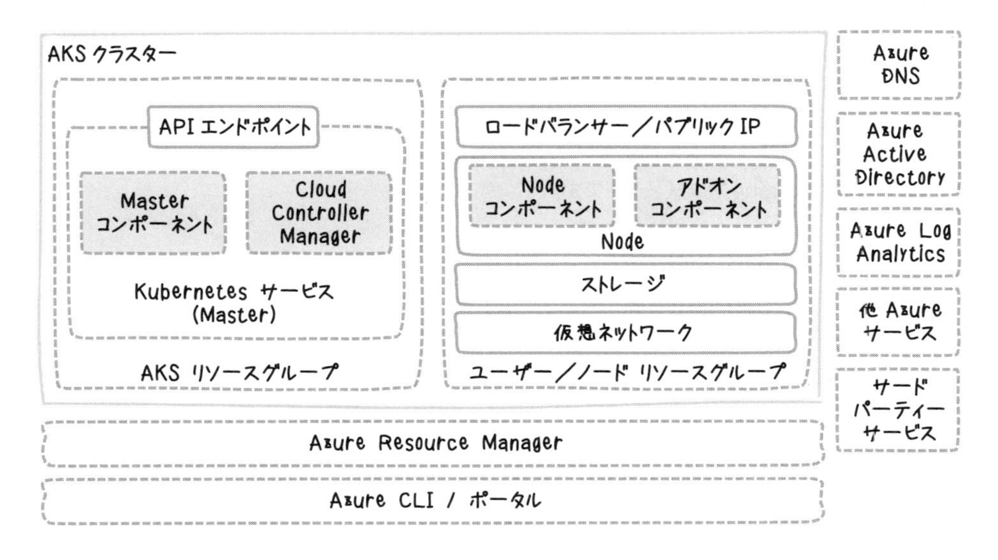

図7.8 AKSの構成要素

仮想マシンやネットワーク、ストレージなど、Kubernetesの土台になるインフラストラクチャリソースだけでなく、Azure DNSや認証基盤であるAzure Active Directoryなどを、付加機能として統合することもできます。

Azureはリソースを束ねる論理的なオブジェクト「リソースグループ」をリソース管理のベースにしています。CLIやポータルでAKSクラスターを作成すると、2つのリソースグループができあがります。AKS向けリソースグループとノード向けリソースグループです。ユーザーがすでに作成した、他のリソースグループにあるリソースを関連付けることも可能です。仮想ネットワークが代表例です。

AKSリソースグループには、AKSの論理的なリソース「Kubernetesサービス」が配置されます。仮想的なMasterと考えてよいでしょう。AKSにおいてMasterはマネージドサービスであり、Azureによって管理されます。内部リソースは不可視です。作成されたAPIエンドポイントを通じ、Kubernetesの各種操作を行います。

一方ノードリソースグループには、Nodeが配置されます。Nodeの実体は仮想マシンです。仮想マシンを作成、Kubernetesコンポーネントや設定ファイルを配布し、コンポーネントを起動します。

ユーザー／ノードリソースグループの準備完了を待って、AKSはサービスとして自身の状態を成功（Succeeded）とします。これはKubernetesサービスリソースの「状態」で確認できます。

NOTE AKS-Engine

AKSクラスターはCLIやポータルから簡単に作れます。とても楽なのですが、反面、ブラックボックスにも感じます。内部では、Azure Resource Managerに対してさまざまなリソース作成を指示するテンプレートが実行されています。

実はこのテンプレートを作成するアプリケーションが、オープンソースとして公開されています。AKS-Engineプロジェクトです。

- **AKS-Engine**
  https://github.com/Azure/aks-engine

どのようなリソースが、どのようなパラメーターで作成されているかを確認するだけでも参考になります。また、GitHub上で開発されており、コードや議論を見ることができるため、将来AKSに追加される機能に出会えるかもしれません。

なお、AKSでNodeとして作成される仮想マシンには、どのバージョンのAKS-Engineが生成したテンプレートがもとになっているか判別できるよう、タグがセットされています。仮想マシンの［タグ］メニューで、［acsengineVersion］を確認してみてください。

Azureリソースの作成には、Azure Resource ManagerがAPIを公開しており、一括して引き受けます（**図7.9**）。クラスター作成時だけでなく、作成後にCLIやポータルを使ってNodeの数を増減することもできます。これはCLIやポータルがAzureのAPIを通じて仮想マシンを作成、破棄し、ネットワーク設定を行っているためです。

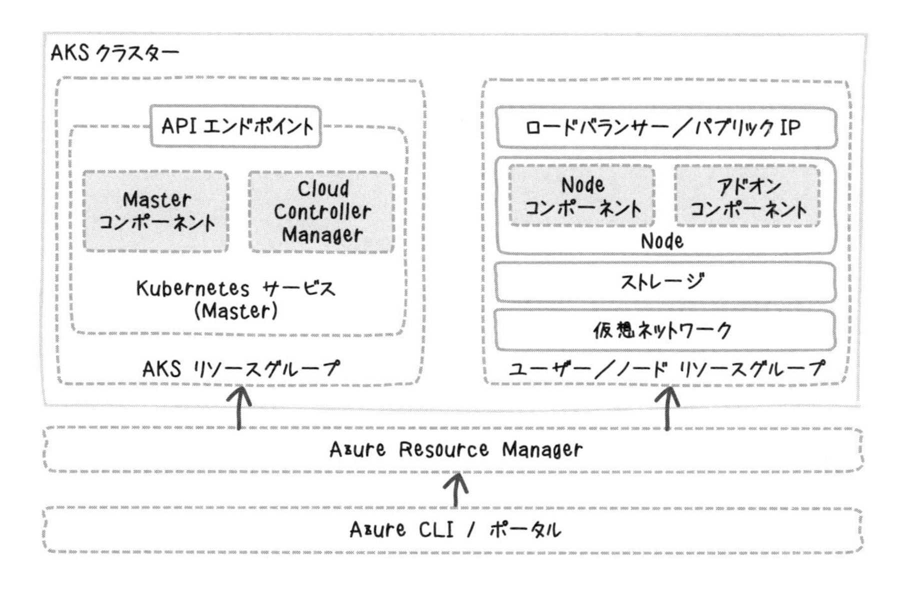

図7.9 Azureインフラストラクチャーの操作の流れ

また、ユーザーではなくKubernetesがAzureのリソースを操作したいケースがあります。代表例は先に紹介したServiceのType、LoadBalancerです。KubernetesがAzureのAPIを呼び、Azure Load Balancerを設定します。

ところで、この機能をKubernetesのどのコンポーネントに任せるべきでしょうか。DeploymentやReplicaSetと同様、Controller Managerの配下に置くべきでしょうか。

クラウドプロバイダーはクラウドプロバイダーで、速いペースでサービス開発を行っています。Controller Managerが開発の歩調をそれに合わせるのは現実的ではありません。また、この機能が不要なユーザーもいます。この問題を解決するために開発されたのが、**Cloud Controller Manager**です（**図7.10**）。

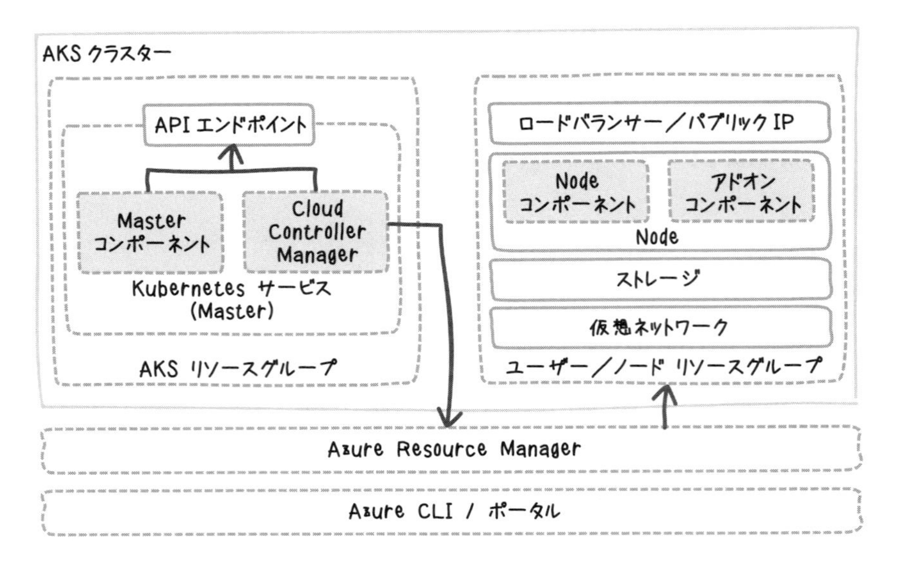

図7.10　Cloud Controller Managerの位置づけ

Cloud Controller Managerは、クラウドプロバイダーの違いを吸収します。Nodeを構成するVMの情報取得1つをとっても、クラウドプロバイダーごとにAPIは異なります。Cloud Controller Managerは、その橋渡しをします。次のようなコントローラーがあります。

- Node Controller
- Service Controller
- Route Controller

例に戻ります。kubectlなどでTypeがLoadBalancerのServiceが作成されると、Service ControllerがServiceオブジェクトを作成します。そしてCloud Controller Managerがそれを検知、AzureのAPIをコールし、Azure Load Balancerを設定します。

ユーザーが直接指示するだけでなく、KubernetesがAzureのリソースを操作、コントロールする場合があることを覚えておきましょう。

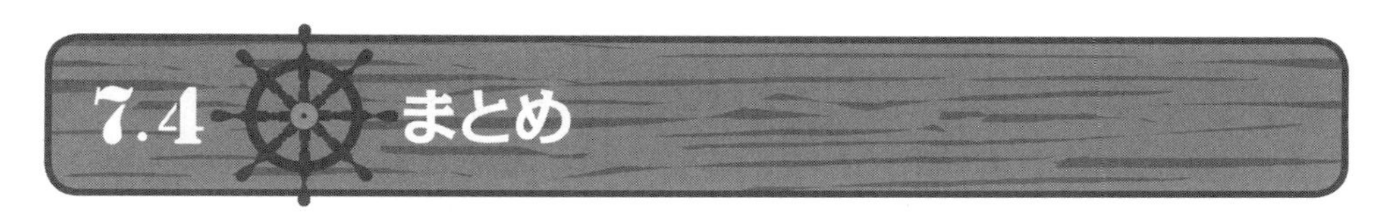

7.4 まとめ

本章では、Kubernetesのアーキテクチャーと設計原則について説明しました。

- 各コンポーネントは自律的に動き、その関係は疎である
- 各コンポーネントの中心にAPI Serverがいる
- 各コンポーネントはAPI Serverへ常に問い合わせ、あるべき姿を維持する「Reconciliation Loops」を回している
- Kubernetesの実装は土台となるインフラストラクチャによって多様であり、その理解は不可欠

以降の章では設計、構築、運用を意識してKubernetesを解説していきます。もし理解につまずいたときは、この章を振り返ってみてください。何かヒントがあるかもしれません。

NOTE 活発なオープンソースプロジェクトとの付き合い方

Kubernetesは活発なオープンソースプロジェクトです。世界中からユーザーやベンダーがアイデアを持ち寄り開発されています。ユーザーやベンダーが1社のみで開発するのに比べ、スピード感にあふれ、革新的な設計や機能も多く取り込まれます。使い手は、その恩恵を受けられます。

一方で考慮点もあります。それは利害関係者、つまり開発に参加していても、また、利用しているユーザーであっても、仕様や実装を思うようにはコントロールできないということです。ユーザーが自ら開発しているソフトウェアなら、作りは自由です。また、ベンダーが自社に閉じて開発しているなら、大口ユーザーの意見は反映されやすいでしょう。ですが、オープンソースプロジェクトは、そうではありません。それぞれのプロジェクトに、それぞれのガバナンスがあります。

Kubernetesには、ユーザーはもちろん、クラウド提供ベンダー、ソフトウェアベンダー、ハードウェアベンダーなどさまざまな立場の開発者が参加しています。コミュニティで生まれたニーズの他に、所属組織や顧客のニーズを持ち寄ります。Kubernetesが注目と期待を集める中、それは日々積み上がっています。

それらは、時に相反します。ニーズの一つ一つは妥当でも、全体のバランスを崩しかねないものは採用できません。意思決定は、議論を通じて行われます。Kubernetesの会議体は大きく3つあり、領域に特化したSIG（Special Interest Group）、複数のSIGで議論が必要なテーマを扱うWG（Working Group）、全体の調整を行うSteering Committeeで構成されています。ガバナンスモデルは、一度眺めておくことをお勧めします。

- **Kubernetes Community - Governance**
  https://github.com/kubernetes/community/blob/master/governance.md

Kubernetesに関連した商用製品やサービスを使う場合、従来は通用したかもしれない「ベンダーに交渉すればなんとかなる」という考えは合わない、ということは意識しておきましょう。ベンダーが顧客のニーズに寄り添い、コミュニティに持ち込んだとしても、実現できないことはあります。もしできたとしても、時間がかかることもあります。

以下は、Kubernetesとうまく付き合うため、わたしが心がけていることです。

- コントロールしようとせず、変化を受け入れる
- いつどのような機能が実現しそうか、コミュニティでの議論を把握しておく
- 欲しい機能や改善アイデアは自ら提案、貢献できる可能性を忘れない（それが難しくても、傍観者にならない）

第3部
実践編

CHAPTER

08

可用性（Availability）

実践編では、5つの視点（可用性、拡張性、保守性、リソースの分離、可観測性）からKubernetesの構築や運用に必要な知識を学びます。まずは可用性からです。

Kubernetesクラスター上でビジネスを支えるアプリケーションを動かすのであれば、まず「仮にどこかが壊れても、サービスを継続させる方法」を検討したいはずです。形あるものはいつか壊れます。部分的な障害がサービス、アプリケーション全体のダウンにつながらないような、Kubernetesとインフラストラクチャーの設計について解説します。

※この章で解説する環境を構築するコード、サンプルアプリケーションはGitHub（https://github.com/ToruMakabe/Understanding-K8s/tree/master/chap08）で公開しています

8.1 Kubernetesの可用性

これまでも解説したとおり、Kubernetesは複数サーバー構成で可用性を上げられます。

基本編で、Podのレプリカ数を1より大きく定義すれば、複数NodeへPodを分散できることを確かめました。また、Podが動くいずれかのNodeが使えなくなった場合に、他NodeでPodを起動し、定義したレプリカ数を維持することも説明しました。アプリケーションの観点では、ステートレスな作りにしておけば、可用性を上げることは難しくありません。Nodeサーバーとレプリカ数を増やせばいいからです。

一方、Kubernetes自体の可用性は、どうでしょうか。

Masterの可用性（全アクティブなetcdとAPI Server）

アーキテクチャーの解説で触れたとおり、コントロールプレーンを構成するKubernetesコンポーネントは、主にMasterサーバー上に配置されます。そしてロードバランサーでアクセスを分散します。

コントロールプレーン目線で、コンポーネントの関連を整理します（**図8.1**）。

分散システム設計の勘所は、永続データの配置と整合性です。Kubernetesコントロールプレーンは、永続データをetcdだけに持ちます。etcdはKubernetesを構成するコンポーネントの中で、特にクリティカルな要素です。

とはいえetcdの可用性を上げる手段はシンプルです。etcdバイナリーと証明書、設定ファイルを対象のサーバーへ配布し、起動するだけです。これでそれぞれのサーバーにあるetcdが「メンバー」としてetcdクラスターに参加します。

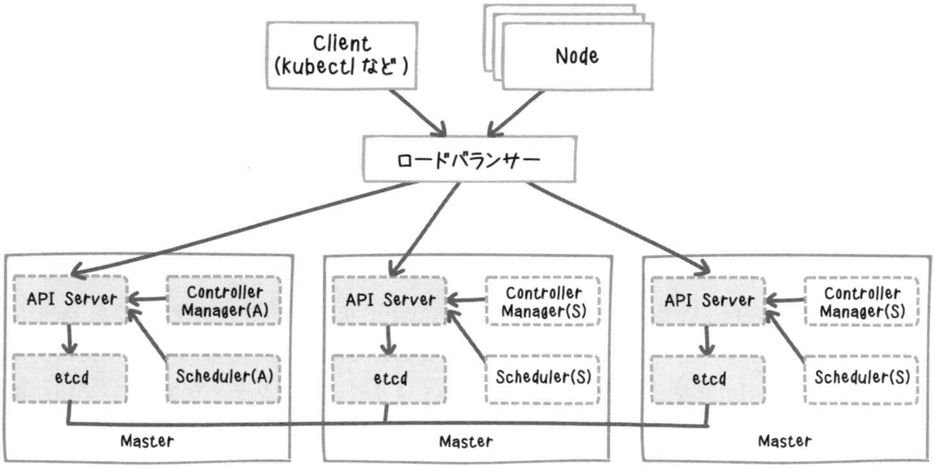

図8.1 Masterコンポーネントの関連

つまりMasterサーバーを冗長化し、それぞれでetcdを動かすのが基本的なアプローチです。作業や運用はさておき、考え方は理解しやすいでしょう。

なおアーキテクチャーの解説で触れたように、etcdをMasterサーバー上に置く必要はありません。他でetcdが動いていれば、ネットワーク越しに接続する構成も可能です。しかしそうでない場合には、etcdのクライアントであるAPI Serverと同居させるのが妥当でしょう。通信がサーバー内に閉じれば、遅延を小さくできるからです。

NOTE etcdの生まれ

Kubernetesのデータストアとして重要な役割を持つetcdですが、もともとはCoreOS社(現在はRed Hat社が買収)が、自身のLinux OSディストリビューションの設定を複数サーバー間で一元化するために作ったツールでした。

Linuxの設定ファイルを配置する/etcディレクトリを、複数のサーバーで共有しようというアイデアです。etcを"d"istributedにしようという意味を込め、etcdという名前にしたようです。

Kubernetesのコントロールプレーンが永続化するデータは構成、設定に関わるものなので、etcdはその生まれを考えると相性がいいように思えます。

- **etcd versus other key-value stores**
  https://github.com/etcd-io/etcd/blob/v3.2.17/Documentation/learning/why.md

データストアの配置が決まったら、次に考えるのはAPI Serverの配置です。API Serverは永続データを持たずステートレスであるため、この配置も難しくありません。

基本戦略は、冗長化した全Masterサーバーへ配置し、アクセスをロードバランサーで分散します。Masterサーバーのどれかがダウンしても、以降の要求は他のMasterサーバーで引き受けられます。

Masterの可用性（アクティブ/スタンバイなコンポーネント）

API Serverとetcdの配置デザインが全Masterサーバーへの分散である一方、Controller ManagerとSchedulerはそうではありません。実は複数のController ManagerとSchedulerを、同時にアクティブにできません。アクティブでないController ManagerとSchedulerは、スタンバイ状態で障害に備えます。アクティブ／スタンバイ型です。

ではなぜアクティブが1つなのでしょうか。これまでも説明したとおり、Controller Managerの各コントローラーとSchedulerは、API Server経由でオブジェクトの状態を常にウォッチします。そして、あるべき状態を維持するループを回します。仮にこれらが同時に動いた場合、オブジェクトの操作が競合する恐れがあります。

たとえばReplicaSetのレプリカ、つまりPodを1つ増やすとします。もしReplicaSet Controllerが複数あった場合、それぞれがPodを1つずつ増やそうとしてしまいます。そのような競合を避けるためController ManagerとSchedulerは、それぞれアクティブを1つ、残りはスタンバイで構成します。

ところで、どうやってアクティブな1つを決めるのでしょうか。難しいしくみではありません。早い者勝ちです。最も早く書き込んだものがリーダーになり、定期的に更新時刻を書き込みます（**図8.2**）。デフォルトは2秒間隔です。

現在はこの情報の管理にEndpointオブジェクトが使われていますが、将来ConfigMapに置き換わる予定です。Endpoint「kube-controller-manager」に、リーダー名と更新時刻が書き込まれます。

他のController Managerは、Endpoint kube-controller-managerの更新時刻を確認します。更新されていれば、リーダーは動いていると判断します。しかしこの更新が止まった場合は、自分がリーダーになろうとEndpointオブジェクトに自分の名前を書き込みにいきます。この繰り返しです。

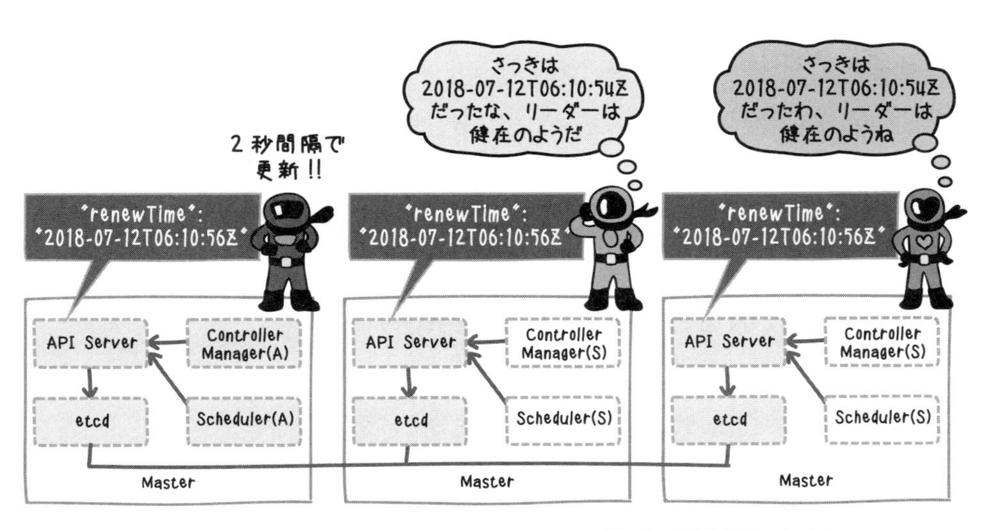

図8.2　Controller ManagerとSchedulerのリーダーを死活確認するしくみ

では、Endpoint kube-controller-managerを見てみましょう。

```
$ kubectl get endpoints kube-controller-manager -n kube-system -o yaml
apiVersion: v1
kind: Endpoints
metadata:
  annotations:
    control-plane.alpha.kubernetes.io/leader: '{"holderIdentity":
➡"kube-controller-manager-7fd887f4c-lx5k4_163180d0-79df-11e8-99ee-86a670432ff
➡c","leaseDurationSeconds":15,"acquireTime":"2018-06-27T07:53:21Z",
➡"renewTime":"2018-07-12T06:14:21Z","leaderTransitions":0}'
  creationTimestamp: 2018-06-27T07:53:21Z
  name: kube-controller-manager
  namespace: kube-system
  resourceVersion: "1590294"
  selfLink: /api/v1/namespaces/kube-system/endpoints/kube-controller-manager
  uid: 296200b5-79df-11e8-adcd-0e4443688d51
```

リーダーの選出には、metadataのannotations、control-plane.alpha.kubernetes.io/leaderが使われています。holderIdentityが現在のリーダーです。acquireTimeがリーダーになった時刻、renewTimeが更新時刻です。リーダーは定期的にrenewTimeを更新し、自らが動いていることを他へ示します。

ここまでが、Masterサーバーの可用性の解説です。コンポーネントごとに特徴はありますが、同じ構成のサーバーを増やしてアクセス分散することで、可用性が確保できることがわかります。

Nodeの可用性

ではNodeサーバーについては、どうでしょうか。結論から書くと、Nodeサーバーも同様に、同じ構成のサーバーを増やすスケールアウトが基本的なアプローチです。NodeサーバーにはController ManagerやSchedulerにおけるアクティブ／スタンバイのような非対称性がないため、よりシンプルです。

分散数をどうするか（Master）

Master、Nodeともに、サーバーのスケールアウトによって可用性を向上できることがわかりました。おそらく次に気になるのは、その数ではないでしょうか。

Masterノード数のおすすめは奇数です。当然1台では可用性がないため、候補数は3、5、7……です。一般的には3で、必要に応じて増やします。可用性の観点では7あれば十分です。それ以上はデータ同期のオーバーヘッドが増えるため、性能への影響を考慮する必要があります。

奇数にする主な理由は、データストアであるetcdの整合性を維持するためです。etcdクラスターを構成するメンバー数は、奇数が推奨されています。

では、なぜ奇数なのでしょうか。分散データストアの障害で特に恐れるべきシナリオは、それぞれのメンバーが他メンバーの合意なしに、勝手にデータを更新してしまうことです。サーバー故障でメンバーがダウンするよりも厄介です。ダウンだけであれば復旧まで我慢すればいいですが、データ不整合が生じてしまうと、そのリカバリーは困難です。場合によっては取り返しがつきません。

データの不整合が生じないよう、分散データストアのメンバーはネットワークを通じて常に合意をしています。しかし、ネットワークのトラブルなどで、合意できるメンバーとそうでないメンバーが分かれてしまう可能性があります。**ネットワーク分断**と呼ばれる状態です。このネットワーク分断への対処をどう考えるかに、分散データストアの特徴が現れます。

ネットワーク分断の際、それぞれのグループがデータを書き込めてしまうと、不整合が生じる恐れがあります。そのため、分断されたグループのどちらかだけが、更新を継続できるようにします（**図8.3**）。etcdのルールは、多数決です。

etcdは、各メンバーがクラスターのあるべきメンバー数を知っています。生存確認できたメンバー数と自分を合わせた数が過半数に達していれば、サービス継続の権利を得たグループにいる、と判断します。よってそのメンバーはサービスを継続します。そして分断が解消されたあと、継続したグループでの更新を正にし、他方を上書きします。

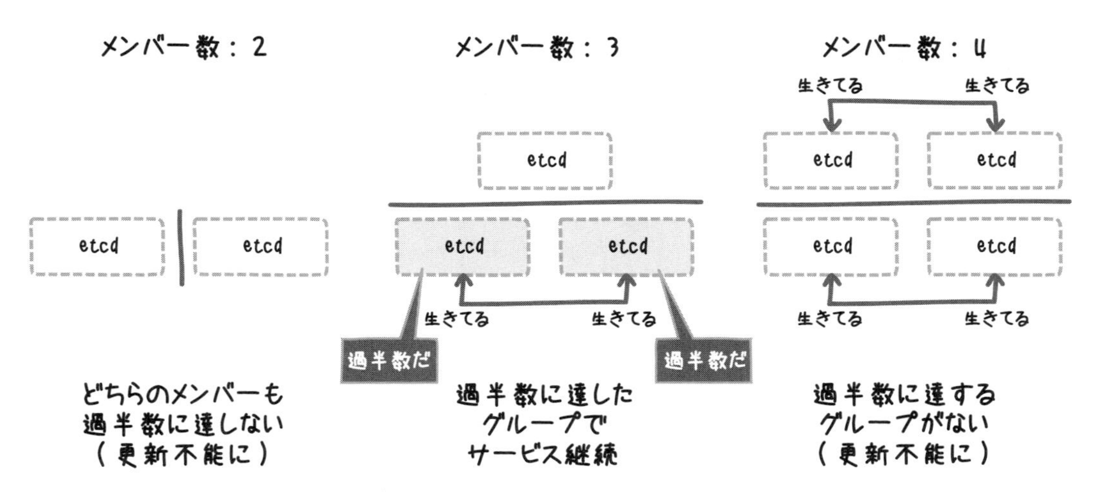

図8.3 etcdでネットワーク分断が起こったら

データや状態を管理する分散システムの実現を難しくする理由の1つは、他のメンバーと通信が途切れた場合に、故障なのか、大幅な遅延なのか、ネットワーク分断なのか判断するのが難しいことです。通信が途絶えたメンバーの状態が不明でも、自分と通信可能なメンバーのみで判断する必要があります。それを解決するためにさまざまなアルゴリズムが存在します。

大まかに概念を説明しましたが、etcdはRaftという分散合意アルゴリズムを採用しています。アクティブなメンバーの中からリーダーを選出し、そのリーダーを中心にデータを更新します。RaftはetcdのほかにもHashiCorp社が開発をリードしているConsulで採用され、現在注目されているアルゴリズムです。もし関心があれば、調べてみてください。

- **The Raft Consensus Algorithm**
  https://raft.github.io/

なお、お気づきかもしれませんが、過半数が必要なことから、etcdは偶数メンバー数と相性がよくありません。たとえば**表8.1**のように、メンバー数2の場合は冗長化の意味がありません。また、メンバー数3と4の分断／故障ノード許容数は同じです。メンバーを増やしても意味がないのであれば、もったいないですね。偶数だとネットワーク分断時にどちらのグループも過半数を得られないおそれもあります。これが奇数メンバー数を推奨する理由です。

表8.1　メンバー数とその過半数、分断／故障ノード許容数

メンバー数	過半数	分断／故障ノード許容数
1	1	0
2	2	0
3	2	1
4	3	1
5	3	2
6	4	2
7	4	3

分散数をどうするか（Node）

Nodeサーバーの数には、MasterのようなKubernetesコントロールプレーン特有の考慮点はありません。冗長化が必要であれば、2サーバー以上で、必要なリソース量を見て決定します。

その際、サーバーダウン時の影響を考慮しましょう。Nodeが2サーバー構成であれば、1サーバーのダウンで50%のPodが影響を受けます。生存NodeでPodの再作成が試行されますが、その間は性能、可用性のサービスレベルが低下します。そして当然ながら、生存Node上にはそれだけのPodを受け入れる空きリソースが必要です。

3Node構成であれば、1Nodeダウン時の影響は約33%、4Nodeであれば25%です。Nodeサーバーが多いほど、再作成対象となったPodの移動先、選択肢は増え、再作成にかかる負荷も分散されます。

Nodeダウン時に必要となるリソース量も考慮し、Node数を決定しましょう。2Node構成では、Nodeダウン時にリソースの半分が影響を受けます。そして、残存する1つしかないNodeに負荷が集中します。

3Nodeからの構成が、典型的です。

8.2 インフラストラクチャーの視点

可用性を高める設計において、Kubernetesの土台となるインフラストラクチャーの検討は不可欠です。Kubernetesコンポーネントは冗長化したのに、その土台の設計が至らず、障害ですべてその影響を受けてしまう、ということがないよう、そのインパクトと影響範囲を意識して設計しましょう。

Blast Radius (爆発半径)

「卵は1つのカゴに盛るな」という投資の格言があります。持っている卵をすべて1つのカゴに入れてしまうと、もし落としてしまったら取り返しがつきません。でも、複数のカゴに分けて入れておけば、落としても他のカゴに卵が残っています。つまり、全滅を避けられます。投資する金融商品を絞りすぎず、リスク分散する重要性を説いた格言です。

冗長化したシステムも同じです。サーバーを冗長化したとしても、みなが障害の影響を受ける範囲にあれば、全滅してしまいます。そのため、可用性を検討するときは、常に障害の影響範囲を意識し、要件に応じて分離すべきです。

穏やかでない言葉ですが、障害の影響が及ぶ範囲を、**Blast Radius**と呼びます。Blastとは爆発のことです。システムの世界でのBlastは、故障や災害を指します。爆発とはいえ、物理的な事象に限りません。論理的な不具合やバグ、操作ミスも含みます。そしてRadiusは半径です。爆発の及ぶ範囲を意味します。

インフラストラクチャを構成する要素でBlast Radiusを考えてみましょう。Kubernetesコントロールプレーン、ユーザーアプリケーションが動くサーバーを冗長化し、分散配置するなら、どのレベルで分離できるでしょうか。例を挙げます(**図8.4**)。

- 物理サーバー(仮想マシンの場合)
- ラック
- データセンター
- 地域

まずは物理サーバーから。MasterやNodeに専用の物理サーバーを割り当てず、仮想マシンを使った場合には、検討が必要です。仮想マシンを冗長化しても、同じ役割の仮想マシンを同じ物理サーバーに配置してしまっては、物理サーバーの障害で共倒れします。最低限、別の物理サーバーへ配置すべきでしょう。

次はラックです。一般的に物理サーバーへの電力、ネットワークは、ラック単位で束ねます。たとえば、サーバーのネットワークを終端するToR(Top of Rack)スイッチが故障すると、そのラック全体のサーバーに影響があります。そのため、明示的にラックを分けて仮想マシンを分散配置すれば、影響を局所化できます。

実際にはラックのネットワーク、電源系統を二重化するケースが多いです。しかし、故障の確率やコスト、ソフトウェアでのリカバリー可否などを総合的に判断し、物理的な二重化を省くケースも増えてきています。

続いてデータセンターです。データセンターには、配電/発電装置や空調など、建物全体に影響を及ぼしうる共有設備があります。それらは冗長化されているケースがほとんどですが、有事に正しく動作しない可能性はゼロではありません。冗長化していた、訓練もしていた、でも動かなかった、という事例は少なからずあります。よってデータセンターを分けて仮想マシンを配置できれば、大きくリスクを緩和できます。

最後は地域レベルの分離です。地震や洪水など、複数のデータセンターが影響を受ける広域災害がそれにあたります。日本では、首都圏と関西圏への分離配置がよくある例です。広域災害の確率は高くないかもしれません。でもそれは、明日起こるかもしれません。ビジネスへのインパクト次第では、検討すべきです。

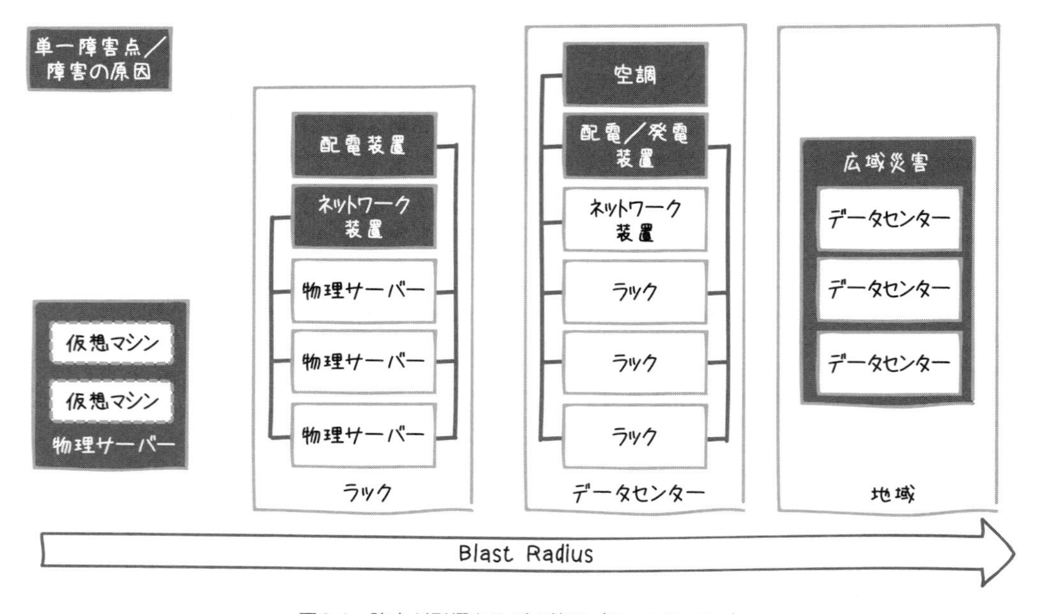

図8.4　障害が影響を及ぼす範囲（Blast Radius）

KubernetesはMasterとNodeという2つの種類のサーバー、仮想マシンをそれぞれ冗長化して可用性を上げますが、このBlast Radiusを意識し「同じ種類のサーバーや仮想マシンを、いかに分離して配置するか」が可用性を上げるポイントです。以降で、より具体的に解説します。

ソフトウェア的なBlast Radius

ここまでは物理的な故障や災害を対象に話を進めてきました。しかし、それだけでは足りません。ソフトウェア的なBlast Radiusも意識したほうがよいでしょう。

Kubernetesは進化の激しいソフトウェアです。年に数回バージョンアップし、大胆に機能が加えられます。華やかな反面、バグや不具合が加わるリスクもあります。まだ進化を止めるのをよしとしていない以上、無視できない課題です。

とすると、ソフトウェア的な不具合があった場合のBlast Radiusはどうなるでしょうか。考えられる最大の範囲は、クラスター全体です。

クラスター全体に影響するような不具合の確率は低いかもしれません。しかし進化し続けている以上、そのリスクは少なからずあり、そのインパクトは甚大です。実際、Kubernetesコントロールプレーンのバグやコーナーケースの考慮漏れで、クラスター全体が使えなくなったトラブルが、過去にありました。

一方、リスク緩和のためにクラスターを冗長化すれば、コストに響きます。リスクを受容して単一クラスターにするのか、回避のために複数クラスターにするのかは、技術だけでなくビジネスとリスクマネジメントの視点が必要です。

複数クラスターによるフェデレーションは、Kubernetesコミュニティでホットな話題の1つです。しかしその連携、統合が密になれば、フェデレーションを構成するすべてのクラスターが不具合の影響を受ける可能性は高くなります。トレードオフではありますが、フェデレーションと分離度は、どちらを優先するかを慎重に検討すべきでしょう。

コンポーネントがネットワークでつながり、他のコンポーネントをコントロールする能力があれば、そのBlast Radiusは距離を問いません。Kubernetesに限らない話ですが、意識しましょう。

配置例

冗長化できる要素と障害時の影響範囲がわかったところで、ケーススタディしてみましょう。

- Master仮想マシン：3個
- Node仮想マシン　：6個

この仮想マシン群を配置するパターンを考えてみます。

物理サーバーを意識した配置

まず最低限、1つの物理サーバーが壊れただけでクラスターが全滅しないようにしたいですね。わたしが最小構成を設計するなら、こうします（**図8.5**）。物理サーバー数は、3台です。

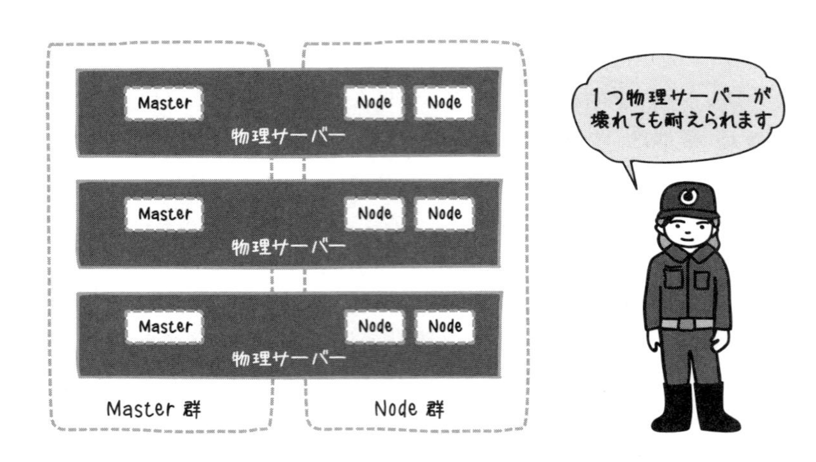

図8.5　物理サーバー故障に耐える構成

物理サーバーが3台あれば、Master仮想マシンをそれぞれ配置することができます。全滅を避けるだけであれば2台でもよいのですが、仮に2つのMaster仮想マシンが寄ったほうの物理サーバーがダウンすると、etcdの書き込みが止まってしまいます。そのため、3台以上が望ましいです。

Node仮想マシンは物理サーバーの数に応じて、均等に配置します。偏りを無くすことで、物理サーバー障害時の影響度を直感的に把握しやすくします。物理サーバーの数を増やせるのであれば、Masterと分離してNode専用物理サーバーとしてもかまいません。

ラックを意識した配置

では、物理サーバーだけでなく、ラックの障害も考慮したい場合はどうなるでしょうか（**図8.6**）。

物理サーバーのパターンと、それほど変わりません。Master仮想マシンを同じラックに配置しないようにします。Nodeも同様に、ラックの偏りがないようにします。

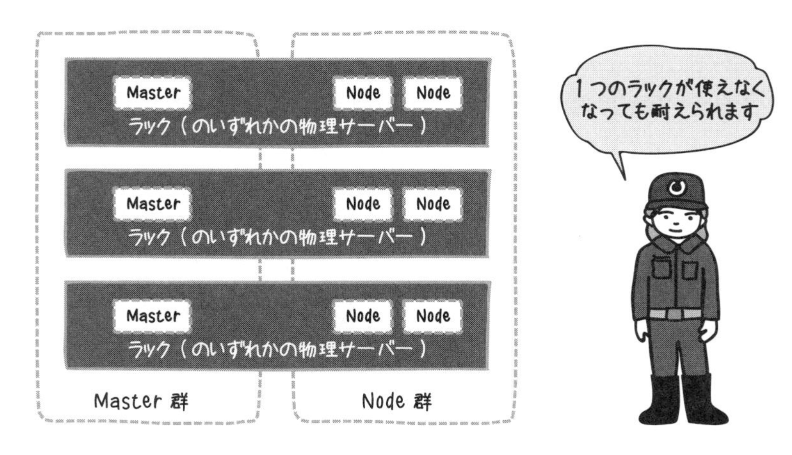

図8.6　ラック全体の障害に耐える構成

データセンターを意識した配置

どんどんスケールを大きくします。データセンターのダウンを許容できない場合は、どうでしょう（**図8.7**）。

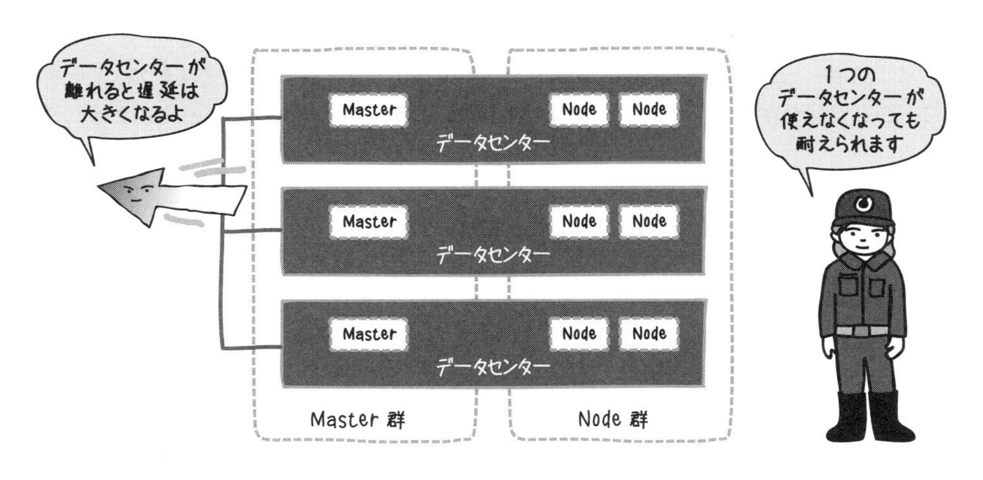

図8.7　データセンター障害に耐える構成

配置は大きく変わりません。これまた3つのデータセンターへ均等に配置します。しかし、大きな検討ポイントが増えました。それはデータセンター間の遅延です。

昨今の一般的なデータセンターネットワークであれば、仮想マシン間の通信は1ミリ秒を切ることが多いでしょう。しかしデータセンターをまたぐなら、そうはいきません。距離や経由するネットワーク装置の数、処理時間に応じて、遅延は大きくなります。

Kubernetesのコントロールプレーンで特に遅延に敏感なのは、常にメンバー間でデータ同期と死活確認を行っているetcdです。遅延が大きくなればデータ同期のスループットは落ち、死活監視のハートビートやリーダー選出がタイムアウトするリスクも増えます。

許容される遅延の目安として、etcdのデフォルト値が参考になります。ハートビートは100ミリ秒、リーダー選出は1000ミリ秒がデフォルトのタイムアウト値です。そしてリーダー選出のタイムアウトは、RTT（Round Trip Time）の10倍が目安とされています。つまり、リーダー選出タイムアウトをデフォルトのままとした場合、メンバー間のRTTを100ミリ秒に収めなければいけません。

しかし、この値はあくまでデフォルトの「タイムアウト」値です。この値で他の指標、たとえばAPIのレスポンスが十分であるかは別問題です。タイムアウト値は変更できますが、トレードオフは意識する必要があります。唯一の解はありませんが、etcdにおけるデータセンター間の遅延目標は10ミリ秒を切るように、できれば2～3ミリ秒以内で、という設計が一般的です。

- **etcdのチューニング**
  https://github.com/coreos/etcd/blob/v3.2.17/Documentation/tuning.md

なお、Nodeに配置されたPod間の通信も、当然ながら遅延の影響を受けます。データセンターのダウンを許容できず分散する場合は、遅延がデータセンター選定の主要な検討ポイントです。

広域災害を意識した配置

最大のBlast Radius、広域災害のケースはどうでしょうか。

前述のとおり、etcdは遅延に敏感です。1つのクラスターを地域にまたがって配置するのであれば、遅延は意識すべきです。たとえばAzureでは、東日本リージョンと西日本リージョンは専用のバックボーンネットワークを使って通信できますが、その遅延は10ミリ秒程度です。目標を2～3ミリ秒とすると、不安な値です。Azureのバックボーンは経由するネットワーク装置が少なく、遅延の支配的要素は光の速さです。光を使う限り、遅延が大幅に改善することは期待できません。

そのため、1つのクラスターを地域にまたがって配置する構成は、Pod間通信を含め選びにくい選択肢です。

では、ほかにどのようなアイデアがあるでしょうか。

地域ごとにクラスターを用意し、災害時にトラフィックを切り替える構成がその1つです(**図8.8**)。

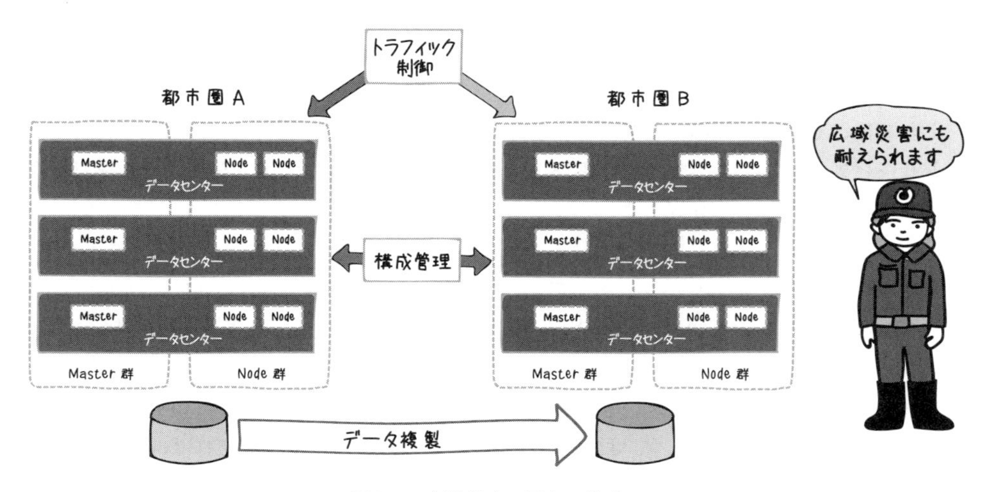

図8.8 広域災害に耐える構成

この構成でのポイントは3つです。

1つ目は「トラフィック制御」です。アプリケーションのクライアントからのトラフィックを、どちらの地域に流すか制御します。代表的な実装例はDNSをベースにした広域負荷分散です。後述するアプリケーションのデータ同期を考えると、まずはシンプルにアクティブ/スタンバイ構成から考えるといいでしょう。

2つ目は「構成管理」です。クラスターを複数管理するのであれば、その構築維持を手作業で行うのは現実的ではありません。インフラを含めたクラスター、Kubernetesオブジェクトの構成をコードで管理し、自動的にデプロイできるしくみが必要です。

3つ目が「アプリケーションのデータ同期」です。構成管理のしくみが確立していれば、クラスターやKubernetesオブジェクト、アプリケーションの再現は難しくありません。しかし、アプリケーションのデータはそうはいきません。何らかの方法で対向リージョンのクラスターへ複製する必要があります。

Kubernetesはアプリケーションのデータに責任を持ちません。そのため、アプリケーションやデータストアがそれを実現しなければなりません。

その手段は多様です。よくある実装パターンは、データストアをKubernetesクラスターに置かず、クラスター外部のものを利用することです。クラウドサービスが提供するマネージドなデータベースサービスが典型例です。サービスとして地域間のデータ複製がサポートされていれば、構築維持の負担を大幅に減らすことができます。

データストアをKubernetesに置かない、という設計ポリシーは、可用性の向上に貢献するほか、保守性の観点でもメリットがあります。あとの章で解説しますが、検討すべき1つの設計オプションとして覚えておいてください。

AKSの実装例

それでは、AKSでの実装例を見ていきましょう。AKSはマスターコンポーネントをマネージドサービスとして提供しています（**図8.9**）。Masterサーバーの仮想マシンは不可視であり、ユーザーにはAPIエンドポイントと、ログなどの管理用インターフェイスが公開されています。

AKSのコントロールプレーンは無償で利用できるため、厳密にはSLAの対象ではありません。なぜならAzureのSLAは「その基準を満たせなければ、返金する」合意だからです。とはいえ目安となる指標はあり、月間99.5%以上の可用性維持を目標に設計されています。シンプルな反面、ユーザーがコントロールできるところは少ないため、まずはこの目標値を受け入れられるかを判断しましょう。より細かなコントロールを求めるのであれば、第7章で紹介したAKS-EngineやKubernetesディストリビューションを選択し、IaaSの上に構築するのも手です。

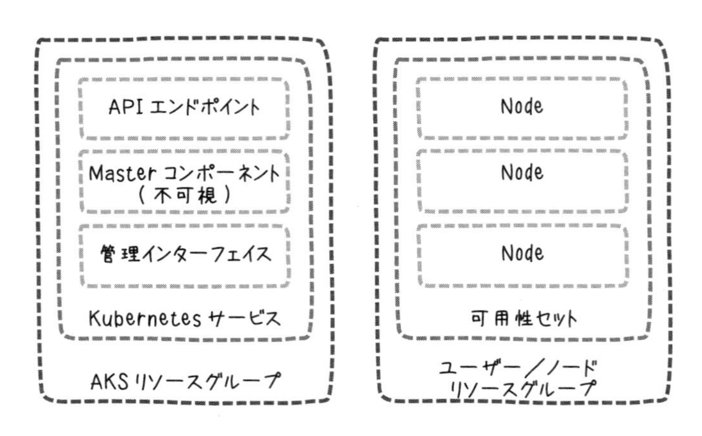

図8.9　AKSリソースグループと構成要素

一方、Nodeを動かすユーザー／ノードリソースグループはユーザーからその内部が見え、さまざまな指定ができます。

Nodeの可用性を検討するうえで、その配置は特に重要なポイントです。AKSはAzureの「可用性セット」というしくみを利用し、Node仮想マシンを配置します【※1】。

※1　可用性セットの特徴に加えて高速なスケールアウト／インを可能にする「仮想マシンスケールセット」への対応も予定されています。

Azureの可用性セットは「同じ役割を持つ仮想マシンを同じ可用性セットに入れておけば、同じラックに配置しない」というルール、スケジューリングのしくみです。つまり、ラック単位の障害が発生しても、同じ役割の仮想マシンが全滅しません。AKSは既定でNode仮想マシンを可用性セットに入れます。

なお、1つのAKSのマスター、つまりKubernetesサービスは地域（リージョン）をまたげません。リージョン単位の災害に対応するには、他のサービスやしくみを組み合わせて対応します。実装例を見てみましょう（**図8.10**）。

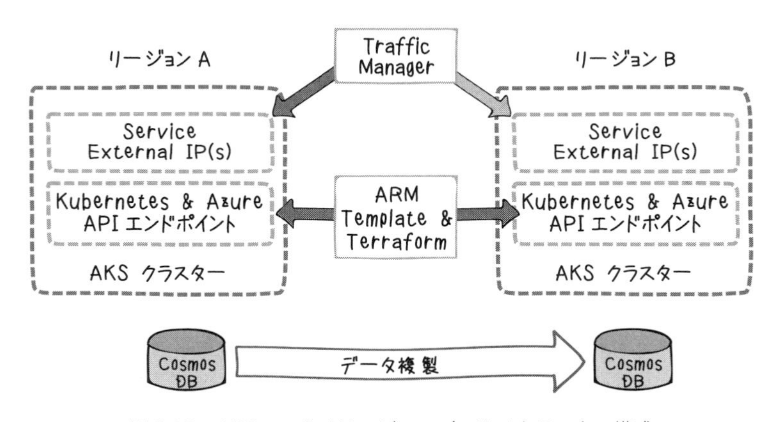

図8.10 AKSのマルチリージョン／マルチクラスター構成

この例ではクラスターへのトラフィック制御機能としてAzure Traffic Managerを、マルチリージョンで複製可能なデータストアとしてCosmos DBを使います。

Traffic ManagerはDNSのしくみを活用したトラフィック制御サービスです。クライアントへ公開するDNS名と、実際にトラフィックを受け取るエンドポイントを組み合わせます。

サービスを利用するクライアントは、公開されたDNS名でTraffic Managerへ名前解決の問い合わせをします。それを受けたTraffic Managerは、あらかじめ指定されたルーティング方法に基づき、エンドポイントのDNS名やIPアドレスを返します。エンドポイントを重みづけする、クライアントの地域を考慮するなどいくつかの選択肢がありますが、シンプルにアクティブ／スタンバイを実現するには、「優先順位」ルーティングを使います。

優先順位が高いエンドポイントが動いている場合は、常にそのエンドポイントが使われます。アクティブなクラスターの優先順位を高くするよう指定し、アクティブなクラスターへトラフィックを寄せるわけです。この仕掛けはサービス継続だけでなく、メンテナンスやアップグレードにも使えます。参照 第10章 「10.3 Kubernetesコンポーネントのアップデート」p.283

Cosmos DBは、マルチリージョンで複製可能なデータストアです。SQLやMongoDB、Cassandra APIなど複数のAPI、クエリー形式に対応します。リージョン災害時には、複製していたリージョンへフェイルオーバーできます。Cosmos DBのようなデータストアをKubernetesの外に持つことで、Kubernetesクラスターに依存しないデータストア環境を実現できます。

トラフィック制御やデータストアもKubernetesクラスターの中で実現したい、もしくはKubernetesの機能として持つべき、という意見はあります。しかし、Kubernetesの外のしくみと組み合わせることで、Kubernetesの「ソフトウェア的なBlast Radius」から分離することができます。検討する価値はあるでしょう。

なお一方で、考慮すべき点もあります。Kubernetesの外のしくみを使うのであれば、別途これらを構築維持しなければいけません。

AKSクラスターはポータルからGUIで作成できるだけでなく、CLIやテンプレート（Azure Resource Manager：通称"ARM" Template）を利用して構築できます。また、Terraformなどサードパーティーやオープンソースの構成管理ツールを使うこともできます。そしてこれらのツールは、AKSだけでなくTraffic ManagerやCosmos DBにも対応しています。

先に説明したとおり、複数のクラスターを構築維持するのに、手作業は現実的ではありません。これらのツールを活用すれば、その負担を大幅に軽減できます。

Terraformのようなマルチクラウド、レイヤーの異なる技術をカバーできるツールを使えば、より負担を減らせます。たとえば、TerraformはKubernetesオブジェクトに対応しているため、KubernetesのServiceを作成し、そのIPアドレスをTraffic Managerのエンドポイントに追加する、という流れを、1つのツールで実現できます。ほかにも、Cosmos DB作成時に生成される接続文字列をKubernetesのシークレット（Secret）に登録することも可能です。

このように、Kubernetesの外にあるサービスを組み合わせたいシチュエーションは多いでしょう。その際に設定やSecretのやり取りを手作業で行いたくはありません。何らかの「つなぐ」しくみは欲しいところです。Terraformを使って、Kubernetesの外側で実現するのは、1つの解決策です。

Kubernetesコミュニティ自身もこの課題に取り組んでいます。実はこの課題は、Kubernetesに限らず、Cloud Foundryなど他の基盤にもありました。そこで、Open Service Broker APIというプロジェクトが、その標準化を進めています。Kubernetesにおいてはまだ初期段階ですが、長い目で見て検討する価値はあります。短期的にはTerraformなどすでに実用段階にあるツールを使いつつ、将来に向けて評価してみてはいかがでしょうか。

- **Open Service Broker API**
  https://www.openservicebrokerapi.org/

なお、実装例で挙げたマルチクラスター環境を構築するTerraformサンプルコードをGitHubへ公開しています。

https://github.com/ToruMakabe/Understanding-K8s/tree/master/chap08

サンプルアプリケーションも添えましたので、環境構築だけでなくクラスター間のデータ同期やアクティブクラスターの切り替えも試せます。簡単に、マルチリージョンで実用的なKubernetesクラスターが構築できることを実感できるはずです。手順はREADMEをご確認ください。

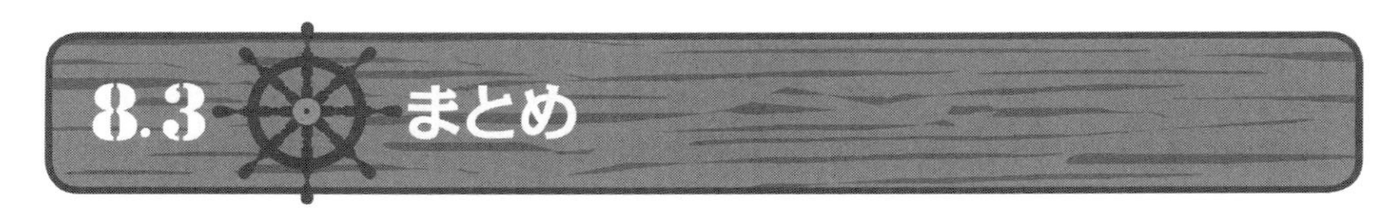

8.3 まとめ

本章では、インフラストラクチャを含めたKubernetesクラスターの可用性について説明しました。

- Kubernetesのコンポーネントは複数動かすことができ、複数のサーバーへの分散で可用性を向上できる
- API Serverとetcdはすべてアクティブにできる
- Controller ManagerとSchedulerのアクティブ数は1
- Blast Radiusを意識する
- Kubernetesだけにこだわらず、他のしくみも組み合わせる

一部の故障が全体に影響しない、堅牢な環境を目指しましょう。

NOTE Infrastructure as Codeとドキュメント

「実践編」では各章の解説内容を体験できるよう、Kubernetesクラスターや関連機能を作成するTerraform HCL、Bashスクリプトを公開しています。インフラをコードで表現、作成する、つまりInfrastructure as Codeです。

各章でそれぞれのリンクを紹介していますが、本書リポジトリのトップページには、実践編全体の設計方針を説明を書きました。

https://github.com/ToruMakabe/Understanding-K8s

「Infrastructure as Codeの世界ではコードがあれば十分。ドキュメントは不要」という意見があります。ですが、わたしはそうは思いません。もちろん作業手順を一つ一つ説明した「手順書」は減らせると思います。ですが、そのコードをどのような方針で設計したかは、ドキュメントで管理することをおすすめします。なぜならコードは「何をするか、どうするか」を書くものであり、「なぜこうしたか、その背景や制約、条件」を表現しづらいからです。また、ドキュメントではディレクトリ構成など全体構造も説明できます。

背景や全体構造を知った上でコードを読むのとそうでないのとでは、理解しやすさに雲泥の差があります。あとから読むチームメンバーはもちろん、自分の役にも立つはずです。ちなみにわたしは、書いたコードの背景情報を半年後まで覚えていられる自信がありません。

設計方針はドキュメント化し、コードと同じリポジトリで管理しましょう。履歴管理と更新時にコメントをサボらない意識付けも、忘れずに。明快なコメント付きの更新履歴は、良いドキュメントと同様の価値があります。

第3部
実践編

CHAPTER

09

拡張性（Scalability）

第8章では、可用性向上を目的とした複数サーバー構成を解説しました。複数サーバー構成は、可用性以外にも効果があります。それは拡張性です。性能が不足した場合に、リソースを追加することで性能を拡張できます。

Kubernetesの性能拡張パターンは基本編で概要を学びましたが、この章ではより詳細に、インフラストラクチャーとの連動にも触れながら説明します。

※この章で解説する環境を構築するコード、サンプルアプリケーションはGitHub（https://github.com/ToruMakabe/Understanding-K8s/tree/master/chap09）で公開しています

9.1 Kubernetes Nodeの水平自動スケール

基本編では、KubernetesとAKSを組み合わせた場合の拡張性を**表9.1**のように整理しました。

表9.1 AKSの拡張手段

	提供者	水平スケール	垂直スケール
Pod	Kubernetesの機能	Horizontal Pod Autoscaler (HPA)	Vertical Pod Autoscaler（VPA／ただし執筆時点ではアルファ機能）
Node	Azureの機能	az aks scaleコマンド	−

実は基本編で触れなかった機能があります。それは性能が不足した際にNodeを自動的に増やし、負荷が落ち着いたら減らす、Nodeの水平自動スケール機能です。Kubernetesのアドオンとして開発されており、**Cluster Autoscaler**と呼ばれます。

- **Kubernetes Cluster Autoscaler**
  https://github.com/kubernetes/autoscaler/tree/master/cluster-autoscaler

Cluster Autoscaler

Cluster Autoscalerは、大きく2つの機能を持ちます。

- Podに割り当て可能な空きリソースがどのNodeにもない場合、Nodeを追加する
- 拡張したクラスターのリソース利用率が下がったら、Nodeを減らす

おそらく、次の2点が気になるのではないでしょうか。

- Nodeを増やす判断基準は何か
- どうやって動的にNodeを増やすか

Nodeを増やす基準はシンプルに、「PendingのPodがあるか」です。

基本編で解説したとおり、Pod作成時には欲しいリソース量をResource Requestsで指定します。そして、指定しただけの空きリソースがNodeになければ、そのPodのステータスはPendingになります。参照 第5章 「5.3　Podを効率よく動かそう」p.109

Cluster Autoscalerは、定期的にPending状態のPodがないかチェックします（**図9.1**）。デフォルト値は10秒です。そしてNodeを増やすべきと判断すれば、新たにNodeを作成します。作成依頼はインフラストラクチャーの管理インターフェイス、AzureであればAzureのAPIに対して行います。

Nodeの作成は、インフラストラクチャー側で行われます。Nodeがクラスターに参加し、状態がReadyになれば、SchedulerはPending状態のPodをそこに割り当てることができます。

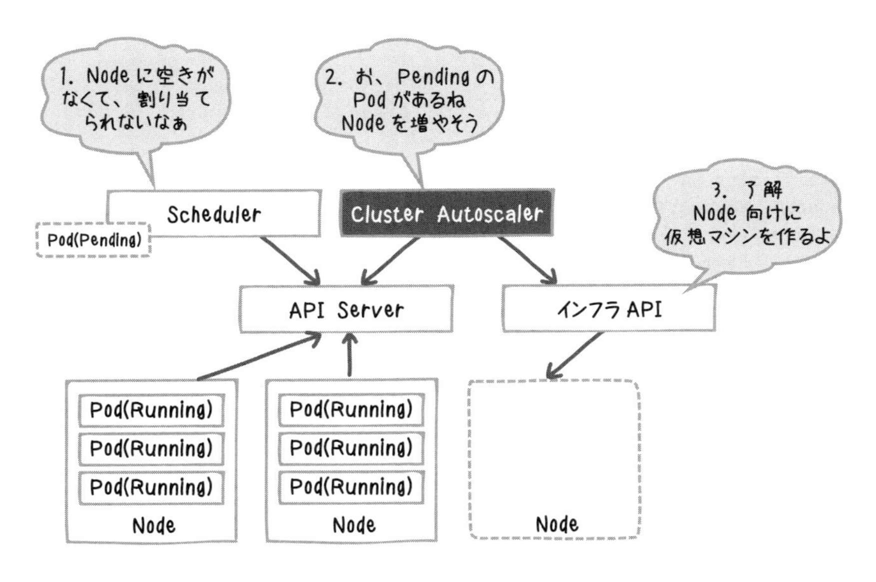

図9.1　Cluster Autoscalerの位置づけ

なお、Cluster Autoscalerは、実際のリソース利用量を加味しません。あくまでPending状態のPodの有無が判断基準です。Pending状態のPodがなくなるよう、Node追加を試みます。

9.2 AKSにおけるCluster Autoscaler

では実際に、AKSで動きを見ていきましょう。

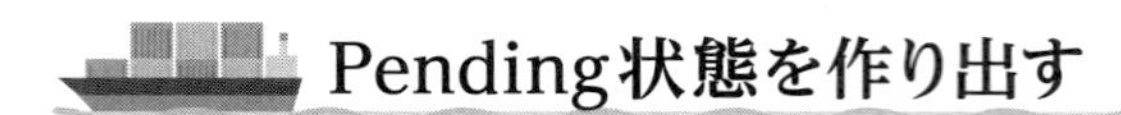

Pending状態を作り出す

まずはAutoscalerを導入していない状態で、空きリソースを確認します。わかりやすく1Nodeクラスターにしました。

```
$ kubectl describe nodes
Name:                 aks-default-65239529-0
～中略～
Allocatable:
 cpu:                  1940m
～中略～
Allocated resources:
  (Total limits may be over 100 percent, i.e., overcommitted.)
  Resource  Requests    Limits
  --------  --------    ------
  cpu       550m (28%)  230m (11%)
  memory    520Mi (8%)  970Mi (15%)
Events:     <none>
```

割り当て可能なCPUが1940mあり、すでに動いているPodが合計で550mほどリクエストしています。残りは1390mです。なお、1CPU（＝1000m）は、Azure vCoreを意味します。参照 第5章 「NodeのCPU／メモリのリソースを確認する」p.110

では、このNodeには収まらない数のPodを作成します（**リスト9.1**）。1000m CPUをリクエストしたNginx Podのレプリカを2つ作ります。1つはPendingになるはずです。

```
$ kubectl apply -f nginx.yaml
deployment.apps/nginx created
```

リスト9.1　chap09/nginx.yaml

```
apiVersion: apps/v1
kind: Deployment
metadata:
  name: nginx
  labels:
    app: nginx
spec:
  replicas: 2
  selector:
    matchLabels:
      app: nginx
  template:
    metadata:
      labels:
        app: nginx
    spec:
      containers:
      - name: nginx
        image: nginx
        resources:
          requests:
            cpu: 1000m
```

Podのステータスを確認します。

```
$ kubectl get po
NAME                     READY     STATUS    RESTARTS   AGE
nginx-699846cd79-9qsff   1/1       Running   0          20s
nginx-699846cd79-z2gkg   0/1       Pending   0          20s
```

期待通り、1つのPodがPending状態です。describeして理由を確認してみましょう。

```
$ kubectl describe po nginx-699846cd79-z2gkg
Name:           nginx-699846cd79-z2gkg
～中略～
Status:         Pending
～中略～
Events:
  Type     Reason            Age                From               Message
  ----     ------            ----               ----               -------
  Warning  FailedScheduling  23s (x8 over 1m)  default-scheduler  0/1 nodes are
➡available: 1 Insufficient cpu.
```

CPUリソースが不十分で、スケジューリングに失敗していることがわかります。

Cluster Autoscalerの導入

では、Cluster Autoscalerを導入しましょう【※1】。cluster-autoscaler.yamlというマニフェストを作りました。あわせて、このマニフェストで他の必要なKubernetesオブジェクトも作っています。マニフェストのポイントは、あとで解説します。マニフェスト全体を読みたい場合は、GitHub（https://github.com/ToruMakabe/Understanding-K8s/tree/master/chap09）をご覧ください。

```
$ kubectl apply -f cluster-autoscaler.yaml
serviceaccount/cluster-autoscaler created
clusterrole.rbac.authorization.k8s.io/cluster-autoscaler created
role.rbac.authorization.k8s.io/cluster-autoscaler created
clusterrolebinding.rbac.authorization.k8s.io/cluster-autoscaler created
rolebinding.rbac.authorization.k8s.io/cluster-autoscaler created
deployment.extensions/cluster-autoscaler created
```

Pod cluster-autoscalerが動いているか、確認します。Namespaceは、kube-systemです。

```
$ kubectl get po -n kube-system|grep cluster-autoscaler
cluster-autoscaler-6bb66c7cc4-wrq22      1/1       Running   0          40s
```

動いていますね。準備は整いました。Cluster Autoscalerが、いますでにあるPending状態のPodの存在を検知すれば、Nodeが追加されるはずです。

Nodeスケールアウト

しばらく待ち、PendingになっていたNginx Podの状態を確認します。

```
$ kubectl get po
NAME                     READY     STATUS    RESTARTS   AGE
nginx-699846cd79-9qsff   1/1       Running   0          51m
nginx-699846cd79-z2gkg   1/1       Running   0          51m
```

Pending状態が解消し、Podが動いています。ということは、リクエストに応えられるNodeが増えたのでしょうか。

※1　Cluster Autoscalerは将来、AKSの標準機能として提供される可能性があります。その場合、この手順は必要ありません。提供状況は以下の公式ドキュメントをご確認ください。
https://docs.microsoft.com/ja-jp/azure/aks/

```
$ kubectl get nodes
NAME                        STATUS    ROLES     AGE       VERSION
aks-default-65239529-0   Ready     agent     4h        v1.11.4
aks-default-65239529-1   Ready     agent     42m       v1.11.4
```

想定通り、Nodeが増えています。Cluster AutoscalerがNodeを追加したことがわかります。

Node数の上限、下限設定

では、Cluster AutoscalerはPendingなPodがあれば際限なくNodeを追加してしまうのでしょうか。リクエストの増加にはできる限り応えたいですが、コントロールできないと費用が不安ですよね。ご心配なく。上限を設定できます。Cluster Autoscalerを作ったマニフェストファイルの抜粋を**リスト9.2**に示します。

リスト9.2　chap09/cluster-autoscaler.yaml

```
apiVersion: extensions/v1beta1
kind: Deployment
metadata:
  labels:
    app: cluster-autoscaler
  name: cluster-autoscaler
  namespace: kube-system
spec:
～中略～
        command:
        - ./cluster-autoscaler
        - --v=3
        - --logtostderr=true
        - --cloud-provider=azure
        - --skip-nodes-with-local-storage=false
        - --nodes=1:5:default     # ここでNode数の最小：最大を設定
～以下略～
```

このように、Node数の下限と上限を定義できます。この定義では最大が5Nodeです。では試しに、先ほど作成したNginxのDeploymentを、この定義ではあふれてしまうほどのレプリカ数に増やしてみましょう。思いきって16レプリカにします。

```
$ kubectl scale deployment nginx --replicas=16
deployment.extensions/nginx scaled

$ kubectl get po
NAME                     READY     STATUS    RESTARTS   AGE
nginx-699846cd79-2vcwn   0/1       Pending   0          1m
nginx-699846cd79-54nrr   0/1       Pending   0          1m
nginx-699846cd79-6tkxg   0/1       Pending   0          1m
nginx-699846cd79-77vzq   0/1       Pending   0          1m
nginx-699846cd79-9qsff   1/1       Running   0          1h
nginx-699846cd79-c7gsn   0/1       Pending   0          1m
nginx-699846cd79-ggkxt   0/1       Pending   0          1m
nginx-699846cd79-htr5t   0/1       Pending   0          1m
nginx-699846cd79-jchcm   0/1       Pending   0          1m
nginx-699846cd79-k59gd   0/1       Pending   0          1m
nginx-699846cd79-mndwk   0/1       Pending   0          1m
nginx-699846cd79-ps5bn   0/1       Pending   0          1m
nginx-699846cd79-rq9mg   0/1       Pending   0          1m
nginx-699846cd79-t5872   0/1       Pending   0          1m
nginx-699846cd79-tf2kv   0/1       Pending   0          1m
nginx-699846cd79-z2gkg   1/1       Running   0          1h
```

Pending状態のPodが大量にできました。では、Cluster Autoscalerはこの状態をどのようにとらえているのでしょうか。Cluster Autoscalerのログを見てみます。

```
$ kubectl logs -n kube-system cluster-autoscaler-6bb66c7cc4-wrq22
～中略～
I0822 03:30:13.554560       1 scale_up.go:59] Pod default/nginx-699846cd79-
➡htr5t is unschedulable
I0822 03:30:13.554568       1 scale_up.go:59] Pod default/nginx-699846cd79-
➡k59gd is unschedulable
I0822 03:30:13.554580       1 scale_up.go:59] Pod default/nginx-699846cd79-
➡rq9mg is unschedulable
I0822 03:30:13.554585       1 scale_up.go:59] Pod default/nginx-699846cd79-
➡6tkxg is unschedulable
➡I0822 03:30:13.554589       1 scale_up.go:59] Pod default/nginx-699846cd79-
➡ggkxt is unschedulable
```

scale_up.goがログを出力しています。スケジュールできないPodがあることを検知しているようです。

では、少し時間をおいてから、Nodeの状態を確認します。

```
$ kubectl get nodes
NAME                       STATUS    ROLES     AGE       VERSION
aks-default-65239529-0   Ready     agent     4h        v1.11.4
aks-default-65239529-1   Ready     agent     1h        v1.11.4
aks-default-65239529-2   Ready     agent     4m        v1.11.4
aks-default-65239529-3   Ready     agent     4m        v1.11.4
aks-default-65239529-4   Ready     agent     4m        v1.11.4
```

定義した上限の5Nodeまで増えています。Podの状態はどうでしょうか。

```
$ kubectl get po
NAME                     READY     STATUS    RESTARTS   AGE
nginx-699846cd79-2vcwn   0/1       Pending   0          10m
nginx-699846cd79-54nrr   0/1       Pending   0          10m
nginx-699846cd79-6tkxg   0/1       Pending   0          10m
nginx-699846cd79-77vzq   0/1       Pending   0          10m
nginx-699846cd79-9qsff   1/1       Running   0          1h
nginx-699846cd79-c7gsn   0/1       Pending   0          10m
nginx-699846cd79-ggkxt   1/1       Running   0          10m
nginx-699846cd79-htr5t   1/1       Running   0          10m
nginx-699846cd79-jchcm   1/1       Running   0          10m
nginx-699846cd79-k59gd   0/1       Pending   0          10m
nginx-699846cd79-mndwk   0/1       Pending   0          10m
nginx-699846cd79-ps5bn   0/1       Pending   0          10m
nginx-699846cd79-rq9mg   0/1       Pending   0          10m
nginx-699846cd79-t5872   0/1       Pending   0          10m
nginx-699846cd79-tf2kv   0/1       Pending   0          10m
nginx-699846cd79-z2gkg   1/1       Running   0          1h
```

まだPendingのPodが多く残っています。つまり、設定した上限を超えるNodeは追加しないことがわかります。

Nodeスケールイン

では逆に、Podの数を減らしてみます。あわせてNodeの数は減るでしょうか。

```
$ kubectl scale deployment nginx --replicas=1
deployment.extensions/nginx scaled

$ kubectl get po
NAME                     READY     STATUS    RESTARTS   AGE
nginx-699846cd79-9qsff   1/1       Running   0          1h
```

Podの数は減りました。では、Cluster Autoscalerがこの状態をどう認識／判断しているかを確認します。ログを見てみましょう。

```
$ kubectl logs -n kube-system cluster-autoscaler-6bb66c7cc4-wrq22
〜中略〜
I0822 03:44:14.563830       1 scale_down.go:387] aks-default-65239529-1 was
➡unneeded for 1m3.819248643s
I0822 03:44:14.563853       1 scale_down.go:387] aks-default-65239529-4 was
➡unneeded for 1m14.863713455s
I0822 03:44:14.563861       1 scale_down.go:387] aks-default-65239529-3 was
➡unneeded for 1m3.819248643s
I0822 03:44:14.563867       1 scale_down.go:387] aks-default-65239529-2 was
➡unneeded for 1m3.819248643s
```

scale_down.goがログを書いています。4つのNodeがすでに不要である、と判断しているようです。

Cluster Autoscalerは、動いているPodのRequests（CPU、メモリ）合計が50%を下回るNodeを削除の候補とします。そして、そのNodeで動いているPodがあれば、他Nodeで再作成できるかを判断します。いくつかルールがあるので、詳細はコミュニティのドキュメントを参照してください。

- **Frequently Asked Questions**
  https://github.com/kubernetes/autoscaler/blob/master/cluster-autoscaler/FAQ.md

Cluster AutoscalerはNodeを不要と判断してから、削除操作までデフォルトで10分待機します。また、直近10分以内にNode追加があった場合にも待機します。そして、削除は1Nodeずつ実行されます。

Nodeを削除する際、そこで動いているPodは他Nodeで再作成しなければなりません。Nodeの数が短時間で大幅に減ると、Schedulerは難しいやりくりを強いられます。増やすときより減らすときのほうが考慮点は多く、Nodeの削除は余裕を持って実行すべきです。焦らず待ちましょう。

このように、Nodeを削除する前には、さまざまなしくみやルールを使って停止を行います。そして、これはメンテナンス作業にも関わる話題です。詳細は第10章で説明します。

ということで、少々待ったのち、Cluster Autoscalerのログを確認します。

```
$ kubectl logs -n kube-system cluster-autoscaler-6bb66c7cc4-wrq22
〜中略〜
I0822 04:38:47.052716       1 utils.go:413] Skipping aks-default-65239529-0 -
➡node group min size reached

$ kubectl get nodes
NAME                      STATUS    ROLES     AGE       VERSION
aks-default-65239529-0   Ready     agent     5h        v1.11.4
```

定義したNodeの最小数まで、スケールインしています。

インフラストラクチャー操作権限、シークレットの管理

Cluster Autoscalerは現在、Cloud Controller Manager経由ではなく、直接インフラストラクチャーのAPIを呼び出しています。

たとえば、AKSとCluster Autoscalerを組み合わせた場合、Cluster Autoscalerが増減すべきNode数を判断し、AzureのAPIを呼び出します。ということは、Cluster AutoscalerにはAzureのリソースを操作する権限が必要です。

実はCluster Autoscalerの作成前に、権限情報をKubernetesのシークレット（Secret）化していました（**リスト9.3**）。

リスト9.3　chap09/secret.yaml

```
apiVersion: v1
kind: Secret
metadata:
  name: cluster-autoscaler-azure
  namespace: kube-system
data:
  ClientID: "${B64_CLIENT_ID}"  # base64エンコードしたシークレット（以下同様）
  ClientSecret: "${B64_CLIENT_SECRET}"
  ResourceGroup: "${B64_RESOURCE_GROUP}"
  SubscriptionID: "${B64_SUBSCRIPTION_ID}"
  TenantID: "${B64_TENANT_ID}"
  VMType: QUtTCg==
  ClusterName: "${B64_CLUSTER_NAME}"
  NodeResourceGroup: "${B64_NODE_RESOURCE_GROUP}"
```

このSecretを、Cluster Autoscalerを作るマニフェストファイルで指定しています（**リスト9.4**）。これにより、Cluster AutoscalerはSecretを環境変数として参照できます。

リスト9.4 chap09/cluster-autoscaler.yaml

```
apiVersion: extensions/v1beta1
kind: Deployment
metadata:
  labels:
    app: cluster-autoscaler
  name: cluster-autoscaler
  namespace: kube-system
spec:
～中略～
        env:     # コンテナーに渡す環境変数を設定
        - name: ARM_SUBSCRIPTION_ID
          valueFrom:
            secretKeyRef:     # Secretを指定
              key: SubscriptionID     # Secretのキーを指定
              name: cluster-autoscaler-azure     # Secretの名前を指定
～以下略～
```

インフラストラクチャーのリソースを操作する権限とシークレットの管理は、運用の大切なポイントです。将来的にAzure Managed Identityなど、より楽で安全な方法が追加される予定もあります。意識しておきましょう。

9.3 その他の自動スケール

HPAとCluster Autoscalerの連動

基本編でPodの水平自動スケール（HPA）を、そしてこの章ではNodeの水平自動スケールを説明しました。では、この2つはどのような関係にあるのでしょう。

結論から書くと、HPAとCluster Autoscalerは共存できます（**図9.2**）。

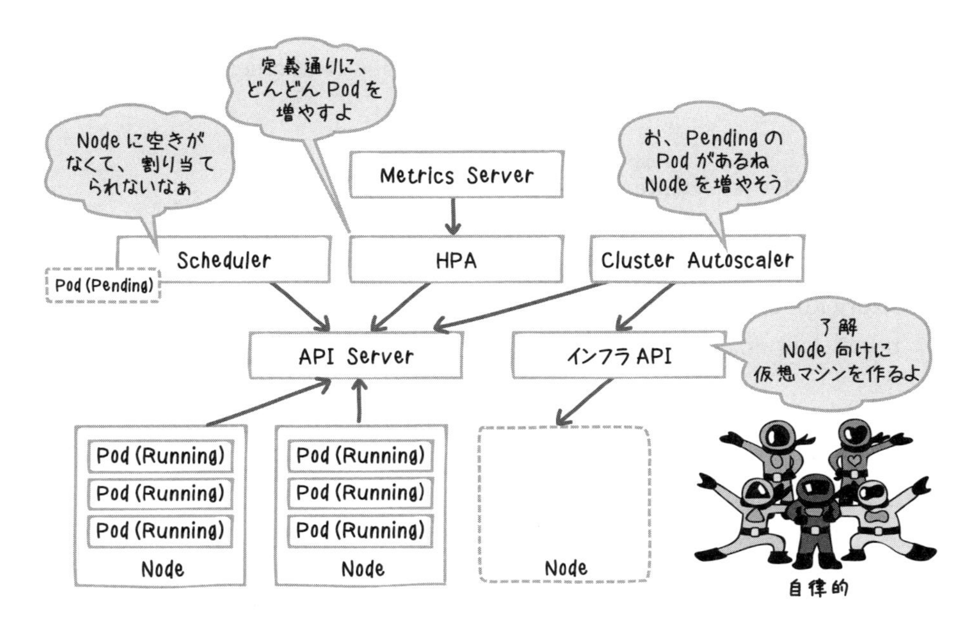

図9.2　HPAとCluster Autoscalerの共存

とはいえ、HPAとCluster Autoscalerの関係は疎です。HPAはMetrics Serverのメトリックを確認し、定義に応じてPodを増減すること、つまり自分の仕事に集中します。

そしてその結果、Pending状態のPodが生まれたら、Cluster Autoscalerが検知し、Nodeを増やします。わかりやすいですね。

Kubernetes外部のメトリックを使った自動スケール

ここまで説明した自動スケールは、メトリックとしてKubernetesが測定できるリソースを使っています。たとえばCPUです。しかし、Kubernetes外部のリソースをメトリックとして使いたいケースもあるでしょう。

メッセージキューはその代表例です。メッセージキューにたまったメッセージ数で処理リソースを増減するやり方は、クラウドでよくあるパターンです。可用性と拡張性の高いメッセージキューを構築維持するのは大変なので、Kubernetes上に作るのではなく、クラウドサービスが提供するマネージドサービスを使いたいケースも多いでしょう。

CPUやメモリなどリソース量で間接的に判断するのではなく、メッセージキューにたまったメッセージ数をメトリックにすることで、こなすべき仕事量の視点で「処理できているか」を知ることができます。また、アプリケーションが意図的にしきい値を超えるようにメッセージを書き込むことで、直接的にスケールアウトの指示が可能です。

そのニーズに応える取り組みを1つ紹介します。Custom Metrics Adapter Server Boilerplateプロジェクトをもとに開発されている、Azure Kubernetes Metrics Adapterです。

- **Custom Metrics Adapter Server Boilerplate**
  https://github.com/kubernetes-incubator/custom-metrics-apiserver

- **Azure Kubernetes Metrics Adapter**
  https://github.com/azure/azure-k8s-metrics-adapter

Azure Service Bus QueueやEvent HubsなどAzureのリソース情報をメトリックとして取り込み、HPAがPodを増減する判断材料にできます（**図9.3**）。

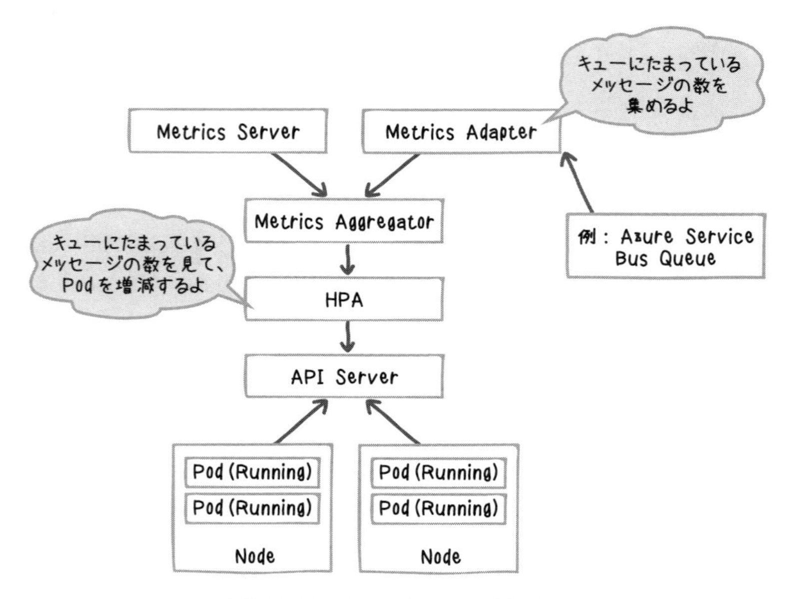

図9.3 Metrics Adapterの位置づけ

プロジェクトのフェーズはアルファですが、注目の取り組みです。

NOTE 自動スケールのダークサイド

自動スケールはKubernetesらしい機能です。Kubernetesを選ぶ理由になることも多いでしょう。しかし、いいことばかりではありません。懸念もあります。

まずは「Nodeのスケール時間」です。Nodeが足りない場合、Node追加と構成には仮想マシン作成とKubernetesのセットアップが必要なので、それなりに時間がかかります。スケールがトラフィックの増加に追い付かない可能性もあります。処理量が増えることが事前にわかっているなら、まずは手動で増やしておいたほうが安心です。

続いて、「アーキテクチャー」です。PodやNodeをスケールアウトすれば、リソースは増えます。しかし、それでアプリケーションのレスポンスやスループットが上がるかは別問題です。ボトルネックはさまざまなところに現れます。基盤が自動スケールできることで安心してしまい、アーキテクチャー検討や性能検証がおろそかになるケースが散見されます。

そして最後は「お金と判断の話」です。多くの企業は予算をもとにビジネスをしています。人の判断なしにスケールしリソースを購入する仕掛けを、受け入れられない組織もあります。クラウドを使いこなす技術者は自動スケールを当たり前と考えてしまいがちですが、その手が使えないケースも考えておくべきでしょう。

自動スケールは便利な機能ですが、万能ではありません。従来行っていたような、ビジネス担当者との需要予測、キャパシティプランニング、ボトルネックを考慮したアーキテクチャー検討が、必要なくなったわけではないのです。

9.4 まとめ

本章では、拡張性について、特に自動スケールのしくみを説明しました。

- Nodeの水平自動スケールはCluster Autoscalerで実現できる
- Node追加の要否はPending状態のPodがあるかで判断される
- Nodeを増やすときよりも減らすときに考慮することが多い
- Podの水平自動スケール（HPA）とCluster Autoscalerは共存可能
- HPAにはQueueなどKubernetes外部のメトリックを使うこともできる

自動スケール機能をうまく使いこなし、リソース要求の変動を賢く楽に吸収しましょう。

NOTE GitHubで「ちょっと先のKubernetes」を知る

この章ではKubernetesの拡張性を高める実装例として、Cluster Autoscalerを取り上げました。ですが実は「書きにくいなぁ」と思っていたことを告白します。というのもCluster Autoscalerは活発に開発されている機能の1つで、今日確認したことが明日変わっている、という可能性があるからです。さらに正直に言うと、わたしは変わることを知りながら書いています。変化する部分は、できる限りサンプルコードで吸収します。

2018年末現在、Cluster Autoscalerに限らず、Kubernetes全体で機能追加や改善が活発です。いまできていないことが、次のマイナーバージョンアップで実現されるかもしれません。また、不具合がパッチバージョンアップで解消するかもしれません。開発状況を把握し「いまあわてて手を打ったり、あきらめなくても、ちょっと待てば解決しそう」という判断ができると、うれしくありませんか。

ではどうやって確認すればいいのでしょうか。答えはシンプルです。GitHubを検索しましょう。GitHubを見れば、開発中のソースコードだけでなく、IssueやPull Requestで要望の背景、状況を見ることができます。どのようなニーズが背景にあるのか、うまく進んでいるのか、阻害要因はないか、いつ頃実現しそうかなども把握できます。そして何より、一次情報です。

- **Kubernetes**
  https://github.com/kubernetes

商用製品やサービスを使っているなら、機能追加タイミングや改善の目処はベンダーに聞く、という手もあります。ただし、それで返ってくるのは「よくわからない」「約束できないが、参考までに」という回答かもしれません。ベンダー特有部分はさておき、Kubernetesの開発やリリースの主導権はコミュニティにあるため、ある意味誠実な回答です。ですが、判断の助けにするには頼りないですよね。

せっかくオープンな場で議論、開発されているKubernetesです。必要なタイミングで、主体的に判断できるよう、検索のコツをつかんでおきましょう。

第3部
実践編

CHAPTER

10

保守性（Manageability）

突然の故障やリソース不足に備え、可用性や拡張性は設計時点で確保しておきたいものです。運よくそれらのイベントが起こらないこともありますが、備えあれば患いなしです。しかし運によらず、Kubernetesを運用すると必ず起こるイベントがあります。それはバージョンアップです。

この章では、運用保守タスクの中でも特に負担が大きく、利用前にその戦略を立てておきたい、バージョンアップにフォーカスします。作業のみならず、バージョンアップを前提としたアーキテクチャーも考えてみましょう。

※この章で解説する環境を構築するコード、サンプルアプリケーションはGitHub（https://github.com/ToruMakabe/Understanding-K8s/tree/master/chap10）で公開しています

10.1 Kubernetesの運用で必要なアップデート、アップグレード作業

Kubernetesクラスターの運用では、大きく2つのバージョンアップが必要です。1つはKubernetesコンポーネントのバージョンアップ、もう1つはKubernetesを動かすサーバーのバージョンアップです。アップグレードによる機能の拡充は、内容によって要／不要の判断が分かれるでしょう。しかしセキュリティの観点では、アップデートは無視できません。追従する戦略を検討すべきです。

Kubernetesは、活発に開発が進められているプロジェクトです。頻繁にバージョンアップされます。そのバージョン構造は次のように読みます。

[メジャー] . [マイナー] . [パッチ]

Kubernetesはセマンティックバージョニングに従っており、それぞれ次のように定義されています。

- **メジャー**　API互換性がなくなるとき上げる
- **マイナー**　API互換性があるが、機能を追加したとき上げる
- **パッチ**　バグや不具合を修正したとき上げる

執筆時点の最新バージョンは1.12.3、AKS提供の最新は1.11.4です。メジャーバージョンは1から上がったことがなく、API互換性が維持されています。一方で機能追加が行われる

マイナーバージョンのリリースサイクルは短く、おおよそ3か月間隔でリリースされています。

- v1.11　➡2018/6/26
- v1.10　➡2018/3/21
- v1.9　➡2017/12/13
- v1.8　➡2017/9/27

また、パッチバージョンのリリースもこまめに行われています。v1.10を例に見てみましょう。

- v1.10.6　➡2018/7/26
- v1.10.5　➡2018/6/21
- v1.10.4　➡2018/6/6
- v1.10.3　➡2018/5/21
- v1.10.2　➡2018/4/27
- v1.10.1　➡2018/4/13
- v1.10.0　➡2018/3/27

月に1、2回リリースされています。すべてを適用するかはさておき、戦略なしには運用できない頻度ではないでしょうか。

10.2 サーバーのアップデート

Kubernetesコンポーネントのアップデートを解説する前に、まずサーバーのアップデートを押さえておきましょう。ここで言うサーバーのアップデートとは、OSや導入しているパッケージのアップデートを指します。Kubernetesだけに気をとられていると見落としがちですが、脆弱性を放置しないよう、考慮が必要です。

OSのアップデートは、OSやディストリビューションによって方法が異なります。ここでは、AKSのNodeとして現在採用されているUbuntu 16.04を例に説明します。他のOS／ディストリビューションについては、類似の機能に読み替えてください。

Ubuntu 16.04は、unattended-upgradesパッケージを使うことで、アップデートを自動化できます。

AKSクラスターを作成すると、Nodeを構成する仮想マシンへunattended-upgradesパッケージが導入されます。その設定は/etc/apt/apt.conf.d/50unattended-upgradesにあります（**リスト10.1**）。

リスト10.1 /etc/apt/apt.conf.d/50unattended-upgrades

```
// Automatically upgrade packages from these (origin:archive) pairs
Unattended-Upgrade::Allowed-Origins {
        "${distro_id}:${distro_codename}";
        "${distro_id}:${distro_codename}-security";
        // Extended Security Maintenance; doesn't necessarily exist for
        // every release and this system may not have it installed, but if
        // available, the policy for updates is such that unattended-upgrades
        // should also install from here by default.
        "${distro_id}ESM:${distro_codename}";
//      "${distro_id}:${distro_codename}-updates";
//      "${distro_id}:${distro_codename}-proposed";
//      "${distro_id}:${distro_codename}-backports";
};
～中略～
// Automatically reboot *WITHOUT CONFIRMATION*
//  if the file /var/run/reboot-required is found after the upgrade
//Unattended-Upgrade::Automatic-Reboot "false";
～以下略～
```

セキュリティに関わる自動更新が有効になっていることがわかります。また、再起動が必要な更新があった場合に、自動で再起動しないようコメントアウトされています。

再起動が不要な更新は自動で適用されます。一方で再起動が必要な更新が適用された場合に、いかにアプリケーションに影響なく再起動するかが、検討のポイントです。

Node再起動の影響を小さくするしくみ

アプリケーション、つまりPodが動くNodeを再起動する場合、その影響範囲はコントロールしたいはずです。対象Nodeで動いているPodを安全に、性能影響を小さく他Nodeに移す方法はないものでしょうか。具体的には、次のような仕掛けがあるとうれしいですよね。

①再起動中は対象NodeへPodを配置しないようSchedulerに知らせる
②レプリカ数を維持するよう、Podを他Nodeで再作成する
③同時に多くのPodを再作成せず、徐々に行う

上記を実現するために、KubernetesはCordon/Uncordon、Drain、PodDisruption Budgetというしくみを提供しています。

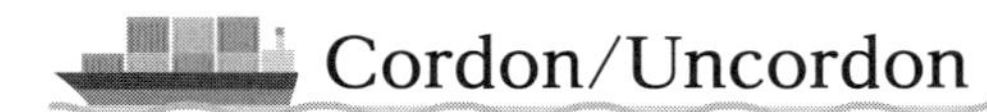

Cordon/Uncordon

Cordonは「閉鎖する」という意味で、特定のNodeをスケジュール対象から外します。**Uncordon**はその逆で、Nodeをスケジュール対象に戻します。

動きを確認してみましょう。3つのNodeを持つクラスターに対し、NginxのDeploymentを作ります（**リスト10.2・図10.1**）。レプリカ数は3とします。

```
$ kubectl apply -f nginx.yaml
deployment.apps/nginx created

$ kubectl get pod -o custom-columns=Pod:metadata.name,Node:spec.nodeName
Pod                         Node
nginx-65899c769f-4n9w9   aks-agentpool-40320977-0
nginx-65899c769f-7tpff   aks-agentpool-40320977-1
nginx-65899c769f-wg52v   aks-agentpool-40320977-2
```

リスト10.2　ch10/nginx.yaml

```
apiVersion: apps/v1
kind: Deployment
metadata:
  name: nginx
  labels:
    app: nginx
spec:
  replicas: 3
  selector:
    matchLabels:
      app: nginx
  template:
    metadata:
      labels:
        app: nginx
    spec:
      containers:
      - name: nginx
        image: nginx
```

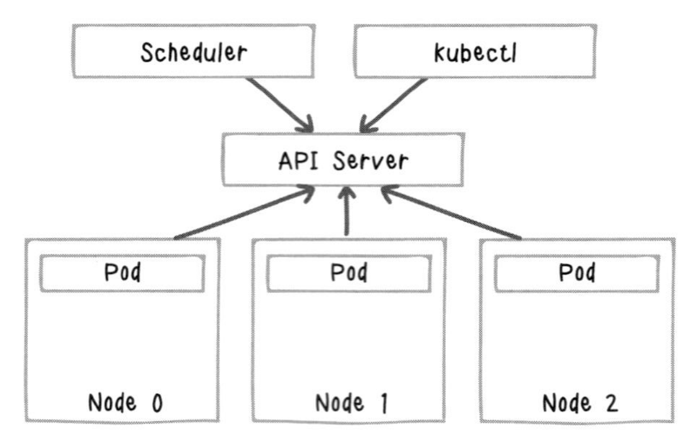

図10.1 検証の開始状態

バランスよく各Nodeに配置されました。では、1つのNodeをCordonしてみましょう。

```
$ kubectl cordon aks-agentpool-40320977-0
node/aks-agentpool-40320977-0 cordoned
```

Nodeの状態はReadyですが、加えてSchedulingDisabledになりました。

```
$ kubectl get node
NAME                       STATUS                     ROLES    AGE    VERSION
aks-agentpool-40320977-0   Ready,SchedulingDisabled   agent    2d     v1.11.4
aks-agentpool-40320977-1   Ready                      agent    2d     v1.11.4
aks-agentpool-40320977-2   Ready                      agent    2d     v1.11.4
```

なお、すでにCordon対象Nodeに配置されていたPodは、そのまま同じNodeで動き続けています。

```
$ kubectl get po -o custom-columns=Pod:metadata.name,Node:spec.nodeName
Pod                        Node
nginx-65899c769f-4n9w9     aks-agentpool-40320977-0
nginx-65899c769f-7tpff     aks-agentpool-40320977-1
nginx-65899c769f-wg52v     aks-agentpool-40320977-2
```

では、試しにレプリカ数を増やしてみましょう。倍の6とします。

```
$ kubectl scale deployment nginx --replicas=6
deployment.extensions/nginx scaled
```

どのようにNodeへ配置されたでしょうか（**図10.2**）。

```
$ kubectl get pod -o custom-columns=Pod:metadata.name,Node:spec.nodeName
Pod                       Node
nginx-65899c769f-4dskf    aks-agentpool-40320977-1
nginx-65899c769f-4n9w9    aks-agentpool-40320977-0
nginx-65899c769f-7tpff    aks-agentpool-40320977-1
nginx-65899c769f-r8phj    aks-agentpool-40320977-1
nginx-65899c769f-rkx2z    aks-agentpool-40320977-2
nginx-65899c769f-wg52v    aks-agentpool-40320977-2
```

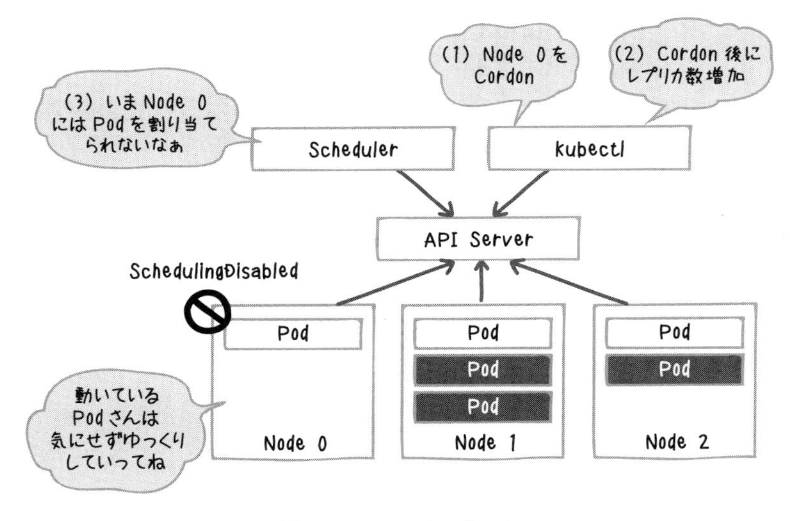

図10.2　Node 0のCordon

Cordon されているNodeには新たに配置されないことがわかります。Cordon対象Nodeで動いているPodは、Cordonする前から動いていたものです。

では、Uncordonしてスケジューリング対象に戻します。

```
$ kubectl uncordon aks-agentpool-40320977-0
node/aks-agentpool-40320977-0 uncordoned
```

Nodeの状態からSchedulingDisaledが消えたことを確認します（**図10.3**）。

```
$ kubectl get node
NAME                       STATUS    ROLES     AGE       VERSION
aks-agentpool-40320977-0   Ready     agent     2d        v1.11.4
aks-agentpool-40320977-1   Ready     agent     2d        v1.11.4
aks-agentpool-40320977-2   Ready     agent     2d        v1.11.4
```

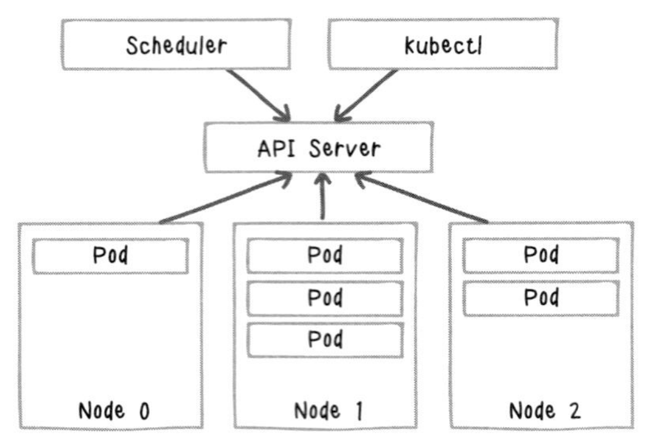

図10.3　Uncordon後の状態

これがCordon/Uncordonの動きです。Nodeを対象に、スケジューリングの閉鎖／再開を制御します。

Drain

Drainは、Cordonの動きに加え、Podの削除と再作成を行います。これも実際の動きを見てみましょう。先ほどCordon/Uncordonの動きを確かめた環境で、最もPodが多く動いているNode 1をDrainします。

```
$ kubectl drain aks-agentpool-40320977-1
node/aks-agentpool-40320977-1 cordoned
error: unable to drain node "aks-agentpool-40320977-1", aborting command...

There are pending nodes to be drained:
 aks-agentpool-40320977-1
error: DaemonSet-managed pods (use --ignore-daemonsets to ignore): kube-proxy-
➡4hdd4, kube-svc-redirect-xt2qq, kured-q6nc8, omsagent-9twn4
```

エラーが出てしまいました。これはNodeごとに専用で動いているDaemonSetは他Nodeに移せないため、出たエラーです。メッセージに従い、--ignore-daemonsetsオプションをつけて再実行します。

```
$ kubectl drain aks-agentpool-40320977-1 --ignore-daemonsets
node/aks-agentpool-40320977-1 already cordoned
WARNING: Ignoring DaemonSet-managed pods: kube-proxy-4hdd4, kube-svc-redirect-
➡xt2qq, kured-q6nc8, omsagent-9twn4
pod/nginx-65899c769f-7tpff evicted
pod/heapster-864b6d7fb7-4t6tk evicted
pod/nginx-65899c769f-4dskf evicted
pod/nginx-65899c769f-r8phj evicted
```

DaemonSet以外のPodがEvict（退去）されました。つまり、他のNodeでPodは再作成され、Node 1のPodは削除されます。default以外のNamespaceで動いていたPodも対象になっています。

Podの配置状況を確認します。

```
$ kubectl get po -o custom-columns=Pod:metadata.name,Node:spec.nodeName
Pod                         Node
nginx-65899c769f-4n9w9      aks-agentpool-40320977-0
nginx-65899c769f-rkx2z      aks-agentpool-40320977-2
nginx-65899c769f-swgbn      aks-agentpool-40320977-0
nginx-65899c769f-vd66j      aks-agentpool-40320977-0
nginx-65899c769f-wg52v      aks-agentpool-40320977-2
nginx-65899c769f-z2zr9      aks-agentpool-40320977-0
```

他のNodeで再作成されています。Nodeの状態も確認します（**図10.4**）。

```
$ kubectl get node
NAME                        STATUS                      ROLES     AGE       VERSION
aks-agentpool-40320977-0    Ready                       agent     2d        v1.11.4
aks-agentpool-40320977-1    Ready,SchedulingDisabled    agent     2d        v1.11.4
aks-agentpool-40320977-2    Ready                       agent     2d        v1.11.4
```

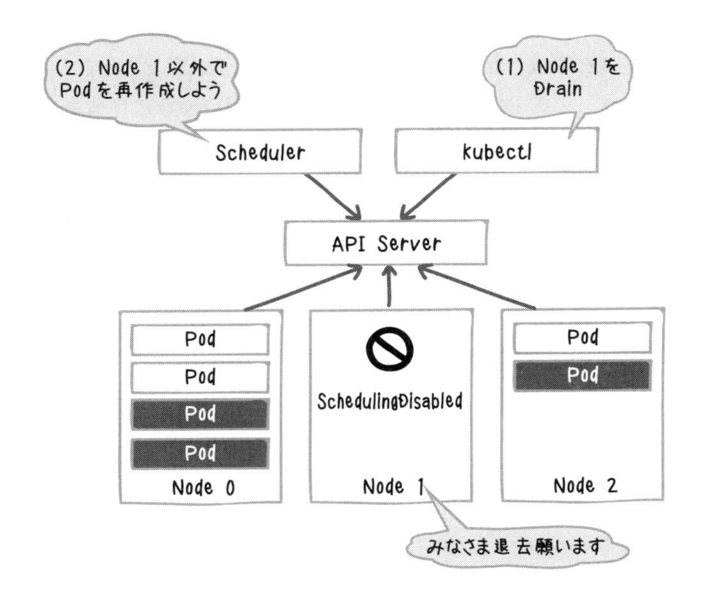

図10.4　Node 1のDrain

Cordonした場合と同様、SchedulingDisabledになっています。この状態であれば、アプリケーションを構成するPodは動いていません。これでNodeを再起動しやすくなりました。

そして再起動したのち、Uncordonしてスケジュール対象にします。この操作を少しずつ、たとえば1Nodeずつ行えば、クラスターへの影響を小さくアップデートできます。

PodDisruptionBudget

Drainを複数のNodeで続けざまに行ったり、レプリカが多く動いているNodeをDrainしたりすると、あるべきレプリカ数とのギャップが一時的に大きくなる可能性があります。その問題を解決するため、**PodDisruptionBudget**というオブジェクトが存在します。Disruptionは「崩壊」、Budgetは「予算」という意味ですが、一時的に使えなくなるPodの数や割合をコントロールするしくみ、と考えてください。その数や割合は次のパラメーターで指定します。

- **max-unavailable**　使えないPodを許容する最大数、もしくは割合
- **min-available**　最低限維持するPod数、もしくは割合

たとえば、max-unavailableを1とすると、同時に複数のPodがEvictされることはなく、1つずつEvictされます。また、min-availableを80%とすると、80%以上のPodは常に使えるようコントロールされます。

「k8sbookpdb」という名前のPodDisruptionBudgetを、max-unavailable=1で作成してみます。対象は先ほど作成したNginxのDeployment、ReplicaSetです。--selector=app=nginxで指定します。このPodDisruptionBudgetが期待通りに作成されれば、Drain時、同時に複数のPodはEvictされなくなるはずです。

```
$ kubectl create poddisruptionbudget k8sbookpdb --selector=app=nginx --max-
➡unavailable=1
poddisruptionbudget.policy/k8sbookpdb created
```

Nodeの状態、Podの配置状況を確認します（**図10.5**）。

```
$ kubectl get node
NAME                         STATUS    ROLES    AGE    VERSION
aks-agentpool-40320977-0     Ready     agent    2d     v1.11.4
aks-agentpool-40320977-1     Ready     agent    2d     v1.11.4
aks-agentpool-40320977-2     Ready     agent    2d     v1.11.4

$ kubectl get po -o custom-columns=Pod:metadata.name,Node:spec.nodeName
```

```
Pod                        Node
nginx-65899c769f-4n9w9    aks-agentpool-40320977-0
nginx-65899c769f-rkx2z    aks-agentpool-40320977-2
nginx-65899c769f-swgbn    aks-agentpool-40320977-0
nginx-65899c769f-vd66j    aks-agentpool-40320977-0
nginx-65899c769f-wg52v    aks-agentpool-40320977-2
nginx-65899c769f-z2zr9    aks-agentpool-40320977-0
```

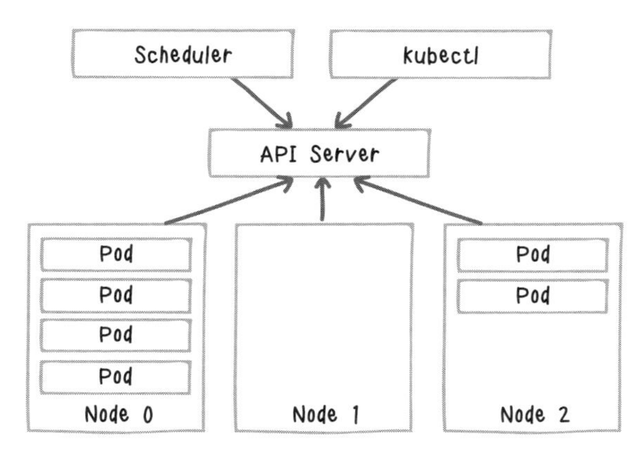

図10.5　現状の確認

3つのNodeがReadyで、Node 0にPodが4つ、Node 2に2つ配置されています。ここでPodの動いている2つのNodeを一斉にDrainします。レプリカ数の動きを見たいため、kubectl get rsコマンドを-wオプションつきで実行しておきます。

```
$ kubectl get rs
NAME DESIRED CURRENT READY AGE
nginx-65899c769f 6 6 6 1h

$ kubectl get rs nginx-65899c769f -w
```

そして、別ターミナルを2つ起動し、それぞれでNodeをDrainします。

```
$ kubectl drain aks-agentpool-40320977-0 --ignore-daemonsets
```

```
$ kubectl drain aks-agentpool-40320977-2 --ignore-daemonsets
```

レプリカ数はどのように変化するでしょうか（**図10.6**）。

$ kubectl get rs nginx-65899c769f -w を実行したターミナルの出力

```
NAME              DESIRED   CURRENT   READY     AGE
nginx-65899c769f  6         6         6         1h
nginx-65899c769f  6         5         5         1h
nginx-65899c769f  6         6         5         1h
nginx-65899c769f  6         6         6         1h
nginx-65899c769f  6         5         5         1h
nginx-65899c769f  6         6         5         1h
nginx-65899c769f  6         6         6         1h
nginx-65899c769f  6         5         5         1h
nginx-65899c769f  6         6         5         1h
nginx-65899c769f  6         6         6         1h
nginx-65899c769f  6         5         5         1h
nginx-65899c769f  6         6         5         1h
nginx-65899c769f  6         6         6         1h
nginx-65899c769f  6         5         5         1h
nginx-65899c769f  6         6         5         1h
nginx-65899c769f  6         6         6         1h
nginx-65899c769f  6         5         5         1h
nginx-65899c769f  6         6         5         1h
nginx-65899c769f  6         6         6         1h
```

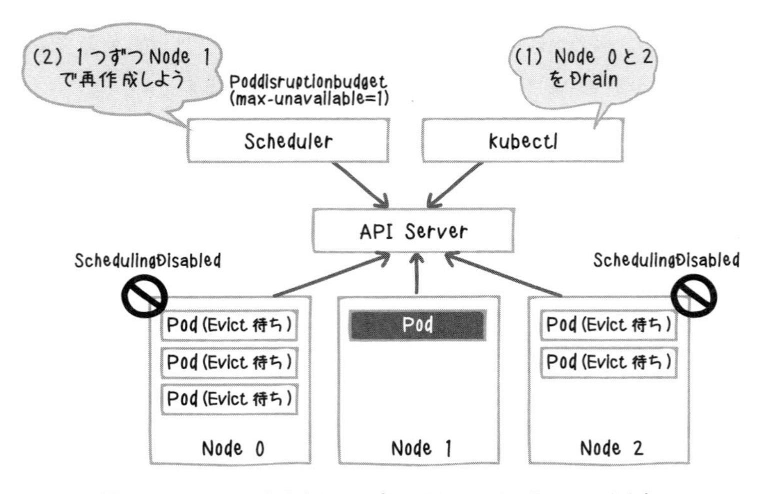

図10.6　Node 0と2をDrain（PodDisruptionBudgetあり）

PodDisruptionBudgetのmax-unavailable=1指定に従い、同時に複数のPodをEvictせず、1つずつ徐々にEvictしていることがわかります。

Node再起動を自動で行うには

Nodeの再起動が必要な場合に、Cordon/DrainというPodの配置をコントロールする仕掛けがあることはわかりました。では、人手を介さずにNodeの再起動を指示する方法はないのでしょうか。再起動が必要なNodeを検知し、クラスター全体への影響を考慮し、少しずつ再起動してくれるとうれしいですよね。

その実装例として、Weaveworks社がオープンソースとして公開している**Kured**（**Kubernetes Reboot Daemon**）があります。

- **Kured**
  https://github.com/weaveworks/kured

Kuredは、KubernetesのDaemonSetとして実装されています。定期的にサーバーの/var/run/reboot-requiredファイルの存在をチェックし、もしあればそのサーバーを再起動します。

Kuredを導入すると、そのDaemonSetは既定で1時間に一度/var/run/reboot-requiredファイルの存在を確認し、再起動の要否を判断します。KuredはNamespace kube-systemで動いているので、事前にPod名を確認しておきます。

```
$ kubectl get po -n kube-system | grep kured
kured-q6nc8                                                        1/1
➡Running   4          4d
$ kubectl logs -n kube-system kured-q6nc8
～中略～
time="2018-08-09T03:32:06Z" level=info msg="Reboot not required"
time="2018-08-09T04:32:06Z" level=info msg="Reboot not required"
time="2018-08-09T05:32:06Z" level=info msg="Reboot not required"
～以下略～
```

試しにKuredが動くNodeサーバーにSSHし、空の/var/run/reboot-requiredファイルを作り、Kuredのチェックを待ちます。Nodeサーバーのホスト名、IPアドレスは次のように取得できます。

```
$ kubectl describe po -n kube-system kured-q6nc8 |grep Node:
Node:           aks-agentpool-40320977-1/10.240.0.4
```

NodeへのSSHにはいくつかの方法があります。AKSの場合は、NOTE「サーバーへのSSH」（p.281）を参考にしてください。

では、Kuredがチェックしたであろうタイミングで再度ログを確認してみましょう。チェックは1時間おきです。

```
$ kubectl logs -n kube-system kured-q6nc8
〜中略〜
time="2018-08-09T06:32:06Z" level=info msg="Reboot required"
time="2018-08-09T06:32:06Z" level=info msg="Acquired reboot lock"
time="2018-08-09T06:32:06Z" level=info msg="Draining node aks-
➡agentpool-40320977-1"
time="2018-08-09T06:32:08Z" level=info msg="node \"aks-agentpool-40320977-1\"
➡cordoned" cmd=/usr/bin/kubectl std=out
time="2018-08-09T06:32:08Z" level=warning msg="WARNING: Ignoring DaemonSet-
➡managed pods: kube-proxy-4hdd4, kube-svc-redirect-xt2qq, kured-q6nc8,
➡omsagent-9twn4" cmd=/usr/bin/kubectl std=err
〜以下略〜
```

/var/run/reboot-requiredファイルの存在を検知し、ロック取得のあと、Drainを実行しています。このロックは、同時に複数のNodeを再起動させないための仕掛けです。

さらに少し待ってログを確認します

```
$ kubectl logs -n kube-system kured-q6nc8
〜中略〜
time="2018-08-09T06:34:20Z" level=info msg="Kubernetes Reboot Daemon: master-5731b98"
time="2018-08-09T06:34:20Z" level=info msg="Node ID: aks-agentpool-40320977-1"
time="2018-08-09T06:34:20Z" level=info msg="Lock Annotation: kube-system/kured:weave.
➡works/kured-node-lock"
time="2018-08-09T06:34:20Z" level=info msg="Reboot Sentinel: /var/run/reboot-required
➡every 1h0m0s"
time="2018-08-09T06:34:20Z" level=info msg="Holding lock"
time="2018-08-09T06:34:20Z" level=info msg="Uncordoning node aks-agentpool-40320977-1"
time="2018-08-09T06:34:23Z" level=info msg="node \"aks-agentpool-40320977-1\"
uncordoned" cmd=/usr/bin/kubectl std=out
time="2018-08-09T06:34:23Z" level=info msg="Releasing lock"
〜以下略〜
```

Nodeを再起動しUncordonしていること、また、その後のロック解放の様子が見て取れます。

NOTE サーバーへのSSH

Kubernetesクラスターを運用していると、メンテナンスやトラブルシューティング目的で、サーバーへSSH接続をしたくなることがあります。サーバー個別にSSHで手作業するのは、宣言的に設定を行うというKubernetesのコンセプトに反し、負けた気持ちにもなりますが、現実問題として有事やテストの際にはサーバーの中で状態を確認、検証したいこともあるでしょう。たとえば、この章でもKuredのテストをする際、SSH接続のうえで/var/run/reboot-requiredファイルを作りました。

端末からKubernetesクラスターを構成する各サーバーへのネットワーク経路があり、到達できる場合は問題ありません。しかし、サーバーがプライベートネットワークに配置され、端末から到達できないケースもあります。パブリックIPの付与やNATという手もありますが、プライベートネットワークへはできれば穴を開けたくはありません。

AKSにはtunnelfrontというアドオンコンポーネントがあり、端末とNodeネットワークの橋渡しをします。このtunnelfrontを活用すれば、新たに穴を開ける必要がありません。kubectlでSSH用のコンテナーを作ってアタッチし、Nodeネットワークに入れます。

まず、NodeのSSH公開鍵が必要です。Node作成時に指定、取得しなかったり、忘れてしまったりした場合は、次のコマンドで更新することができます。端末の~/.ssh/id_rsa.pubを公開鍵に指定する例です。指定リソースグループ内のVMすべてを更新対象にしています。AKSで作られるNode用仮想マシンの既定のユーザー名はazureuserですが、適宜YOUR-USERの部分を読み替えてください。

```
$ az vm user update -u YOUR-USER --ssh-key-value "$(< ~/.ssh/id_rsa.pub)"
--ids $(az vm list -g YOUR-NODE-RESOURCE-GROUP --query "[].id" -o tsv)
```

次に、SSHするNodeのプライベートIPアドレスを取得します。

```
$ az vm list-ip-addresses -g YOUR-NODE-RESOURCE-GROUP -o table
VirtualMachine            PrivateIPAddresses
------------------------  --------------------
aks-agentpool-40320977-0  10.240.0.6
aks-agentpool-40320977-1  10.240.0.4
aks-agentpool-40320977-2  10.240.0.5
```

ではSSH用のコンテナーを作り、アタッチしましょう。イメージはdebianとします。

```
$ kubectl run --generator=run-pod/v1 -it --rm aks-ssh --image=debian
If you don't see a command prompt, try pressing enter.
root@aks-ssh:/#
```

SSHクライアントをインストールします。

```
# apt-get update && apt-get install openssh-client -y
```

このコンテナーにアタッチしたまま、別のターミナルを起動してください。そして、いま作成したコンテナーのPod名を確認します。

```
$ kubectl get po |grep aks-ssh
aks-ssh-7b5b5856cd-66wfn   1/1       Running   0          1m
```

Nodeに配布したSSH用公開鍵とペアの秘密鍵を、SSH用コンテナーへコピーします。

```
$ kubectl cp ~/.ssh/id_rsa aks-ssh-7b5b5856cd-66wfn:/id_rsa
```

SSH用コンテナーにアタッチしたセッションで、秘密鍵ファイルのパーミッションを設定します。

```
# chmod 600 id_rsa
```

これでNodeへのSSHに必要な準備は整いました。このSSH用コンテナーから、先ほど確認したNodeのプライベートIPアドレスへ向けてSSHします。次の例は、既定のユーザー名、azureuserでSSHした場合です。

```
# ssh -i id_rsa azureuser@10.240.0.6
The authenticity of host '10.240.0.6 (10.240.0.6)' can't be established.
ECDSA key fingerprint is SHA256:ZWZ/3S6qdv7oOa7eSVAr8aiv+ufK40vIFmJNZnXG8zM.
Are you sure you want to continue connecting (yes/no)? yes
Warning: Permanently added '10.240.0.6' (ECDSA) to the list of known hosts.
Welcome to Ubuntu 16.04.5 LTS (GNU/Linux 4.15.0-1018-azure x86_64)

 * Documentation:  https://help.ubuntu.com
 * Management:     https://landscape.canonical.com
 * Support:        https://ubuntu.com/advantage

  Get cloud support with Ubuntu Advantage Cloud Guest:
    http://www.ubuntu.com/business/services/cloud

29 packages can be updated.
15 updates are security updates.


Last login: Sun Aug  5 14:54:37 2018 from 10.240.0.5
```

ログインできました。なお、kubectlでSSH用コンテナーを作成、アタッチした際に**-rm**オプションをつけたため、セッションを終了するとSSH用コンテナーPodは削除されます。

10.3 Kubernetesコンポーネントのアップデート

次にKubernetesコンポーネントのアップデート、アップグレードを説明します。MasterやNodeに配置したバイナリーや設定を、どのように置き換えればいいのでしょうか。

Kubernetesはこれまで、API互換性を崩すメジャーバージョンアップを行っていません。現時点でインパクトの大きいバージョンアップは、機能追加が行われるマイナーバージョンアップです。

kubeadmを使った例（v1.10 ⇒ v1.11）

バージョンアップの内容はそのバージョンによりますし、方法はツールやサービスに依存します。そこで、v1.10からv1.11へのバージョンアップをkubeadmで行うケースを例に、Kubernetesのバージョンアップ作業をイメージしてみましょう。

- **Upgrading kubeadm clusters from v1.10 to v1.11**
  https://kubernetes.io/docs/tasks/administer-cluster/kubeadm/kubeadm-upgrade-1-11/

v1.10からv1.11への、おおよその流れは次のとおりです。

(1) リリースノートを読み、必要な事前作業や制約事項、既知の不具合を確認する
(2) バックアップを取得する
(3) kubeadm upgrade planコマンドで、コントロールプレーンのアップグレード内容の事前確認を行う
(4) kube-dnsを使い続けるか、CoreDNSに移行するか判断する
(5) kubeadm upgrade applyコマンドで、コントロールプレーンのアップグレードを行う
(6) 使っているネットワークアドオンによっては、アップデートを行う
(7) アップグレードするMasterサーバー、Nodeサーバーを選びDrainする
(8) 選んだサーバーのkubelet、kubeadmパッケージをアップグレードする
(9) 選んだサーバーのkubeadmでkubeletの設定をアップグレードする
(10) 選んだサーバーのkubeletを再起動する
(11) 選んだサーバーをUncordonする
(12) 必要なサーバー数だけ繰り返す

前半は頭を、後半は時間を使いそうな印象がありますね。特にリリースノートは漏れなく読み通したほうがいいでしょう。リリースノートに記載のあった注意事項の数を挙げてみます。

- Urgent Upgrade Notes（重要性の高い注意事項）—— 2
- Known Issues（既知の不具合）—— 3
- Before Upgrading（注意事項）—— 14

けっこうな数があります。皆さんの管理しているクラスターに影響があるか、判断するのに時間をとられそうです。おそらく机上検討だけでは判断できず、アプリケーションを動かした環境でテストしたくなるでしょう。

アップグレード戦略（インプレース）

Kubernetesコンポーネントのアップグレードにはいくつかの戦略があります。戦略としてわかりやすいのは、すでに動いているクラスターをアップグレードする**インプレースアップグレード**です。先ほど紹介したkubeadmを使った例は、インプレースアップグレードです。

インプレースアップグレードのメリットは大きく2つです。

- 利用中のインフラストラクチャーを継続利用でき、リソースの無駄がない
- アプリケーションやデータを移行する必要がない

もしその操作が数クリック、コマンド数回で済むのであれば、さらに魅力的です。そういったツールを提供しているベンダーやサービスもあります。AKSも提供しています。しかし、インプレースアップグレードには、いくつかのリスクがあります。

- アップグレード作業のテストが難しい
- 新バージョンの機能テストが難しい
- リカバリーが難しい
- ローリングアップグレード中の利用可能リソース量低下、性能縮退、一部機能停止

もちろん別のクラスターを用意し、アップグレード作業や新バージョンの機能テストを行うことで、リスクを緩和できます。しかし、**既存クラスターと同じ環境、条件でテストできれば**、という条件付きです。運用を通じ、認識していないところで変化は生まれがちです。気づいていないものは再現できません。

インプレースアップグレードを全面的に否定するわけではありません。ツールも日々進化

しており、テストにも時間が割かれているでしょう。しかし、ツールの作り手は、皆さんのアプリケーション、クラスター構成ではテストしていません。そのリスクは意識しておきましょう。

アップグレード戦略（ブルー／グリーンデプロイメント）

もう1つの戦略は、ブルー／グリーンデプロイメントです。基本編で触れたとおり、アプリケーションのデプロイメントではポピュラーな戦略です。それをクラスター全体に応用しよう、という考え方です。

では、どのように実現したらよいでしょうか。実はこれまでの章で、すでに紹介しています。

可用性がテーマの第8章で、複数地域でのマルチクラスター構成を解説したことを思い出してください。クラスターを複数の地域に分散し、トラフィックをクラスター外部で制御する構成です。あの戦略を、アップグレードに応用できます。構成要素はほぼ同じです（**図10.7**）。

ブルーは既存、現行のクラスターです。クラスター外部でトラフィック制御しており、ブルー側のサービスにそれを向けています。アプリケーションとクラスターはツールで構成管理し、いつでもクラスターを再現できるようにしてあります。

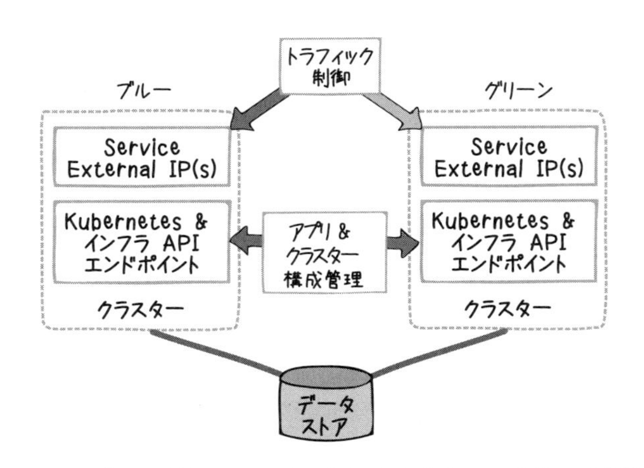

図10.7　ブルー／グリーンデプロイメントによるアップグレード戦略

そして、グリーンは新バージョンのクラスターです。バージョンアップが必要になったタイミングで、クラスターを作ります。構成管理やプロビジョニングツール上の設定、もしくはコードで新バージョンを指定します。

これで、現在の本番であるブルー環境に影響を与えることなく、裏でテストができます。既存のクラスターに手を加えるアップグレード作業はないため、新バージョンの動作テストに注力できます。

テストに問題がなければ、トラフィックをグリーンに向けます。ある程度ブルークラスターは残しておき、問題があればトラフィックの向き先をブルーに戻します。アップグレードして数日経ってから、新バージョンのバグが表面化することもあります。安定化を見極める期間はあったほうがよいでしょう。安定したら、クラスターは削除します。

アーキテクチャー上のポイントはアプリケーションのデータストアです。データストアをクラスター内部に持ってしまうと、その移行作業が必要です。そのためこの戦略では、データストアはクラスターの外に持ちます。

Persistent VolumeやStatefulSetなど、Kubernetesにはデータストアを実現する機能、オブジェクトがありますが、あえて使わないポリシーです。制約を課すことで、得られる価値が大きいからです。

すべてKubernetesで実現したくなる気持ちは理解できます。しかし、こだわりを捨てて賢く外部要素と組み合わせることで、さまざまな課題が解決します。

なお、この戦略の実現性は、構成管理やプロビジョニングがどれだけ実現できているかに左右されます。アプリケーションのCI/CDパイプラインが確立しており、クラスターの構築も自動化できていることが望ましいです。もしできていなければ、アップグレードのたびに負担の大きい構築作業とテストを実施しなければならず、現実的ではありません。

とはいえ、Kubernetesを使うのであればアプリケーションはコンテナーイメージとしてレジストリで管理しますし、Kubernetesオブジェクトはマニフェストとしてコード化されているでしょう。クラスターのインフラ構築を自動化するツールも多くあります。環境の再現は難しくないはずです。

なお、ブルー／グリーンデプロイメント戦略は動的にリソースを調達、廃棄するため、従量制のクラウドサービスと相性がよいです。

インプレースアップグレードとブルー／グリーンデプロイメント、2つの戦略のどちらが合うか（**表10.1**）、また、他の戦略がないか、ぜひ検討してみてください。

表10.1　インプレースとブルー／グリーン戦略の比較

	インプレース	ブルー／グリーン
アップグレード作業量	小	構成管理による
アップグレード作業リスク	大	小
事前テスト可否と手段	テスト用の別クラスターで実施	テスト済みクラスターを本番化
リソースコスト	一定（同等環境でテストするなら倍）	一時的に倍
アップグレード時の性能縮退や機能停止	有（程度はツールによる）	無

10.4 まとめ

本章では、保守作業の中で特に負担になる、バージョンアップについて説明しました。

- Kubernetesのアップグレードとサーバーのアップデート、どちらも戦略としくみが必要
- サーバーのアップデートは、再起動時のPodの再配置が課題
- Cordon/Uncordon、Drainを活用し、再起動対象NodeにあるPodをスケジューリングする
- PodDisruptionBudgetで、Pod再作成がサービスへ与える影響をコントロールする
- Kubernetesコンポーネントのアップグレード戦略は大きく2種類あり、インプレースとブルー／グリーンデプロイメント
- 何を重視するかで戦略を選ぶ

アップデート、アップグレードは必須の検討項目です。年に何度も振り回されないよう、しくみと運用を確立しましょう。

NOTE 常識を疑おう

この章では、Kubernetesクラスターをバージョンアップのたびに新しいものに入れ替える、誤解を恐れずに言えば「クラスターを使い捨てる」運用を提案しています。若干刺激が強いかもしれません。ですが、突飛なアイデアではありません。Kuberntesの特徴の1つである"Immutable Infrastructure"の考え方を、クラスターまで広げただけです。

クラスターを使い捨てる運用は、バージョンアップに限りません。たとえばサイボウズ社のサービス"kintone"の開発環境では、毎朝新しいKubernetesクラスターを作っているそうです。ゼロから環境を再現できることを、毎日証明していると言えるでしょう。

- **kintone on kubernetes —— EKSで実現するインフラ自動構築パイプライン**
  https://www.slideshare.net/YusukeNojima3/kintone-on-kubernetes-eks

Kubernetesはサーバー、ネットワーク、ストレージを束ねるしくみです。管理には広範な知識を必要とします。すべてに精通し、トラブルに対処できるようになるのは簡単なことではありません。マネージドサービスを使うことで専門家に任せることはできますが、サービス提供者はユーザーのアプリケーションや使い方を把握しているわけではありません。有事には情報を集め、分析する必要があります。つまり時間がかかります。

それなら、「何かが起こった場合、自らの判断で、迅速に、ゼロから環境を再現、再作成できるようにしておく」ほうが、よくありませんか。そしてそれを可能にするのは、日々の検証や訓練、運用に裏付けられた自信と判断力です。

運用の常識を、変えていきましょう。

CHAPTER

11

リソース分離（Security）

Kubernetes環境におけるセキュリティの考慮事項は、アプリケーションからインフラストラクチャーまで多岐にわたります。この本ですべてをカバーするのは困難です。そのためこの章では、Kubernetesの特徴的な概念とリソースに絞って解説します。

Kubernetesは1つのクラスターを複数のアプリケーション、ユーザーが共有できるよう設計されています。これは裏を返せば、悪意の有無にかかわらず、アプリケーションやユーザーがほかに影響を及ぼしうることを意味します。何もコントロールせずにクラスターを共有した場合、どのようなことが起こりうるでしょうか。あるアプリケーションがメモリを過剰に消費するかもしれません。また、他のユーザーにPodを削除されるかもしれません。その結果リソースが使えなくなれば、当然ながら可用性は下がります。

機密性、完全性だけでなく、可用性もセキュリティの要素です。故障だけが可用性を下げる要因ではありません。適切にリソースを分離し、権限をコントロールして、安全な共有環境を実現しましょう。

※この章で解説する環境を構築するコード、サンプルアプリケーションはGitHub（https://github.com/ToruMakabe/Understanding-K8s/tree/master/chap11）で公開しています

11.1 Kubernetesリソースの分離粒度

Kubernetesが生まれた背景には、大規模環境を少ない技術者でも運用できるようにしたい、という動機があります。プロジェクトや開発者ごとに占有基盤を、という思想ではありません。もちろん使い方によっては占有もできます。しかし、どのような技術もそうですが、生まれた背景や思想を尊重しない使い方をすると、いずれ違和感に悩まされるものです。

そこでこの章では、Kubernetesを「複数のプロジェクトやサービス、開発者が共有する基盤」であると位置づけ、設計や利用に必要な知識を学びます。

人と組織、責任範囲

Kubernetesはあくまで基盤です。使い手がいてはじめて価値を生みます。そこで、Kubernetesと使い手の関係を整理してみましょう。

使い手は、大きく分けてアプリケーション開発者とクラスター管理者です（**図11.1**）。アプリケーション開発者の責任範囲は、自らのアプリケーションに閉じます。1つのプロジェクトの中で、一般開発者とプロジェクト管理者を分けるケースもあります。一方クラスター管理者は、Kubernetesクラスター全体が責任範囲です。

そして、それぞれが使うツールがあります。kubectlもツールの1つです。Kubernetes APIをツールなしに叩く（実行する）ユーザーはあまりいないでしょう。

人間だけでなく、プログラムがツールを使ってアクセスすることもあります。CI/CDパイプラインのデプロイツールがその代表です。

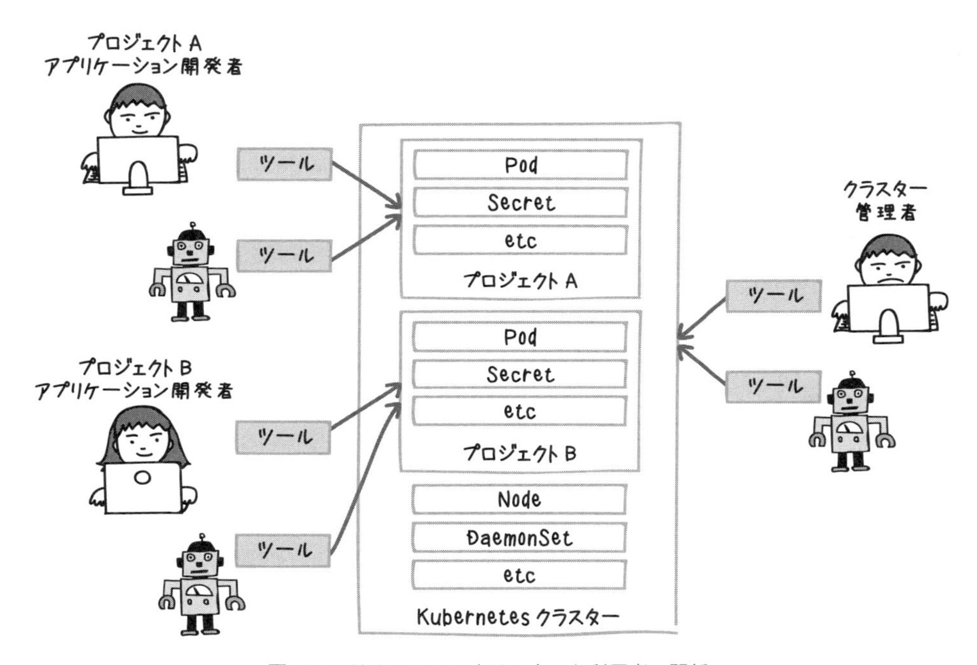

図11.1 Kubernetesクラスターと利用者の関係

作業ミスや情報漏えいを避ける、変更履歴を残すなどの目的で、できる限りkubectlを使わない運用も注目されています。たとえば、アプリケーション開発者やクラスター管理者がマニフェストを書き、Gitに反映するとデプロイが自動的に行われるようなしくみです。このコンセプトは**GitOps**と呼ばれます。

基本編からここまでは、Kubernetesの持つ機能を確認するため、クラスター全体を管理できる権限で作業してきました。しかし実際の運用では、アプリケーション開発者にその権限を付与することはまれでしょう。なぜなら複数のアプリケーション、サービス、プロジェクトで共用する環境で、ほかに負の影響を及ぼすリスクがあるからです。

アプリケーション開発者がクラスター管理者の権限を持った場合、悪意の有無はさておき、次のようなことができてしまいます。

- CPUやメモリを使い果たす
- 担当外アプリケーションのシークレットを読み書きする
- 担当外アプリケーションの構成を変更する
- クラスターの構成を変更する

共用環境のユーザーに与えるには大きすぎる権限です。そのため、適切な粒度で利用できるリソースを分離し、権限を設定すべきです。

クラスター分離の功罪

では、どの粒度でリソースを分離すべきでしょうか。最もわかりやすいのは、プロジェクトごとにクラスターを分離するやり方です。他のプロジェクトに悪影響を与えることも、与えられることもありません。また、仮にクラスター管理者の作業ミス、デプロイツールの設定の誤りでクラスターを壊してしまった場合に、その影響範囲はプロジェクトに限定されます。

第8章で故障、災害の影響範囲を指す概念である、Blast Radiusを説明しましたが、クラスター全体を管理できる人がいて、ツールがあれば、Blast Radiusはクラスターです。クラスター単位で分離するのが、リスク回避の観点ではよさそうです。

しかし、プロジェクトごとにクラスターを分離するやり方には、懸念がいくつかあります。

- クラスター管理者、もしくはクラスターを管理できるスキルを持つ人がプロジェクトごとに必要
- そのスキルを持つ人は多くないので、少数のクラスター管理者が多くのプロジェクトを担当することになり、負担が大
- リソースと作業が重複し、非効率

Kubernetesが解決したかった課題を、Kubernetesを使うことで新たに生み出してしまいます。これでは本末転倒です。

11.2 Namespaceによる分離

Kubernetesがプロジェクト占有ではなく共用環境を目指して作られた基盤であれば、何かしら分離するしくみがあるはずです。その代表が、Namespaceです。

Namespaceのおさらい

Namespaceが Kubernetesの代表的なリソース分離のしくみであることは、基本編でも説明しました。ここまでdefaultやkube-systemといったNamespaceを目にしたことでしょう。また、それを明示しての操作もしたので、おおよそのイメージを持つことができたと思います。

Kubernetesでクラスターの次に分離の粒度が大きいのが、このNamespaceです。そしてNamespaceが、まず検討すべき分離の粒度です。Kubernetesコミュニティは、1つのクラスターを仮想的に分割する、という明確な目的を持ってNamespaceを開発しています。作り手の掲げた目的を理解することは、使いこなしへの第一歩です。

Namespaceの必要性をわかりやすく示しているのが、kube-systemです。kube-systemではDNSをはじめ、基盤を支えるコンポーネントを動かします。非クラスター管理者が気軽に触れないようにすべきです。そのため、分離されています。

Kubernetesのリソースの多くは、Namespaceに配置できます。対象リソースは、kubectl api-resources --namespaced=trueで取得可能です。

```
$ kubectl api-resources --namespaced=true
NAME                      SHORTNAMES   APIGROUP                NAMESPACED   KIND
bindings                                                       true         Binding
configmaps                cm                                   true         ConfigMap
endpoints                 ep                                   true         Endpoints
events                    ev                                   true         Event
limitranges               limits                               true         LimitRange
persistentvolumeclaims    pvc                                  true         PersistentVolumeClaim
pods                      po                                   true         Pod
podtemplates                                                   true         PodTemplate
replicationcontrollers    rc                                   true         ReplicationController
resourcequotas            quota                                true         ResourceQuota
secrets                                                        true         Secret
serviceaccounts           sa                                   true         ServiceAccount
services                  svc                                  true         Service
controllerrevisions                    apps                    true         ControllerRevision
daemonsets                ds           apps                    true         DaemonSet
```

```
deployments                  deploy     apps                          true       Deployment
replicasets                  rs         apps                          true       ReplicaSet
statefulsets                 sts        apps                          true       StatefulSet
localsubjectaccessreviews               authorization.k8s.io          true       LocalSubjectAccessReview
horizontalpodautoscalers     hpa        autoscaling                   true       HorizontalPodAutoscaler
cronjobs                     cj         batch                         true       CronJob
jobs                                    batch                         true       Job
events                       ev         events.k8s.io                 true       Event
daemonsets                   ds         extensions                    true       DaemonSet
deployments                  deploy     extensions                    true       Deployment
ingresses                    ing        extensions                    true       Ingress
networkpolicies              netpol     extensions                    true       NetworkPolicy
replicasets                  rs         extensions                    true       ReplicaSet
pods                                    metrics.k8s.io                true       PodMetrics
networkpolicies              netpol     networking.k8s.io             true       NetworkPolicy
poddisruptionbudgets         pdb        policy                        true       PodDisruptionBudget
rolebindings                            rbac.authorization.k8s.io     true       RoleBinding
roles                                   rbac.authorization.k8s.io     true       Role
```

Namespaceに入れられないリソースもあるので注意しましょう。しかし、それらは基本的にクラスター全体に関わるものです。各プロジェクトに公開したいケースはまれでしょう。

```
$ kubectl api-resources --namespaced=false
NAME                              SHORTNAMES   APIGROUP                          NAMESPACED   KIND
componentstatuses                 cs                                             false        ComponentStatus
namespaces                        ns                                             false        Namespace
nodes                             no                                             false        Node
persistentvolumes                 pv                                             false        PersistentVolume
initializerconfigurations                      admissionregistration.k8s.io      false        InitializerConfiguration
mutatingwebhookconfigurations                  admissionregistration.k8s.io      false        MutatingWebhookConfiguration
validatingwebhookconfigurations                admissionregistration.k8s.io      false        ValidatingWebhookConfiguration
customresourcedefinitions         crd,crds     apiextensions.k8s.io              false        CustomResourceDefinition
apiservices                                    apiregistration.k8s.io            false        APIService
tokenreviews                                   authentication.k8s.io             false        TokenReview
selfsubjectaccessreviews                       authorization.k8s.io              false        SelfSubjectAccessReview
selfsubjectrulesreviews                        authorization.k8s.io              false        SelfSubjectRulesReview
subjectaccessreviews                           authorization.k8s.io              false        SubjectAccessReview
certificatesigningrequests        csr          certificates.k8s.io               false        CertificateSigningRequest
podsecuritypolicies               psp          extensions                        false        PodSecurityPolicy
nodes                                          metrics.k8s.io                    false        NodeMetrics
podsecuritypolicies               psp          policy                            false        PodSecurityPolicy
clusterrolebindings                            rbac.authorization.k8s.io         false        ClusterRoleBinding
clusterroles                                   rbac.authorization.k8s.io         false        ClusterRole
storageclasses                    sc           storage.k8s.io                    false        StorageClass
volumeattachments                              storage.k8s.io                    false        VolumeAttachment
```

NOTE Namespaceの粒度や切り口

Namespaceをどんな粒度や切り口で分離するかは、よくあるディスカッションテーマです。

まず、用途で分けるアイデアがあります。開発、検証、ステージング、本番など、用途で環境を分離したい場合の切り口です。1つのクラスターに本番とそれ以外の環境を同居させる構成は、珍しくありません。また、開発環境を複数持ちたくなることもあるでしょう。defaultしか使わなかった、もしくは知らなかったチームが、複数のNamespaceを当たり前に使えるようになると、使いこなしの幅が広がります。クラスターに仮想的な開発環境を作るAzure Dev SpacesはNamespaceを活用しています。

一方で悩ましいのが、プロジェクト、チームの切り口です。規模やコミュニケーション手段／コスト、開発ライフサイクルの違いなど、検討要素はバラエティに富みます。万能な答えはありません。

規模やコミュニケーションコストが小さいチームでは、あえてNamespaceを分離せず、defaultに一本化する手はあります。ただこれはNamespaceをまったく使わない、という意味ではありません。チームの切り口でNamespaceを分割しない、ということです。用途での分離は検討すべきでしょう。

チームが大きくなり、話をしたことがない人が増え、目が届かなくなったときは、Namespace分離を検討するといいでしょう。クラスターの同居人を「隣は何をする人ぞ」と感じるようになったら、分離のタイミングかもしれません。

アパートやマンションなど現実世界にも言えますが、精神的な距離は意外に重要です。あまり知らない人と何かを共有するなら、多重の自動ロックや厚い壁など、分離するしくみを求めるのが人情でしょう。

11.3 Kubernetesのアカウント

これまでの章ではKubernetesのしくみを学ぶため、管理者権限でクラスターを操作してきました。そのため、ピンとこないかもしれません。そこで以降は非クラスター管理者も意識し、どのようにNamespaceで分離されるかを見ていきましょう。

非クラスター管理者を理解するため、Kubernetesにおけるアカウントを整理します。大きく分けて、2種類です。

User Account

実はKubernetesは「人」を管理するしくみを持っていません。具体的には、一般ユーザーを表すオブジェクトがありません。Kubernetesは一般ユーザーの管理を、外部に任せています。この外部とは、Azure ADやGoogleアカウントなどのID管理システムです。一般ユーザーは外部での認証を経たのち、Kubernetesのリソースを操作します。

Kubernetesだけで完結しないのは、腑に落ちないかもしれません。しかし、複数のクラウドサービスを組み合わせて使うことが当たり前である昨今、使用するすべてのシステムやサービスで個別にユーザーIDを管理することは、難しさを増しています。

散在した、十分に管理されないIDはトラブルのもとです。複数のクラスターを使っていたユーザーが会社を辞めたとき、そのIDを消してまわるフローをわざわざ作りたくないですよね。そのため、一般ユーザーを管理せず、統合管理できる外部のID管理システムにそれを任せる、というKubernetesの方針は理解できます。

Service Account

KubernetesにはUser Accountに加え、Service Accountがあります。主にPodに割り当てます。理由は、Podの中のコンテナー、アプリケーションから、Kubernetes APIにアクセスできるようにしているからです。

Service Accountの概念はKubernetes固有でなく、「サービスアカウント」として一般的に使われる言葉でもあります。人ではなく、アプリケーションやシステムプログラムの識別、認証、認可のためのアカウントです。アプリケーションやシステムプログラムがリソースを操作するとき、人と同様に認証と認可を求められることが多いでしょう。サービスアカウントは、そのために存在しています。Azureで使われるサービスプリンシパルも、サービスアカウントと似た概念です。

サービスアカウントを人、ユーザーアカウントと分ける理由はいくつかありますが、最もわかりやすい例は異動や退職でしょう。もし運用を自動化するアプリケーションに人のIDをひも付けていたら、担当者が異動して権限がなくなったとき、困りますよね。夜中のジョブが権限不足で動かなくなるかもしれません。

さて、PodがService Accountにどのように結びついているかは、Podの定義を見ると腑に落ちます。特にオプションを指定せずNginxのPodを作り、定義をのぞいてみましょう。

```
$ kubectl create deployment nginx --image=nginx
deployment.apps/nginx created

$ kubectl get po
NAME                     READY     STATUS    RESTARTS   AGE
nginx-65899c769f-5zlsf   1/1       Running   0          7s

$ kubectl get po nginx-65899c769f-5zlsf -o yaml
apiVersion: v1
kind: Pod
～中略～
spec:
  containers:
～中略～
    volumeMounts:
    - mountPath: /var/run/secrets/kubernetes.io/serviceaccount
      name: default-token-gg242    # トークンをマウントしている
      readOnly: true
～中略～
  serviceAccount: default    # デフォルトのService Account
  serviceAccountName: default    # デフォルトのService Account名
～中略～
  volumes:
  - name: default-token-gg242
    secret:
      defaultMode: 420
      secretName: default-token-gg242    # トークンが入っている
～以下略～
```

PodにVolumeとしてトークンの入ったSecretが定義され、Nginxコンテナーにマウントされています。Service Accountも定義されています。何も指定しなかったので、defaultのService Accountです。

では、Nginxコンテナーの中から、マウントされているファイルを見てみましょう。

```
$ kubectl exec -it nginx-65899c769f-5zlsf /bin/bash
root@nginx-65899c769f-5zlsf:/# ls /var/run/secrets/kubernetes.io/serviceaccount
ca.crt  namespace  token
```

TLS通信に必要な証明書や認証用のトークンが置かれています。これらを使って、PodからAPI Serverへアクセスできます。

Namespaceごとに"default"という名前のService Accountが作成されます。先ほどのNginxコンテナーの例でわかるように、Podの作成時にService Accountを明示しなければ、属するNamespaceのdefault Service Accountを使用します。Podの特性に合わせ、より細かに制御したい場合は、別途Service Accountを作ることもできます。

以下はクラスター作成直後に、すべてのNamespaceにあるService Accountをリストした結果です。

```
$ kubectl get sa --all-namespaces
NAMESPACE     NAME                                 SECRETS   AGE
default       default                              1         13h
kube-public   default                              1         13h
kube-system   attachdetach-controller              1         13h
kube-system   certificate-controller               1         13h
kube-system   clusterrole-aggregation-controller   1         13h
kube-system   cronjob-controller                   1         13h
kube-system   daemon-set-controller                1         13h
kube-system   default                              1         13h
kube-system   deployment-controller                1         13h
～以下略～
```

なお、Service AccountはPodだけでなく、人やツールの認証、認可に使うこともできます。

より正確に言うと、Service Accountを作り、必要なconfigファイルを生成し、端末やサーバーへ配布することで、そこで作業をする人やツールがKubernetes APIを操作できるようになります。

11.4 Kubernetesの認証と認可

アカウントを理解できたところで、認証と認可についても整理しましょう。Kubernetesの認証と認可はAPI Server上で行われ、認証、認可、Admission Controlという3つのステップがあります（**図11.2**）。

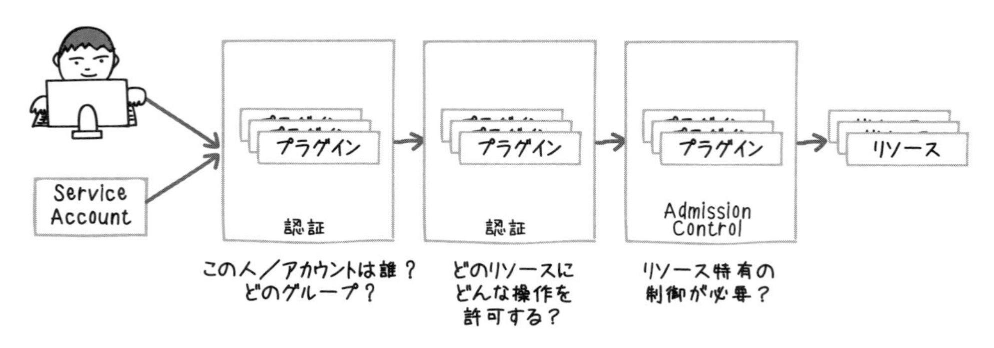

図11.2　Kubernetesにおける認証、認可の流れ

認証

認証とは、そのアカウントが誰か、どのグループに属しているかを確認することです。Kubernetesがサポートしている代表的な方式、プラグインは次のとおりです。

- X509クライアント証明書
- 静的トークンファイル
- ブートストラップトークン
- 静的パスワードファイル
- Service Accountトークン
- OpenID Connectトークン

認可

認可は、認証の済んだアカウントに対し、操作できるリソースと、可能な操作を限定します。いくつかの認可方式がありますが、RBAC（Role Based Access Control）が今後の標準と位置づけられています。

Admission Control

Admission Controlは、認可プラグインではカバーできない、リソースの特性に合わせた制御を行います。10を超えるプラグインがあります。

たとえば、AlwaysPullImagesプラグインは、Pod作成時にコンテナーイメージのPullを強制します。プライベートレジストリで保護されているイメージでも、Node上にイメージが存在すれば、適切なシークレットを持っていないPodがそれを読めてしまう可能性があるため、それを防止する効果があります。

ほかにわかりやすいものはLimitRangerプラグインです。LimitRangeオブジェクトをNamespaceに指定し、その中でPodの使えるリソース量を制限します。この章の最後で紹介します。

11.5 RBAC（Role Based Access Control）

認証、認可、Admission Controlのプラグインは数多くあります。しかし、学び始めでは、代表的なものに絞るのが効率的です。そこで、今後の標準認可方式と位置づけられているRBACを軸に、その前後の認証とAdmission Controlを理解していきましょう。

リソース表現と操作

Kubernetesはリソースの操作をAPI Serverに集約しています。そしてAPI Serverは、REST形式でリクエストを受け付けます。URLでリソースを表現し、それに対するHTTPのメソッドで操作を行います。

KubernetesのRBACでは、操作を**Verb**と呼びます。参照、作成、更新、部分更新、削除操作に、それぞれVerbがあり、HTTPメソッドと対応しています（**表11.1**）。

表11.1　Verbに対応するHTTPメソッド

HTTPメソッド	Verb	Verb（コレクション）
GET、HEAD	get(watch)	list(watch)
POST	create	−
PUT	update	−
PATCH	patch	−
DELETE	delete	deletecollection

Pod、Service、Secretといったリソースに対し、各アカウントが持つ「役割」が、これらのVerbを使えるか否かを定義する、これがKubernetes RBACの考え方です。

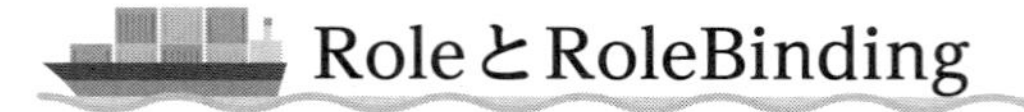

RoleとRoleBinding

各アカウントに対し、アクセスできるリソースと操作を定義するというコンセプトは理解しやすいですよね。しかし、すべてのアカウントごとに各リソースとの組み合わせを定義するのは大変です。そこでKubernetesは、共通化できる役割、つまり**Role**を作り、アクセスできるリソースの種類と、使えるVerbをまとめて定義できるようにしています。

そして、Roleとアカウントをひも付けるのが、**RoleBinding**です（**図11.3**）。

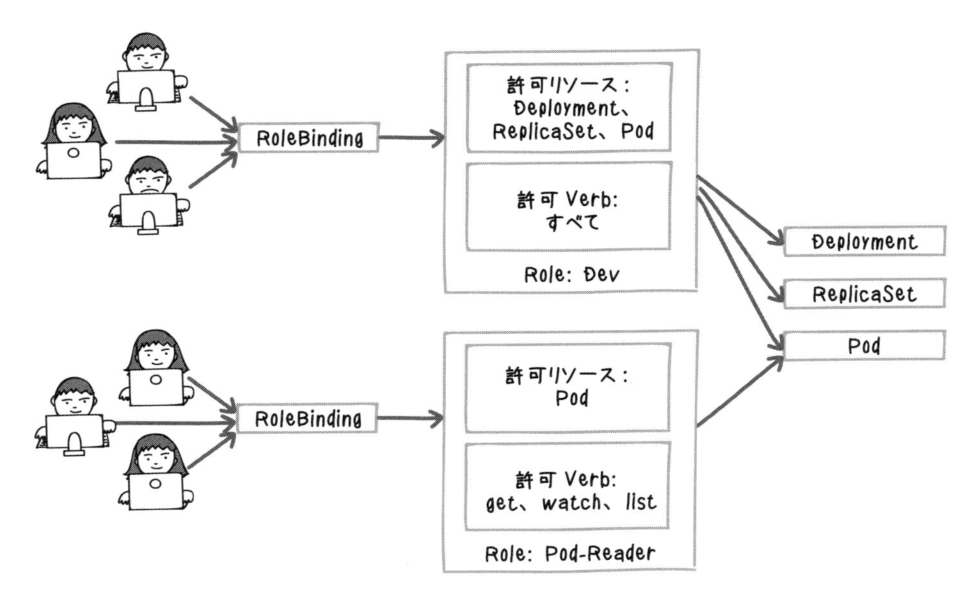

図11.3 RoleとRoleBinding

具体例で説明しましょう。たとえば、Devという役割が必要だとします。この役割は強めの権限を持った開発者と仮定します。そして、Podとその上位オブジェクト、DeploymentとReplicaSetに関するすべての操作をできるようにしたい、という要件だったとします。

この場合Role「Dev」には、これらの許可したいリソースを定義し、すべてのVerbを許可します。

また、最小権限の例として、Podの参照だけができるPod-Readerという役割も考えてみましょう。許可するリソースはPodのみ、Verbは参照系のみです。

つまりRoleの作成とは、許可するリソース、許可するVerbの定義を指します。

そして、RoleをRoleBindingでアカウントに割り当てます。役割を共通化しておけば、アカウントごとに許可するリソースやVerbをいちいち書く必要はありません。

なお、KubernetesのRBACには、Roleのほかに、**ClusterRole**が存在します。その違いはスコープで、Roleの対象範囲はNamespace、ClusterRoleはクラスター全体です。ClusterRoleのアカウントへのひも付けはRoleBindingではなく、ClusterRoleBindingで行います。

NOTE AKSのAdminユーザーの正体

Kubernetesの認証と認可を理解するにつれて、疑問がわいてきませんか。そう、本書を通じて使ってきた管理者権限のアカウントです。Kubernetesには人を表すオブジェクトはないので、ユーザーのID管理は外部のID管理システムを使うことが前提です。では、管理者はどこで管理されているのでしょうか。

```
$ az aks get-credentials <parameters> --admin
```

このコマンドが何をしていたか、気になりますね。基本編でも触れましたが、このコマンドはAKSのAPIを通じて、認証情報を取得しています。そして、configファイル（既定で$HOME/.kube/config）にマージします。中身を見てみましょう。

```
$ cat $HOME/.kube/config
～中略～
users:
- name: clusterAdmin_k8sbook-chap11-cluster-rg_yourname-k8sbook-chap11
  user:
    client-certificate-data: <base64 エンコードされた証明書データ >
    client-key-data: <base64 エンコードされたキーデータ >
```

クライアント証明書がありますね。のぞいてみましょう。

```
$ grep client-certificate-data $HOME/.kube/config | awk '{print $2}' |
➡base64 -d | openssl x509 -text
Certificate:
～中略～
        Subject: O = system:masters, CN = client
～以下略～
```

O（Organization）、つまり組織／グループが「system:masters」です。実はこのグループが、Kubernetes上のRoleにひも付いています。管理者はクラスター全体を対象としたRoleなので、ClusterRoleに相応のものがありそうです。まず、それっぽいClusterRoleBindingがないか探してみましょう。

```
$ kubectl get clusterrolebindings
NAME                                                    AGE
cluster-admin                                           3h
～以下略～
```

いきなり怪しいものが見つかりました。定義を確認します。

```
$ kubectl get clusterrolebindings cluster-admin -o yaml
apiVersion: rbac.authorization.k8s.io/v1
kind: ClusterRoleBinding
metadata:
～中略～
  name: cluster-admin
～中略～
roleRef:
  apiGroup: rbac.authorization.k8s.io
  kind: ClusterRole
  name: cluster-admin
subjects:
- apiGroup: rbac.authorization.k8s.io
  kind: Group
  name: system:masters
```

cluster-adminというClusterRoleが、Group「system:masters」にひも付けられています。このグループに見覚えがありますね。そう、先ほどクライアント証明書に書かれていたグループです。では、ClusterRole cluster-adminの定義を確認してみます。何ができる役割なのでしょうか。

```
$ kubectl get clusterrole cluster-admin -o yaml
apiVersion: rbac.authorization.k8s.io/v1
kind: ClusterRole
metadata:
～中略～
  name: cluster-admin
～中略～
rules:
- apiGroups:
  - '*'
  resources:
  - '*'
  verbs:
  - '*'
- nonResourceURLs:
  - '*'
  verbs:
  - '*'
```

何でもできる管理者でした。これが、az aks get-credentials --adminコマンドで作られるユーザーの正体です。

ユーザーとRoleのひも付け

ここまででRBACの概念は把握できたことでしょう。では具体的にRoleを定義し、割り当てる流れを見ていきましょう。あわせて認可プラグインとの組み合わせも解説したいため、AKSでAzure ADをID管理システムとしたケースを紹介します。OpenID Connectを使った実装例です。

シナリオを簡単に説明します。まずはプロジェクト用の「k8sbook」というNamespaceを用意し、その中でPod関連リソースを操作できる開発者Roleを作成します。そして、Azure AD上のユーザーにRoleBindingする流れです。

これから紹介する手順の前提条件は次のとおりです。

- AKSクラスターでRBACが有効化されている
- AKSクラスターのID管理システムとしてAzure ADが設定されている

手順は公式ドキュメントで紹介されています。

- **Azure Active DirectoryとAKSを統合する**
  https://docs.microsoft.com/ja-jp/azure/aks/aad-integration

なお、開発者にはAKSクラスターの土台になるAzureリソースの管理者権限を与えないほうがいいでしょう。Kubernetesで権限を絞っても、その土台となるインフラストラクチャーの管理者権限があれば、破壊的な操作が可能だからです。Azure側の設定で、AKSクラスターのCredentialを取得できる権限のみを付与します。権限付与手順は本書の範囲を超えるため割愛しますが、GitHubに公開した環境構築コードリポジトリで手順を紹介しています。

NOTE Azure AD連携に必要な権限

この作業には、Azure ADのテナント管理者権限が必要です。Azure AD上のディレクトリデータやユーザープロファイルをAKSクラスターが読み取れるよう、登録が必要だからです。

必要な手順は公式ドキュメントで説明されており、補足もGitHubのドキュメントに書きました。しかし、もし所属組織や使用環境のAzure AD運用ポリシーの都合上、演習が難しいようであればスキップしましょう。ID管理システムはクラウド利用のセキュリティを支える根幹であり、その運用ルールが厳密なのは当然です。

なお、Azureのユーザー、リソース管理に使うAzure ADテナントとKubernetesの認証に使うテナントを分けることもできます。演習用のテナントを作るのも手です。ID統合という

Azure ADの価値には反しますが、検証目的にはいいでしょう。
　また、次項でAzure ADを使わない演習を用意しており、非クラスター管理者としてのアクセスは体験できます。

Namespaceの作成

　では、Kubernetesのクラスター管理者として作業を始めます。

　まずは、このプロジェクトのNamespaceを作成します。**リスト11.1**のマニフェストファイルを作り、次のようにapplyします。以降でapplyの指示があれば、すべて「kubectl apply -f <manifest file>」する、と読み替えてください。

```
$ kubectl apply -f namespace.yaml
```

リスト11.1　chap11/namespace.yaml

```
apiVersion: v1
kind: Namespace
metadata:
  name: k8sbook
```

Roleの作成

　次は、Roleの作成です。先ほど紹介した例に従い、Pod関連リソースを操作可能な、強めの権限を持ったアプリケーション開発者を想定します。名前は「k8sbook-dev」とします。

　このRoleは先ほど作成したNamespace k8sbookにmetadataでひも付けます。そして、rulesにアクセス可能なリソースとVerbを定義します。

　リスト11.2のマニフェストファイルを作り、applyしましょう。

リスト11.2　chap11/role-dev.yaml

```
apiVersion: rbac.authorization.k8s.io/v1
kind: Role
metadata:
  namespace: k8sbook    # Namespaceを指定
  name: k8sbook-dev
rules:
- apiGroups: ["", "extensions", "apps"]    # 許可するAPI Groups
  resources: ["deployments", "replicasets", "pods", "pods/log"]  # 許可するリソース
  verbs: ["*"]    # 許可するVerb
```

許可するリソースと操作は、**rules**に書きます。ここでは、**apiGroups**、**resources**、**verbs**を指定しています。

まず**apiGroups**で、許可するAPIのグループを指定します。空（""）がCore Groupを意味し、他のAPIグループは必要なものを指定します。拡張機能のグループ「extensions」など、いくつかのグループがあります。

次は**resources**です。Kubernetesのリソースには階層構造があることを意識してください。たとえば、PodのログはAPIを呼ぶ際、URLで以下のように表現します。

```
/api/v1/namespaces/{namespace}/pods/{name}/log
```

{namespace}の下がリソースです。そのため、Podへのアクセスを許可するには、**resources**で「pods」と指定します。しかし、これだけではその下の階層にあるログを指定したことにはなりません。ログへのアクセス権も必要であれば、サブリソースとして「pods/log」を別途指定する必要があります。

そして最後に**verbs**に、許可するVerbを列挙します。アスタリスク（*）ですべてを許可できます。

RBACで指定できる要素はバラエティに富むため、必要に応じて公式ドキュメントを参照してください。

- **Using RBAC Authorization**
  https://kubernetes.io/docs/reference/access-authn-authz/rbac/

RoleBindingの作成

では続いて、RoleにAzure AD上のユーザーを割り当てるRoleBindingを作ります（**リスト11.3**）。

リスト11.3　chap11/rolebinding-dev.yaml

```
apiVersion: rbac.authorization.k8s.io/v1
kind: RoleBinding
metadata:
  name: k8sbook-dev-rolebinding
  namespace: k8sbook    # Namespaceを指定
roleRef:
  apiGroup: rbac.authorization.k8s.io
  kind: Role
  name: k8sbook-dev
subjects:
- apiGroup: rbac.authorization.k8s.io
```

```
  kind: User     # 対象はUser
  name: "${K8SBOOK_DEVUSER}"     # Azure ADのユーザーを指定
```

subjectsに、割り当てるユーザーの情報を定義しました。その**kind**には、対象アカウントの種類を指定します。ここでは「User」です。グループを指定したいときは「Group」を指定します。**subjects**は複数定義可能で、たとえば複数のUserを羅列できます。

この演習ではAzure AD上のユーザーを使うため、**name**にはそれを指定します。マニフェストに直接書いてもいいですが、別ファイルにまとめたパラメーターや、環境変数で置換できるようにしておくと応用が利きます。たとえば、環境変数K8SBOOK_DEVUSERを設定しておくと、以下のようなワンライナーでマニフェスト内の変数を置換し、applyできます。

```
$ cat rolebinding-dev.yaml | envsubst | kubectl apply -f -
```

NOTE マニフェストの変数を実行時に置換する

セキュリティやプライバシーの観点から、マニフェストファイルに直接書きたくない情報があります。ユーザー情報はその1つです。マニフェストファイルを、意図せずパブリックなリポジトリに公開してしまう事案は、あとを絶ちません。

また、マニフェスト作成時には決定しない情報もあります。CI/CDパイプラインでビルド、デプロイするコンテナーのイメージタグが代表例です。

この課題を解決するには、Helmのようなパッケージングツールが役立ちます。Helmを使うと、YAMLのテンプレートに変数を埋め込み、その値を実行時に指定できます。

Helmのみならずマニフェストのカスタマイズやパッケージング、実行ツールはホットな話題です。ほかにもKustomizeなど、注目されているツールがいくつかあります。

- **Helm**
  https://helm.sh/

- **Kustomize**
  https://github.com/kubernetes-sigs/kustomize

しかし、マニフェストのごく一部を置換したいというケースでは、それらのツールの学習コストや準備は重たくなりがちです。そのときにはsedやenvsubstなど、気軽に使えるコマンドラインツールを組み合わせてもいいでしょう。

流行りのツールだけが、使える道具ではありません。

ユーザー切り替え

Azure AD上のユーザー、k8sbookdev@k8sbook.onmicrosoft.comをひも付けたと仮定します。ユーザー名は適宜読み替えてください。では、そのユーザーに切り替えます。まずは、AKSクラスターにアクセスするための資格情報が必要なため、Azure CLIで取得します。

ログインしましょう。

```
$ az login -u k8sbookdev@k8sbook.onmicrosoft.com
```

AKSクラスターが存在するサブスクリプションがセットされているか確認してください。

このユーザーは前述のとおり、AKSクラスターをはじめとするAzureのリソースを操作する権限を与えていません。そのため、リソースをリストしても、結果は空です。

```
$ az resource list -o json
[]
```

しかし、AKSクラスターのUserCredentialを得る権限は付与してあります。az aks get-credentialsコマンドで取得します。

```
$ az aks get-credentials -g k8sbook-chap11-cluster-rg -n yourname-k8sbook-chap11
Merged "yorname-k8sbook-chap11" as current context in /home/yourname/.kube/config
```

これでAKSクラスターの資格情報が取得でき、configが設定されました。ContextがAdmin向けでなく、一般ユーザーになっているか確認しましょう。

```
$ kubectl config get-contexts
CURRENT  NAME                           CLUSTER                  AUTHINFO
➡NAMESPACE
*        yourname-k8sbook-chap11        yourname-k8sbook-chap11  clusterUser_k8sbook-chap11-cluster-rg_yourname-k8sbook-chap11
         yourname-k8sbook-chap11-admin  yourname-k8sbook-chap11  clusterAdmin_k8sbook-chap11-cluster-rg_yourname-k8sbook-chap11
```

それでは、Azure ADユーザーでAKSクラスターにアクセスします。試しにPodを取得してみます。

```
$ kubectl get po
To sign in, use a web browser to open the page https://microsoft.com/
➡devicelogin and enter the code GRGQWSH31 to authenticate.
```

```
No resources found.
Error from server (Forbidden): pods is forbidden: User "k8sbookdev@k8sbook.
➡onmicrosoft.com" cannot list pods in the namespace "default"
```

ブラウザでのAzure AD認証が要求されました。表示されたコードを入力し、認証が成功すると、AKSクラスターからPodの取得結果が返ってきます。

なお、Namespace defaultのPodをリストする権限がない、と表示されています。これは意図したエラーです。なぜなら、このユーザーはNamespace k8sbookのPod関連リソースを操作するRoleしか割り当てられていないからです。

では、Namespaceを指定して取得してみます。

```
$ kubectl get po -n k8sbook
No resources found.
```

エラーが出なくなりました。では、リソースの作成も試してみましょう。NginxのDeploymentを作ります。まず、Namespace defaultで試み、次にNamespace k8sbookを指定します。

```
$ kubectl create deployment nginx --image=nginx
Error from server (Forbidden): deployments.apps is forbidden: User "k8sbookdev@
➡k8sbook.onmicrosoft.com" cannot create deployments.apps in the namespace
➡"default"
$ kubectl create deployment nginx --image=nginx -n k8sbook
deployment.apps/nginx created
```

想定通り、Namespace defaultでの作成は拒否されましたが、k8sbookでは成功しました。

では、権限のあるNamespaceで、権限のないリソースにアクセスすると、どうなるでしょうか。試しにService Accountを参照してみましょう。

```
$ kubectl get sa -n k8sbook
No resources found.
Error from server (Forbidden): serviceaccounts is forbidden: User "k8sbookdev@
➡k8sbook.onmicrosoft.com" cannot list serviceaccounts in the namespace
➡"k8sbook"
```

やはり、拒否されました。

ここまでの検証で、Azure AD上のユーザーにRoleをひも付け、期待通りに認証、認可されることを確認できました。

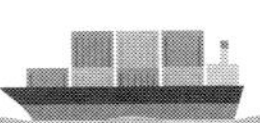 Service AccountとRoleのひも付け

では、他のパターンも試してみましょう。Service Accountを使ったパターンです。Service Accountは主にPodに使われますが、ここではkubectlを実行する端末で認証情報を生成し、リソースを操作してみます。

Roleの作成

実際の運用では、複数のRole、Bindingを作ることが多いでしょう。そのため、先ほどのAzure ADユーザーでの演習とは異なるRoleを作りましょう。今度は権限が弱めのRoleです。Podの参照権限のみを持つRoleをマニフェストファイルに書きます（**リスト11.4**）。

リスト11.4　chap11/role-pod-reader.yaml

```
apiVersion: rbac.authorization.k8s.io/v1
kind: Role
metadata:
  namespace: k8sbook    # Namespaceを指定
  name: pod-reader
rules:
- apiGroups: [""]    # 許可するAPI Groups
  resources: ["pods"]    # 許可するリソース
  verbs: ["get", "watch", "list"]    # 許可するVerb
```

applyしてみましょう。

```
$ kubectl apply -f role-pod-reader.yaml
Error from server (Forbidden): error when retrieving current configuration of:
Resource: "rbac.authorization.k8s.io/v1, Resource=roles", GroupVersionKind:
➡"rbac.authorization.k8s.io/v1, Kind=Role"
Name: "pod-reader", Namespace: "k8sbook"
Object: &{map["apiVersion":"rbac.authorization.k8s.io/v1" "kind":"Role"
➡"metadata":map["name":"pod-reader" "namespace":"k8sbook"
➡"annotations":map["kubectl.kubernetes.io/last-applied-configuration":""]]
➡"rules":[map["resources":["pods"] "verbs":["get" "watch" "list"]
➡"apiGroups":[""]]]]}
from server for: "role-pod-reader.yaml": roles.rbac.authorization.k8s.io "pod-
➡reader" is forbidden: User "k8sbookdev@k8sbook.onmicrosoft.com" cannot get
➡roles.rbac.authorization.k8s.io in the namespace "k8sbook"
```

エラーになりました。Role作成権限を持たないユーザーのまま実行してしまったようです。Contextを管理者に切り替えます。Contextの切り替え忘れは事故のもとです。気をつけましょう。

```
$ kubectl config use-context yourname-k8sbook-chap11-admin
Switched to context "yourname-k8sbook-chap11-admin".
```

再度applyしてみます。

```
$ kubectl apply -f role-pod-reader.yaml
role.rbac.authorization.k8s.io/pod-reader created
```

管理者権限があるため、成功しました。

Service Account、RoleBindingの作成

次はService Accountと、それにRoleを割り当てるRoleBindingを作成します（**リスト11.5**）。

リスト11.5　chap11/rolebinding-sa.yaml

```
apiVersion: v1
kind: ServiceAccount
metadata:
  name: k8sbook-pod-reader
  namespace: k8sbook    # Namespaceを指定
---
kind: RoleBinding
apiVersion: rbac.authorization.k8s.io/v1
metadata:
  name: k8sbook-pod-reader-rolebinding
  namespace: k8sbook    # Namespaceを指定
roleRef:
  apiGroup: rbac.authorization.k8s.io
  kind: Role
  name: pod-reader
subjects:
- kind: ServiceAccount
  name: k8sbook-pod-reader
```

Service Account名は「k8sbook-pod-reader」としました。このマニフェストファイルをapplyすると、Service AccountとRoleBindingができあがります。

```
$ kubectl apply -f rolebinding-sa.yaml
serviceaccount/k8sbook-pod-reader created
rolebinding.rbac.authorization.k8s.io/k8sbook-pod-reader-rolebinding created
```

これでクラスター側の準備は整いました。

configファイルの作成

次は作業端末側です。Service Accountの認証情報、configファイルを作ります。Z Lab社が公開しているcreate-kubeconfigスクリプトを利用します。

- **Kubernetes scripts**
  https://github.com/zlabjp/kubernetes-scripts

このスクリプトを管理者として実行します。1つ目のパラメーターはService Account名、2つ目の -n オプションで指定するのはNamespaceです。先ほどRoleとRoleBindingに指定した値で実行します。そして結果をカレントディレクトリのファイル「config」として保存します。

```
$ ./create-kubeconfig k8sbook-pod-reader -n k8sbook > ./config
```

このファイルを、必要なときだけ変数KUBECONFIGに指定してkubectlを実行すると、既存のconfigファイルを汚さずに済みます。まずはContextを見てみましょう。

```
$ KUBECONFIG=./config kubectl config get-contexts
CURRENT   NAME                           CLUSTER                  AUTHINFO             NAMESPACE
*         yourname-k8sbook-chap11-admin  yourname-k8sbook-chap11  k8sbook-pod-reader   k8sbook
```

AUTHINFOが指定したService Accountになっていることがわかります。NAMESPACEも「k8sbook」に設定されています。では、Podの情報を取得してみましょう。

```
$ KUBECONFIG=./config kubectl get po
NAME                       READY     STATUS    RESTARTS   AGE
nginx-65899c769f-mf227     1/1       Running   0          1h
```

先ほど作成したPodが見えました。なお、configでContextにNamespace「k8sbook」が設定されているため、明示する必要はありません。あえてdefaultを指定すると、こうなります。

```
$ KUBECONFIG=./config kubectl get po -n default
No resources found.
Error from server (Forbidden): pods is forbidden: User "system:serviceaccount:
➡k8sbook:k8sbook-pod-reader" cannot list pods in the namespace "default"
```

権限設定通り、参照できません。では、先ほどUser Accountの検証で作成したDeploymentを取得しようとすると、どうなるでしょうか。

```
$ KUBECONFIG=./config kubectl get deploy
No resources found.
Error from server (Forbidden): deployments.extensions is forbidden: User "syste
➡m:serviceaccount:k8sbook:k8sbook-pod-reader" cannot list deployments.
➡extensions in the namespace "k8sbook"
```

Role「book-pod-reader」にはDeploymentを参照する権限がないため、拒否されます。Namespaceとリソースの対象、可能な操作を期待通りに設定、Bindingできたようです。

NOTE kubectlの禁止とGitOps

この章の冒頭でも触れましたが、**GitOps**というコンセプトがあります。Weaveworks社が提唱する考え方で、Kubernetesクラスターの操作をkubectlに頼らないのが特徴です。マニフェストやアプリケーションをGitで管理し、コードの変更をツールで検知し、自動的にデプロイします。

- **GitOps**
  https://www.weave.works/technologies/gitops/

確かにGitOpsを徹底すれば、Contextの切り替え忘れなど、うっかりミスは減らせそうです。また、kubectlを使うユーザーが減るため、Role、IDや認証情報の管理も楽です。

とはいえ、そのパイプラインを構築維持する負担は小さくありません。トラブルシューティングなどでクラスター管理者は使いたいでしょうから、kubectlの利用をゼロにはできないとも思います。

また、Kubernetesへじかに触れるユーザーが少なくなり、組織として習熟度の底上げができない、というトレードオフも気になるところです。Kubernetesの習得にはそれなりの学習コストが必要となるため、組織の一部が理解していればいい、アプリケーション開発者はコンテナーイメージを作る知識まであれば十分、という考え方もありますが。

もしGitOpsに取り組むことになったら、自分の所属する組織がどう変化するか、どう変化したいのか、思考実験するのも面白いでしょう。

11.6 リソース利用量の制限

ユーザーが可能な操作を設定すること、つまり「できる／できない」の管理が、共用環境の保護の第一歩です。しかし、それだけでは足りません。程度の問題が残っています。

コンピューターの世界で代表的な「程度」は、リソース量です。アクセスできるリソースの種類、可能な操作を絞っても、限度なくリソースを使われてしまっては、他のユーザーへの影響をまぬがれません。利用できるリソース量を適切にコントロールしましょう。

LimitRange

基本編では、PodにResource Limitsを設定することで、PodがCPUやメモリを使いすぎないようにできる、と解説しました。これでリソース量をコントロールできます。一件落着、と思いますよね。ここで、ちょっと落ち着いて考えてみましょう。

マニフェストの作成を各プロジェクトに委任しているとします。すべてのプロジェクト側の開発者が、Resource Limitsの設定を行うと期待できるでしょうか。クラスター管理者に何も言われなければ、設定しないかもしれません。QoSを考えると設定したほうがいいのですが、それを知らない、気づかないこともあるでしょう。

また、Limitsは割り当て可能なリソース量とは無関係に指定できるため、どんぶり勘定で大きな値も指定できてしまいます。そして、ある日アプリケーションがメモリを大量に使い始めます。悲劇の始まりです。

この悲劇を避けるには、いくつかやり方があります。

- マニフェストファイルの作成をクラスター管理者が行う
- マニフェストファイルの投入前にレビューする
- クラスター側で上限設定する

1つ目は、マニフェストファイルの作成／投入をプロジェクトに委任しない、というやり方です。アプリケーション開発者はコンテナーイメージやDockerfileの作成までを行い、あとは要望をクラスター管理者へ伝えます。これでリスクは減ります。しかし、プロジェクトの自律性や主体性、アジリティは失われます。Kubernetesの生まれや目的を考えると、良さを失っている気がします。

2つ目は、プロジェクト側の主体性は失いません。バランスのよいやり方です。しかしレビューと投入のタイミングの違いで、クラスターのリソース利用量が変化しているかもしれません。レビューは行うとしても、何かしら機械的に制限するしくみが欲しいところです。

では最後のやり方です。PodのResource Limits設定に頼らず、クラスター側で強制的にポリシーを適用する方法はないのでしょうか。

あります。それがLimitRangeです。Namespaceに対して設定できます。

試しにNamespace「k8sbook」にメモリ上限を設定してみましょう。マニフェストファイルは、**リスト11.6**のように書きます。

リスト11.6　chap11/limit.yaml

```
apiVersion: v1
kind: LimitRange
metadata:
  name: mem-max-500mi
  namespace: k8sbook    # Namespaceを指定
spec:
  limits:
  - max:
      memory: 500Mi    # 上限500Miを指定
    type: Container
```

LimitRangeは、対象のNamespaceで動く一つ一つのPodのリソース量上限を設定します。総量ではありません。そのため、このLimitRangeを作成すると、Namespace「k8sbook」で作られるPodは、500Miを超えるメモリを使えません。では、このマニフェストをapplyします。

```
$ kubectl apply -f limit.yaml
limitrange/mem-max-500mi created
```

では、利用メモリ量を設定できるアプリケーションを動かしてみましょう。本書で何度か利用したstressを使います（**リスト11.7**）。まずは、LimitRangeで指定した範囲内で正常に動くことを確認するため、メモリ量を300Mとします。stressの引数に指定できるメモリの単位が先ほどのマニフェストと異なるので注意してください。MiではなくMです。

リスト11.7　chap11/stress.yaml

```
apiVersion: v1
kind: Pod
metadata:
  name: stress
  namespace: k8sbook
spec:
  containers:
  - name: main
    image: polinux/stress
```

```
    command: ["stress"]
    args: ["--vm", "1", "--vm-bytes", "300M", "--vm-hang", "1"]    # まず正常に動
➡くのを確認するため -vm-bytes には 300M を指定。2 回目は 1G にする
```

applyします。期待通り動いたら、いったんdeleteします。

```
$ kubectl apply -f stress.yaml
pod/stress created
$ kubectl get po -n k8sbook stress
NAME      READY     STATUS     RESTARTS   AGE
stress    1/1       Running    0          21s
$ kubectl delete po -n k8sbook stress
pod "stress" deleted
```

では、stressのメモリ利用量を1Gにして再度applyし、状態を見てみましょう。

```
$ kubectl apply -f stress.yaml
pod/stress created

$ kubectl get po -n k8sbook stress
NAME      READY     STATUS      RESTARTS   AGE
stress    0/1       OOMKilled   4          1m

$ kubectl get po -n k8sbook stress
NAME      READY     STATUS             RESTARTS   AGE
stress    0/1       CrashLoopBackOff   5          4m
```

第5章「Podのメモリ／CPUの上限を設定する」（p.117）での演習と同様にPodがOOMKilledされ、再作成を繰り返しているようです。describeして詳細を確認してみましょう。

```
$ kubectl describe po -n k8sbook stress
Name:          stress
Namespace:     k8sbook
～中略～
    State:          Waiting
      Reason:       CrashLoopBackOff
    Last State:     Terminated
      Reason:       OOMKilled
      Exit Code:    1
～中略～
    Restart Count:  6
    Limits:
      memory:  500Mi
～以下略～
```

想定通りOOMKilledが原因でPodが終了され、待ち状態です。PodのrestartPolicyがデフォルトのAlwaysであるため、このままでは再作成を繰り返します。deleteしておきましょう。

```
$ kubectl delete po -n k8sbook stress
pod "stress" deleted
```

 ResourceQuota

LimitRangeは、それぞれのPodのリソース利用量をチェックしますが、総量は確認しません。つまり、LimitRangeの定義上で上限に達しないPodを数多く作ることは可能です。総量を制限するには、**ResourceQuota**を使います。

ResourceQuotaはLimitRange同様、Namespaceに対して設定します。Podを作成する際、すでに動いているPodと作成要求したPodのRequests値を足し合わせ、ResourceQuotaで定義した上限を超えていないか確認します。超えている場合、Podの作成は失敗します。Limitsも指定できます。

なお、ResourceQuotaと先ほどのLimitRangeは、どちらもAdmission Controlプラグインとして実装されています。

3つの上限設定機能の使い分け

これまでResource Limits、LimitRange、ResourceQuotaという3つの上限設定機能を紹介しました。どう使い分けるかは、誰のための、何のための上限かを考えるとスッキリします（**図11.4**）。

Resource Limitsは、Resource Requestsと合わせて、PodのQoSに影響します。アプリケーションがどのくらいリソースを必要とするかを決めるのは、アプリケーション開発者の責任です。LimitsとRequestsの値を合わせることで、優先度の高いQoSクラス（Guaranteed）を得ることもできます。つまり、Resource Limitsは、アプリケーションのためにある制約と考えていいでしょう。制約と言うとネガティブな印象がありますが、むしろ積極的に活用したいものです。そして、クラスター管理者はそれをレビューします。もしクラスター全体のリソースが不足しそうであれば、増設の検討も必要でしょう。

一方でLimitRangeとResourceQuotaは、クラスターのための制約です。クラスター全体に影響を与えうるリソース消費を抑えるわけですから、クラスター利用者全員を守るための制約とも言えます。その上限値をどうするか、万能な答えはありませんが、「まずはガイドラインを仮置きし、プロジェクトの要望を聞きながら上限を変更する」、また、「プロジェクト

個別にNamespaceの上限を緩和する」、という運用がよいのではないでしょうか。

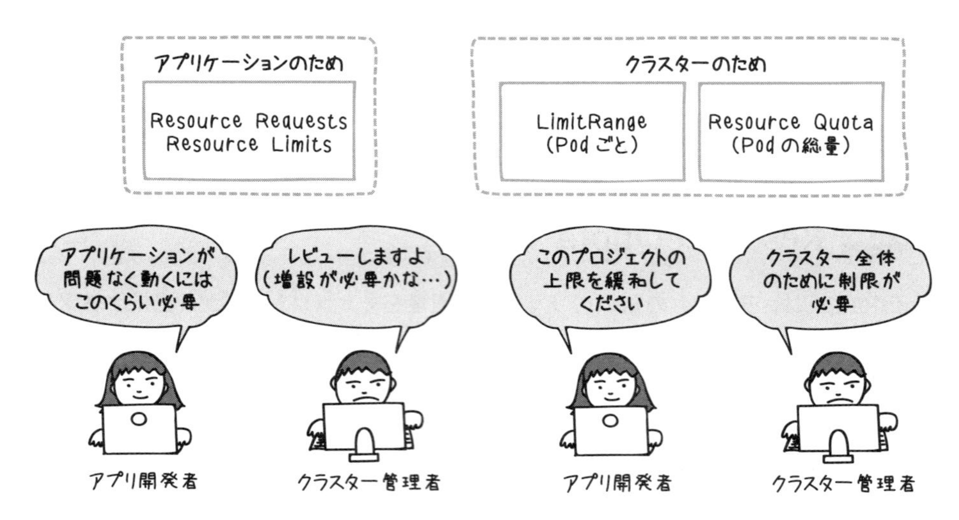

図11.4　誰のための、何のための上限か

NOTE マニフェストファイルは必ず読もう

Kubernetesやコンテナーはその可搬性が魅力です。コンテナーイメージをPull/Runする、マニフェストファイルをapplyするだけでアプリケーションが動く世界は、ひと昔前では考えられませんでした。

しかしその気軽さが、トラブルの原因になることがあります。インターネットに転がっているマニフェストを、中身をよく確認せず実行してしまったことはないでしょうか。

残念ながら、悪意あるイメージファイルやマニフェストファイルは存在します。それはもちろん問題です。しかし、悪意がなくても、大量のリソースを消費してしまうものもあります。著名な企業やコミュニティが公開しているものだから、と信用して実行したところ、リソースを使いきってクラスターが不安定になるケースがあとを絶ちません。上限を設定したいところですが、管理者権限ですべてを乗り越えていくものも少なくありません。

マニフェストファイルはよく読みましょう。そして「拾ってきたものを試す」用途のクラスターは、分けたほうが安心です。

NOTE ネットワークの分離手段

本章を通じ、Namespace視点でリソースを分離、保護する方法を紹介しました。Kubernetes APIを通じたリソース操作をいかにコントロールするか、イメージできたと思います。

Namespeceでチームや環境の分離を進めると、次に分離したくなるものの1つは、おそらくネットワークです。通信できるチームや環境をコントロールしたくなるでしょう。たとえば、Namespace AはBとだけ通信できるようにしたい、Namespace Cは共通機能があるからクラスター全体に開放する、などです。IPアドレス、つまりインフラストラクチャーレベルではなく、Namespace視点でそれを設定できると、うれしくありませんか。

実はそれを可能にする機能があります。**Network Policy**です。比較的新しい機能、かつインフラストラクチャーにも依存するため、まだAKSではサポートされていません。しかし、AKSクラスターのもとになるテンプレートを作るAKS-Engineにはすでに組み込まれています。

- **Network Policies**
  https://kubernetes.io/docs/concepts/services-networking/network-policies/

Network PolicyでNamespaceのIngressとEgress、つまり受信と送信ごとにポリシーを定義できます。

仮にNamespace defaultにLabel「app=web」のPodがあると想像してください。加えて、Label「purpose=production」のNamespaceがあるものとします。

そして、Namespace「default」にある「app=web」のPodには、「purpose=production」のNamespaceからしかアクセスできないようにしたい、としたらどうでしょう。

この場合、次のように定義します。

```
kind: NetworkPolicy
apiVersion: networking.k8s.io/v1
metadata:
  name: web-allow-prod
spec:
  podSelector:
    matchLabels:
      app: web
  ingress:
  - from:
    - namespaceSelector:
        matchLabels:
          purpose: production
```

これで、たとえば開発／検証目的や別チームのNamespaceが同じクラスターにあったとしても、そこからのアクセスを拒否できます。シンプルに表現できるのが、うれしいです。

　なお、Network PolicyにはIPアドレスやポート番号など、他の条件も指定できます。しかし、IPアドレスを指定したくなったら、少し冷静になることをおすすめします。せっかくKubernetesで、IPアドレスをあまり意識しないで済む世界を作ったのですから。
　筆者の経験則ですが、Azureでネットワーク関連リソースの作成、変更後に「つながらない」というトラブルが起こる原因の半分以上は、IPアドレスのフィルタリング設定（Network Security Group）の考慮漏れ、勘違い、設定間違いです。他のクラウドサービスでも、似たようなものだと聞いたことがあります。IPアドレスとそのフィルタリングは、人間が扱うには少し難しいのかもしれません。
　IPアドレスはネットワークの基本要素ではありますが、悩まず、触らずに済むなら、そうしたいものです。

11.7 まとめ

本章では、Kubernetesのリソース分離について解説しました。

- Namespaceは、1つのクラスターを仮想的に分ける意図で作られた概念
- プロジェクトごとにクラスターを分ける前に、Namespaceを使えないか考えよう
- 豊富な認証、認可、Admission Controlプラグインがある
- RBACは標準の認可方式として習得すべき
- User AccountとService Accountの違いを理解する
- LimitRangeとResourceQuotaでリソース利用量を制限する

ではいよいよ、最後の章「可観測性」に進みましょう。

CHAPTER

12

可観測性（Observability）

ここまでの実践編で、Kubernetes環境を設計、構築、運用するうえで意識したいことを4つの視点で解説してきました。この章では最後の視点、可観測性を取り上げます。定石であれば「監視」の章なのですが、あえて違う表現にしてみました。

これまでの章で解説したとおり、Kubernetesにはダッシュボードやメトリック、Probeなど、Kubernetesとアプリケーションの状態を確認できる基本的なしくみがあります。ですが、それはKubernetesが期待通りに動いていて成り立ちます。Kubernetesの状態を、外からチェックするしくみも必要でしょう。

Kubernetes環境を監視、観測するにあたり、どのような考慮点があるのでしょうか。その勘所を押さえましょう。

※この章で解説する環境を構築するコード、サンプルアプリケーションはGitHub（https://github.com/ToruMakabe/Understanding-K8s/tree/master/chap12）で公開しています

12.1 可観測性とは

クラウドコンピューティングやサーバーレスコンピューティング、マイクロサービスアーキテクチャーの監視、という文脈で最近目にする機会が増えた言葉があります。それは可観測性（Observability）です。

その定義はまだコンセンサスを得ておらず、使い手によって微妙にニュアンスが異なる印象です。とはいえ新しい言葉の誕生には、何かしらの背景や理由があるはずです。バズワードと切り捨てず、考えてみる価値はあります。

言葉の生まれた背景

可観測性は、もともとは制御工学で使われている言葉です。Wikipediaでは次のように定義されています。

> 可観測性（observability）とは、システムの外部出力を観測することでシステムの内部状態を推測可能かどうかの尺度である。システムの可観測性と可制御性は数学的な双対である。

出典：状態空間（制御理論）「フリー百科事典　ウィキペディア日本語版」。2017年12月3日（日）07:46　UTC、URL：http://ja.wikipedia.org

監視が「行為」を表す一方、可観測性は「尺度」です。つまり、監視する側より、監視される側が持つべき性質、その度合いがフォーカスされています。

ではなぜ、監視される側が注目されているのでしょう。いくつか理由が考えられます。

- 重ねるレイヤーが多くなっている
- 状態が変化し続ける
- 複数の要素を組み合わせる

1つ目は、クラウドコンピューティング全般に言えます。クラウドの提供者がユーザーに提供しているインターフェイスの向こう側、つまりレイヤーの下部はブラックボックスとなりがちです。IaaSでは、ハードウェアをじかに可視化、操作できるサービスは一般的ではありません。PaaSであれば、ハードウェアのみならず、インフラストラクチャー全体が隠蔽されています。さらにその上へランタイムやフレームワークが重なります。

2つ目は、ここまでKubernetesに触れてきて、実感できるでしょう。その環境は一定ではなく、あるべき姿を維持すべく、インフラストラクチャーとの組み合わせを最適化し続けます。「このNodeではこのPodが動く」と事前に決め打ちして監視できるわけではありません。

最後の3つ目は、サーバーレスコンピューティングやマイクロサービスアーキテクチャーで特に課題です。複数のサービスやコンポーネントを組み合わせてサービスを作るわけですが、何か問題が起こった際、どこが期待通りに動いており、どこに不具合があるかを、切り分けにくいのです。

このような環境では、外部に監視の仕掛けをあとづけしても限界があります。監視される側の基盤やアプリケーションが、監視してもらいやすいしくみを持つべきでしょう。これが可観測性という言葉が生まれた背景ではないでしょうか。

なお、監視という言葉がなくなるわけではなく、依然としてそれは行為やカテゴリーを指します。そのカテゴリーの中に可観測性という性質と尺度が生まれた、というのが筆者の考えです。

Kubernetes環境の可観測性

それでは、Kubernetes環境は具体的にどのような可観測性を持つべきなのでしょうか。Kubernetes環境を監視しようとすると、次のような課題に直面するはずです。

常に変わり続ける環境にいかに追従するか

本書を通して説明してきたとおり、Kubernetesはその構成を常にあるべき姿に近づけるよう動きます。Podはイベントに応じて再配置されます。インフラストラクチャーも動的です。Cluster AutoscalerによるNode増減はその例です。環境を監視するためには、その変化を吸収し、追従するしくみが必要です。

Kubernetes固有の概念をいかに可視化するか

Kubernetesには Pod や ReplicaSetなど、固有の概念があります。コンテナーを裸で表現するだけでは、それらのオブジェクトとの関係が見えません。それらの概念を加味し、コンテナーやインフラストラクチャーとマッピングして可視化したくなるはずです。

Kubernetes固有のコンポーネントをいかに監視するか

Kubernetesには、コントロールプレーンを構成する数多くのコンポーネントがあります。Kubernetes環境が健全かどうかを判断するには、インフラストラクチャーとアプリケーションに加え、それらも監視しなければいけません。

Kubernetesは自身がダッシュボードを持っているため、ある程度の可視化は可能です。ですが、次節で挙げるような観測を実現するのに十分ではありません。また何より、観測主体と観測対象が同じでは、客観性がありません。可観測性を向上するためには、別途、独立したほかのしくみを組み合わせたほうがよいでしょう。

12.2 観測対象／手法

それでは、Kubernetes環境では何を観測対象にすべきでしょうか。Kubernetesに限りませんが、観測対象の2大要素はメトリックとログです。加えて、アプリケーションの観測手法として、分散トレーシングが注目されています。

メトリック

メトリックは、状態を表すデータのうち、数値化できるものです。CPUやメモリの利用率、エラーカウンターなどがそれにあたります。Netflix社のBrendan Gregg氏が提唱する「The USE Method」がメトリックを分析する手法として有名です。

Gregg氏は主にサーバー性能の評価、問題解決を目的にしていますが、適用範囲はそれに限りません。Kubernetes固有の要素にも応用できます。

- **The USE Method**
  http://www.brendangregg.com/usemethod.html

Utilization（利用率）

CPUやメモリなどリソースの利用率です。それぞれのコンテナーがどれだけのリソースを消費し、空きがどれだけあるかは常に把握しておきたいところです。また、個々のNodeだけでなく、クラスター全体でも可視化したいでしょう。

Saturation（飽和）

キューの長さが代表的です。Utilizationが低く、エラーが観測されていない場合でも、どこかが飽和しているケースがあります。PodのPending数もその1つです。

Error（エラー）

数値化できるエラーの数です。OSやデバイスのエラーに限らず、起動に失敗したPod数も対象としたいでしょう。

メトリックは数値なので可視化しやすく、また、健全性をチェックするロジックを組み込みやすいです。検索のためにインデクシングなど準備作業が必要なログと比較し、リアルタイム性も期待できます。そのため、ダッシュボードでの現状確認や時系列分析、アラート送信に向いています。

ログ

ログはメトリックと異なり、その表現は数値に限りません。さまざまなイベントを保存し、デバッグやトラブルシューティングに役立てられます。監視のみならず、監査やビジネス上の分析にも利用されます。

ログはメトリックよりも生成元の意図を柔軟に表現しやすく、検索、クエリーの自由度も高いです。アプリケーションやインフラストラクチャー、Kubernetesコンポーネントに何が起こったかを深く分析する目的に向いています。

なお、ログを変換してメトリックとして使うケースもあります。HTTPのステータスコードごとにカウントしたメトリックを見たことがあるのではないでしょうか。Webサーバーのアクセスログをメトリックに変換することは、よくあります。

分散トレーシング

複数のサービスやアプリケーションを組み合わせるマイクロサービスアーキテクチャーでは、メトリック、ログ観測に加え、分散トレーシングが注目されています。

たとえば、サービスを構成する複数のアプリケーションがリクエストごとに同じIDでログを保存し、あとから突き合わせることで、その流れ全体を把握します。アプリケーション間の関係性を可視化する、レイテンシの大きいアプリケーションを特定するなど、可観測性の向

上が期待できます。Zipkin、Jaegerが分散トレーシングを実現する代表的なオープンソースソフトウェアです。

- **Zipkin**
  https://zipkin.io/
- **Jaeger**
  https://www.jaegertracing.io/

Kubernetes固有ではなく、また、どちらかと言えばアプリケーション、サービスの可観測性を向上するしくみであり、この章の範囲を超えるため詳細は割愛します。注目を集めている手法として、心にとめておいてください。

12.3 代表的なソフトウェア、サービス

では、Kubernetesのメトリックとログの監視を実現する要素と組み合わせを考えてみましょう。アーキテクチャーは使う技術やソフトウェア、サービスにもよりますが、おおむね**図12.1**のようになります。

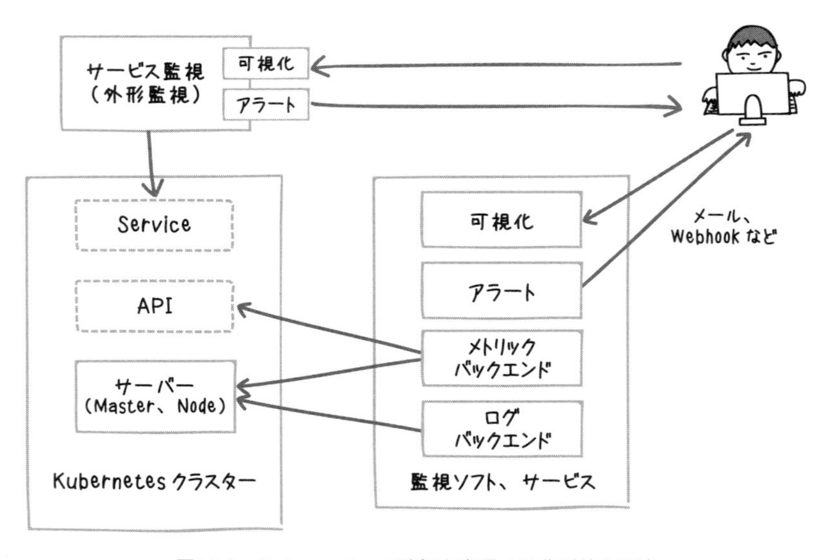

図12.1　Kubernetesの監視を実現する典型的な要素

この図からわかるように、Kubernetesの可観測性を支える柱は、APIです。加えて、クラスターを構成するサーバー（Master、Node）から、APIがカバーしていないメトリックやログを取得します。APIはKubernetesの持つ機能ですが、それを補完する監視ソフトやサービスを組み合わせ、可観測性を高めるわけです。

イメージしやすいよう、代表的なソフトウェア、サービスを**表12.1**にまとめました。その実装はPush/Pull型、Kubernetes上への導入／分離など多様です。メトリックとログに加え、ユーザー視点でクラスターの外部から監視する、外形監視も挙げました。

表12.1 Kubernetesの監視を実現する代表的なサービスとソフトウェア

機能	主なサービス／ソフトウェア
メトリックバックエンド	Prometheus、Azure Monitor
ログ収集	Fluentd、Microsoft OMS Agent
ログバックエンド	Elasticsearch、Azure Log Analytics
可視化	Grafana、Kibana、Azure Monitor
アラート	Prometheus、Azure Monitor
サービス監視（外形監視）	Mackerel、Azure Application Insights
オールインワン	Datadog

監視システムは組織で一貫性、共通化が求められるケースも多く、Kubernetesの要件だけでは決定できないかもしれません。読者の皆さんの条件や環境に合わせて検討してください。

12.4 AKSにおけるメトリック収集と可視化、ログ分析

以降では具体例として、AKSとAzureの他サービスを組み合わせて構成するパターンを紹介します。他の実装を選択した場合でも、基本は大きく変わりません。参考になるはずです。

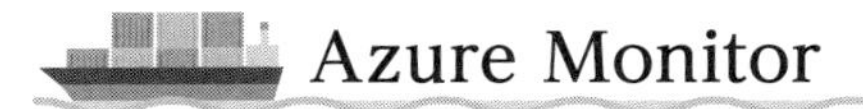

Azure Monitor

Azureは、メトリックとアラートのバックエンドサービス、可視化手段として、Azure Monitorを提供しています（**表12.2**）。仮想マシンのみならず、ストレージやPaaSなど幅広いサービスに対応しており、AKS固有のメトリックも提供しています。Azure MonitorのAKSに関するメトリックを確認するには、AKSのメニュー［監視］の［メトリック］を選択してください。

表12.2 Azure MonitorのAKS向けメトリック

メトリック	概要
kube_node_status_allocatable_cpu_cores	クラスターで使用可能なCPUコアの合計数
kube_node_status_allocatable_memory_bytes	クラスターで使用可能なメモリの合計量
kube_pod_status_ready	Ready状態のPod数
kube_node_status_condition	Nodeの状態
kube_pod_status_phase	Podの状態

AKSクラスターを作成した段階でメトリックの収集が始まり、すぐに好みのメトリックでグラフを作成できます。**図12.2**は、Azure Monitorでメトリックkube_pod_status_phaseをチャート化したものです。それぞれFailedとPending状態にあるPod数を表しています。既定のチャートはなく、必要に応じて作ります。

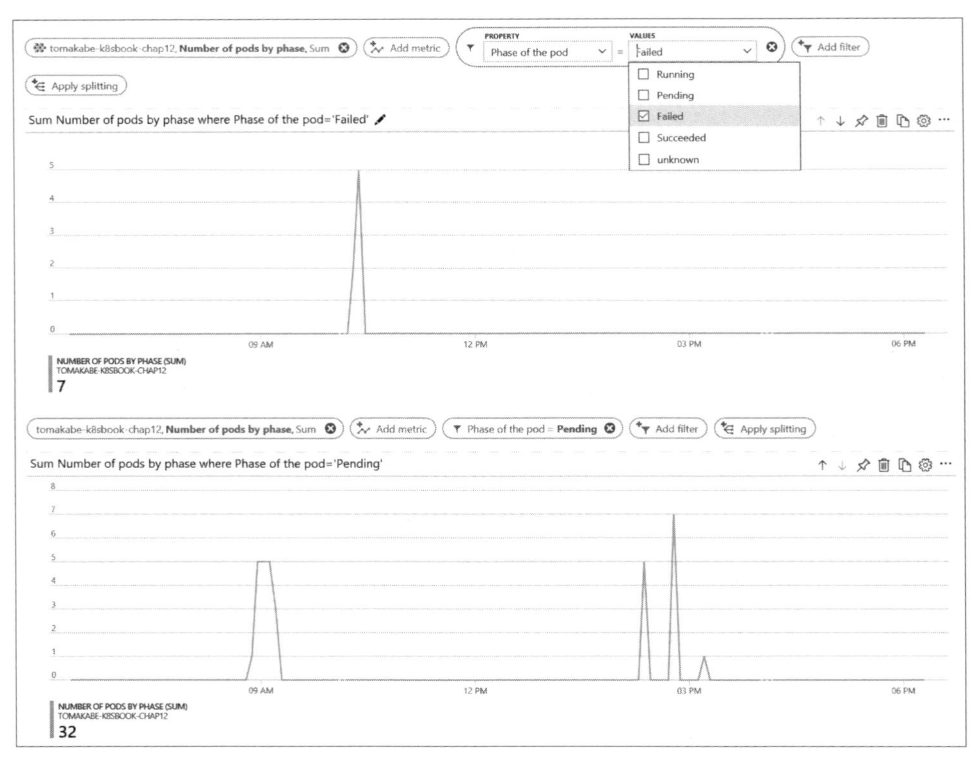

図12.2 Azure MonitorによるAKSメトリックのチャート化

また、これらのメトリックを条件にしたアラート設定も可能です（**図12.3**）。

図12.3 Azure MonitorによるAKSメトリックのアラート設定

この例では、Pending状態のPod数が0より大きい、つまり1つでもあればアラートを送信するように設定しています。Azure Monitorでは、アラート発生時のアクションをアクショングループという単位にまとめます。設定画面は割愛しますが、アクショングループには、メール送信を指定しています。

では、意図的にPending状態のPodを作ってみます。各Nodeの搭載物理メモリが8Gのクラスターで、Podに10Gメモリをリクエストします。当然、割り当て可能なNodeがないため、Pending状態になります。

```
$ kubectl run --generator=run-pod/v1 nginx --image=nginx --requests='memory=10G'
deployment.apps/nginx created

$ kubectl get po
NAME                     READY     STATUS    RESTARTS   AGE
nginx-5c96697db-m6vtt    0/1       Pending   0          9s
```

すると、アラートがメールで送信されます（**図12.4**）。

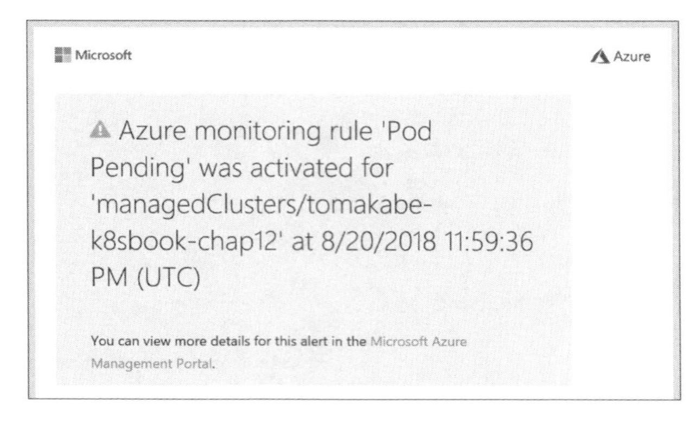

図12.4　アラートの例

アラートに指定できるアクションや連携先は、メール送信のほかにWebhook、Azure FunctionやLogic Appも選択できます。よって他システムとの連携、Slackなどチャットツールへの通知も可能です。

Azure Monitor for Containers

Azure Monitorを使えば、シンプルにメトリックの可視化とアラート設定ができることがわかりました。しかし、クリティカルなイベントを拾うアラートのしくみとしては有用ですが、Kubernetesクラスターの内部で何が起こっているか理解して洞察を得るには、観測できる項目、切り口が物足りない印象です。

特に、Kubernetesのオブジェクト構造を加味した可視化ができません。Node、ReplicaSet、Pod、コンテナーを関連付け、そのリソースの使用状況が一覧できれば、見通しがよくなるのですが。

そこで付加機能として提供されているのが、Azure Monitor for Containersです。

Azure Monitor for Containersは、Azure Log Analyticsを応用したソリューションです（**図12.5**）。NodeにDaemonSetとして配置したエージェント（Microsoft OMS Agent）からさまざまなメトリックやログを収集、蓄積し、正常性の確認やトラブルシューティングに役立てられます。

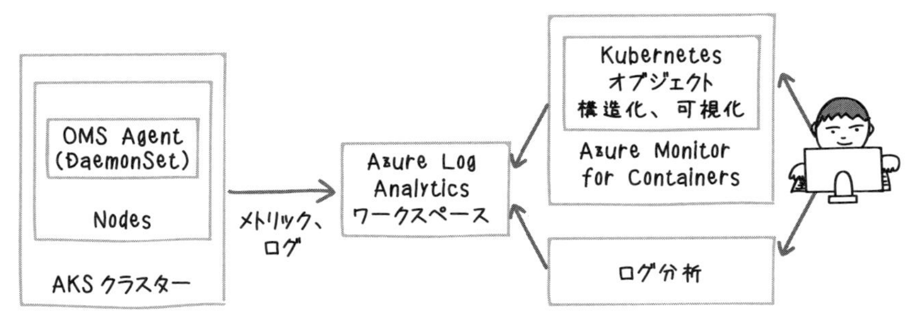

図12.5　Azure Monitor for Containers概要

Node単位で導入するエージェントにDeamonSetを使うのは、Kubernetesで一般的な方法です。DaemonSetはNodeごとに1つある状態を維持するしくみなので、Nodeの動的な増減に追従しやすいというメリットがあります。

Azure Monitor for Containersの有効化は容易です。AKSクラスター作成時にオプションで指定することも、既存AKSクラスターをあとから有効化することもできます。その際に、Azure Log Analyticsのワークスペースを指定します。ワークスペースとは、ログの蓄積先です。指定しなければ、デフォルトのワークスペースが使われます。

では、画面を見ていきましょう。AKSのメニュー［監視］から［インサイト］を選択します。まずは「Cluster」タブです（**図12.6**）。

図12.6　Azure Monitor for Containersの「Cluster」タブ

あらかじめ、代表的なメトリックのチャートが用意されています。

- NodeのCPU利用率
- Nodeのメモリ利用率
- Ready/Not Ready Node数
- Pending/Running/Unknown Pod数

Azure Monitorのメトリックではチャートを自分で作る必要があったので、Azure Monitor for Containersのほうが楽に可視化できます。利用率は単純平均のほかにパーセンタイル指定も可能で、極端な値を除外した結果を確認できます。

次は、「Nodes」タブを確認します（**図12.7**）。

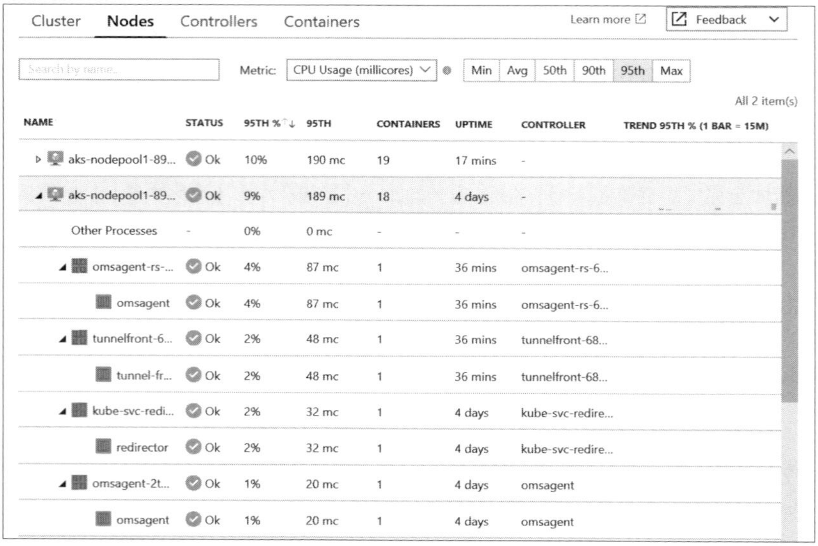

Cluster　Nodes　Controllers　Containers　Learn more　Feedback

Search by name...　Metric: CPU Usage (millicores)　Min　Avg　50th　90th　95th　Max

All 2 item(s)

NAME	STATUS	95TH %	95TH	CONTAINERS	UPTIME	CONTROLLER	TREND 95TH % (1 BAR = 15M)
aks-nodepool1-89...	Ok	10%	190 mc	19	17 mins	-	
aks-nodepool1-89...	Ok	9%	189 mc	18	4 days	-	
Other Processes	-	0%	0 mc	-	-	-	
omsagent-rs-...	Ok	4%	87 mc	1	36 mins	omsagent-rs-6...	
omsagent	Ok	4%	87 mc	1	36 mins	omsagent-rs-6...	
tunnelfront-6...	Ok	2%	48 mc	1	36 mins	tunnelfront-68...	
tunnel-fr...	Ok	2%	48 mc	1	36 mins	tunnelfront-68...	
kube-svc-redi...	Ok	2%	32 mc	1	4 days	kube-svc-redire...	
redirector	Ok	2%	32 mc	1	4 days	kube-svc-redire...	
omsagent-2t...	Ok	1%	20 mc	1	4 days	omsagent	
omsagent	Ok	1%	20 mc	1	4 days	omsagent	

図12.7　Azure Monitor for Containersの「Nodes」タブ

Nodeを切り口にした情報が取得できます。メトリックは、CPU利用率、CPU利用量(mc＝ミリコア)、稼働コンテナー数、稼働時間です。また、どのNodeでどのPod、コンテナーが動き、どれだけのリソースを使っているかが把握できます。「Other Process」として、Podに関係しないリソースの量も測定可能です。

では、「Controllers」タブに進みましょう（**図12.8**）。

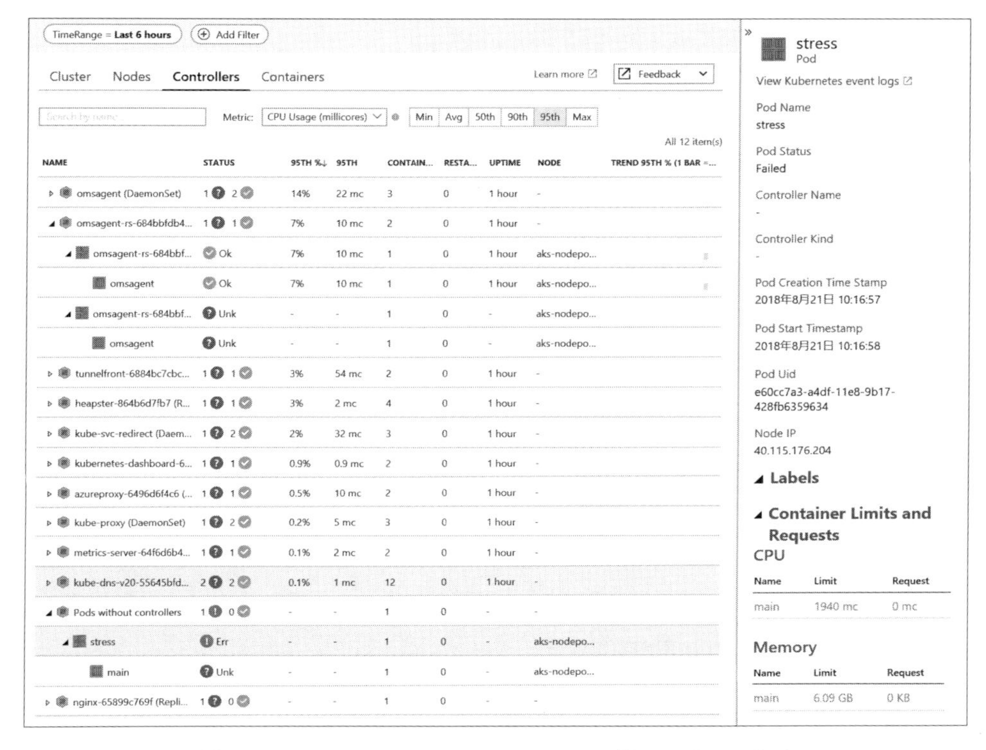

図12.8　Azure Monitor for Containersの「Controllers」タブ

ここで言うControllerとは、ReplicaSetやDaemonSetといった、Podの上位オブジェクトです。この切り口でも分析可能です。

また、STATUSに注目してください。OKのほかに「！」と「？」があります。「！」は把握できている異常を表します。対象のPodを選択すると、その詳細が画面右部に展開されます。状態がFailedであることがわかりました。その他にも、イベントログへのリンクやLimit、Requestの定義など、洞察を得るのに役立つ情報を表示できます。

なお「？」は、以前に測定できていたのに、30分以上応答がないものです。現状だけでなく、過去に測定された情報も加味して表示することで、その変化を把握することができます。ちなみにこの例で「？」が多いのは、短時間で意図的にNodeを増減したためです。

最後の「Containers」タブは、コンテナーがフラットに並んでおり、一覧として特筆するものはありません。しかし、コンテナーの詳細表示は有用です。環境変数などコンテナーの詳細情報に加え、ログへのリンクがあります。クリックするとLog Analyticsの検索画面に遷移、クエリーが生成され、コンテナーのログが表示されます（**図12.9**）。

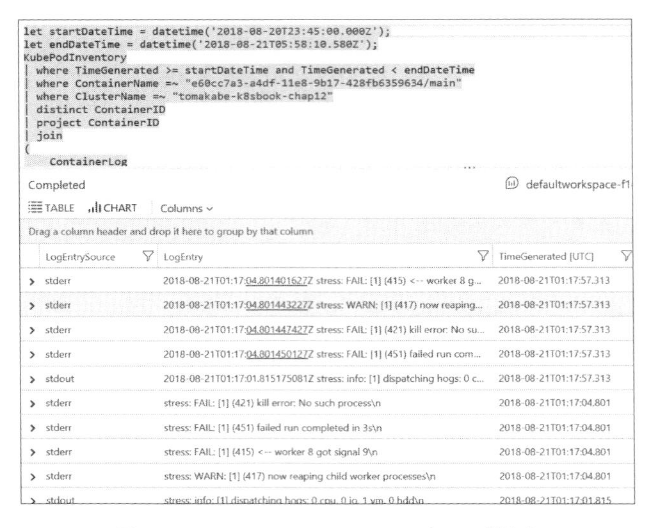

図12.9 Azure Log Analyticsによるログ検索

OMS Agentがコンテナーの標準出力と標準エラーへの書き込みをLog Analyticsに転送しているため、このような検索が可能です。

Azure Log Analytics

Azure Monitor for Containersの説明の最後で見たとおり、Azure Log AnalyticsはAzureの提供するログ蓄積、検索サービスです。SQLライクな構文と「|」を組み合わせて結果を絞り込んでいく、Azure Log Analytics Query Languageが特徴です。Kusto Query Languageとも呼ばれ、Application Insightsなど他のAzureサービスでも採用されています。

Azure Monitor for Containersを有効化すると、Log AnalyticsワークスペースにはKubernetes、コンテナーに関するさまざまな情報が蓄積されます。たとえば、どのようなコンテナーイメージが使われているか調べたいときは、**図12.10**のようにクエリーします。

```
ContainerImageInventory
| summarize AggregatedValue = count() by Image, ImageTag, Running
```

Completed. Showing results from the last 24 hours.　defaultworkspace-f1e2bb03-db4e-...　00:00:01.166　27 records

TABLE　CHART　Columns

Drag a column header and drop it here to group by that column

Image	ImageTag	Running	AggregatedValue
pause-amd64	3.1	11	1,238
k8s-dns-kube-dns-amd64	1.14.8	2	1,238
k8s-dns-dnsmasq-nanny-amd64	1.14.8	2	1,238
kubernetes-dashboard-amd64	v1.8.3	1	1,237
hcp-tunnel-front	v1.9.2-v4.0.4	1	1,238
kube-svc-redirect	v1.0.1	1	3,856
hyperkube-amd64	v1.10.6	1	3,856
oms	ciprod07312018	2	1,238
metrics-server-amd64	v0.2.1	1	1,237
heapster-amd64	v1.5.1	1	1,238
exechealthz-amd64	1.2	2	1,238

図12.10　使われているコンテナーイメージをリストする

また、結果は表形式だけでなく、チャートにすることもできます（**図12.11**）。コンテナーの平均CPU利用率を積み上げ、時系列で表してみましょう。

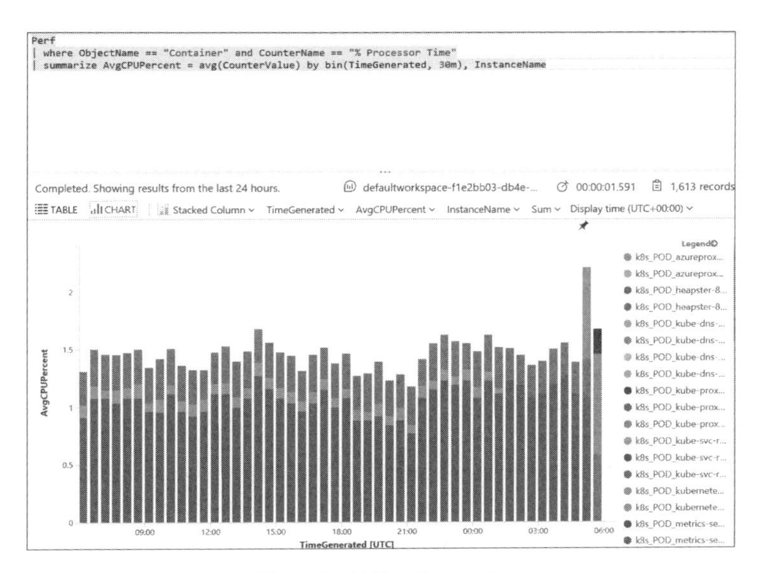

図12.11　結果のチャート化

これらの例はあくまで一部です。正常性監視やトラブルシューティングに限らず、キャパシティプランニングやコストの適正化にも使えるでしょう。ぜひ活用してみてください。

- **コンテナーのデータ収集の詳細**
  https://docs.microsoft.com/ja-jp/azure/monitoring/monitoring-container-health#container-data-collection-details

NOTE 監視設定もコード化する

監視では対象の環境を直観的に把握するため、状態はグラフィカルに表示したいですよね。しかし、その設定はどうでしょう。特にアラートの設定です。監視はGUIだ、とポチポチやっていませんか。

Kubernetesはあるべき姿を宣言し、それを維持するように動きます。本書を通じ、何度も説明したとおりです。マニフェストファイルがあれば、他のクラスターで環境を再現することが容易です。

Kubernetesの土台になるインフラストラクチャーも同様です。クラウドではInfrastructure as Codeコンセプトが一般的になりつつあり、コードがあれば楽に再現できます。

しかし、意外に抜けがちなのが、運用まわりのコード化です。特に監視設定はなぜか漏れてしまい、気にせず毎度手作業でやっつけてしまうケースが、なぜか多いように感じます。

マルチリージョン構成、クラスターのブルー／グリーンデプロイメントなど、環境全体を新しく作る、また、再現する機会はきっとあります。監視設定も、コード化をお忘れなく。Azureでの例は、GitHubに公開したサンプルをご参考に。

12.5 まとめ

最終章では、Kubernetes環境の監視について、可観測性という新しい言葉を交えて説明しました。

- Kubernetesと周辺ツールを組み合わせ、監視してもらいやすい、可観測性の高い環境を作る
- メトリックとログを、Kubernetes特有の切り口で観測できるようにする
- 可視化で全体を把握し、アラートで気づき、検索と分析で洞察を得る
- サービスやアプリケーションの可観測性を上げる手法として、分散トレーシングが注目されている

Kubernetesは、先進的なアイデアと技術の詰まったソフトウェアです。習熟は簡単ではありませんが、きっとその先には喜びがあります。その過程をエンジョイしましょう！

APPENDIX

A

コマンドリファレンス

A.1 kubectlコマンド

構文

kubectlコマンドは、次の構文を使用します。

構文 kubectlコマンド

```
kubectl [コマンド] [リソースタイプ] [名前] [フラグ]
```

コマンド

クラスターに対して何の操作を行うかを指定します。指定できる主なものは下表のとおりです。

コマンド	構文	説明
annotate	kubectl annotate (-f FILENAME | TYPE NAME | TYPE/NAME) KEY_1=VAL_1 ... KEY_N=VAL_N [--overwrite] [--all] [--resource-version=version] [flags]	1つまたは複数のリソースのアノテーションを追加または更新
api-versions	kubectl api-versions [flags]	使用可能なAPIのバージョンを一覧表示
apply	kubectl apply -f FILENAME [flags]	ファイルまたは標準入力からの変更
attach	kubectl attach POD -c CONTAINER [-i] [-t] [flags]	実行中のコンテナーに接続
autoscale	kubectl autoscale (-f FILENAME | TYPE NAME | TYPE/NAME) [--min=MINPODS] --max=MAXPODS [--cpu-percent=CPU] [flags]	Podのオートスケール
cluster-info	kubectl cluster-info [flags]	クラスター内のマスターおよびサービスに関するエンドポイント情報
config	kubectl config SUBCOMMAND [flags]	kubeconfigファイルの変更
create	kubectl create -f FILENAME [flags]	ファイルまたは標準入力からリソースを作成
delete	kubectl delete (-f FILENAME | TYPE [NAME | /NAME | -l label | --all]) [flags]	リソースの削除
describe	kubectl describe (-f FILENAME | TYPE [NAME_PREFIX | /NAME | -l label]) [flags]	リソースの詳細状態を表示

コマンド	構文	説明
edit	kubectl edit (-f FILENAME | TYPE NAME | TYPE/NAME) [flags]	既定のエディターを使用して、リソースの定義を直接編集／更新
exec	kubectl exec POD [-c CONTAINER] [-i] [-t] [flags] [-- COMMAND [args...]]	Pod内のコンテナーに対してコマンドを実行
expose	kubectl expose (-f FILENAME | TYPE NAME | TYPE/NAME) [--port=port] [--protocol=TCP|UDP] [--target-port=number-or-name] [--name=name] [----external-ip=external-ip-of-service] [--type=type] [flags]	Serviceの作成
get	kubectl get (-f FILENAME | TYPE [NAME | /NAME | -l label]) [--watch] [--sort-by=FIELD] [[-o | --output]=OUTPUT_FORMAT] [flags]	リソースの一覧表示
label	kubectl label (-f FILENAME | TYPE NAME | TYPE/NAME) KEY_1=VAL_1 ... KEY_N=VAL_N [--overwrite] [--all] [--resource-version=version] [flags]	リソースのラベルを追加／更新
logs	kubectl logs POD [-c CONTAINER] [--follow] [flags]	Pod内のコンテナーのログを表示
port-forward	kubectl port-forward POD [LOCAL_PORT:]REMOTE_PORT [...[LOCAL_PORT_N:]REMOTE_PORT_N] [flags]	ローカルポートをPodに転送
proxy	kubectl proxy [--port=PORT] [--www=static-dir] [--www-prefix=prefix] [--api-prefix=prefix] [flags]	Kubernetes API Serverへのプロキシ
replace	kubectl replace -f FILENAME	ファイルまたは標準入力からリソースを置き換え
rolling-update	kubectl rolling-update OLD_CONTROLLER_NAME ([NEW_CONTROLLER_NAME] --image=NEW_CONTAINER_IMAGE | -f NEW_CONTROLLER_SPEC) [flags]	Podのローリングアップデート
run	kubectl run NAME --image=image [--env="key=value"] [--port=port] [--replicas=replicas] [--dry-run=bool] [--overrides=inline-json] [flags]	クラスター上で指定されたイメージを実行
scale	kubectl scale (-f FILENAME | TYPE NAME | TYPE/NAME) --replicas=COUNT [--resource-version=version] [--current-replicas=count] [flags]	Podのスケール
version	kubectl version [--client] [flags]	Kubernetesのバージョンを表示

リソースタイプ

Kubernetesでは、コンテナーアプリケーションであれネットワークの設定であれジョブの実行であれ、すべて「リソース」という抽象化した概念で管理します。このリソースの種類をリソースタイプと呼びます。リソースタイプには、次のものがあります。Deploymentや Serviceなど、よく利用するリソースタイプには短縮名があります。

リソースタイプ	短縮名
apiservices	−
certificatesigningrequests	csr
clusters	−
clusterrolebindings	−
clusterroles	−
componentstatuses	cs
configmaps	cm
controllerrevisions	−
cronjobs	
customresourcedefinition	crd
daemonsets	ds
deployments	deploy
endpoints	ep
events	ev
horizontalpodautoscalers	hpa
ingresses	ing
jobs	−
limitranges	limits
namespaces	ns

リソースタイプ	短縮名
networkpolicies	netpol
nodes	no
persistentvolumeclaims	pvc
persistentvolumes	pv
poddisruptionbudget	pdb
podpreset	−
pods	po
podsecuritypolicies	psp
podtemplates	−
replicasets	rs
replicationcontrollers	rc
resourcequotas	quota
rolebindings	−
roles	−
secrets	−
serviceaccounts	sa
services	svc
statefulsets	−
storageclasses	−

リソースタイプは大文字小文字を区別せず、単数形、複数形、省略形のいずれかを指定できます。

たとえば、次のコマンドはすべて同じ意味です。

```
kubectl get pod
kubectl get pods
kubectl get po
```

名前

リソースには、識別するための固有の名前がついています。これをリソースの名前として指

定します。名前は大文字と小文字を区別します。もし名前を省略すると、クラスター上で動作するすべてのリソースの詳細が表示されます。

```
kubectl get pods sample-pod
```

複数のリソースに対してコマンドで操作を実行する場合、タイプと名前で各リソースを指定するか、ファイルを指定するかのいずれかです。

たとえば、「example-pod1」と「example-pod2」のPod一覧を取得するときは、次のコマンドを実行します。

```
kubectl get pod example-pod1 example-pod2
```

異なるリソースタイプを1つのコマンドで実行する場合は、「リソースタイプ/名前」の形式で指定できます。次のコマンドは、Pod「example-pod」とReplicaSet「example-rs」の一覧を取得する例です。

```
kubectl get pod/example-pod replicaset/example-rs
```

マニフェストファイルでリソースを指定するには、-fオプションでファイルパス／ファイル名を指定します。

```
kubectl get pod -f ./pod.yaml
```

マニフェストファイルでは、1つのファイルに複数のリソースを指定できます。その場合、次のように「---」でリソースを区切ってください。

```
# リソース1
apiVersion: apps/v1
kind: Deployment
～中略～
---
# リソース2
apiVersion: v1
kind: Service
---
# リソース3
apiVersion: extensions/v1beta1
kind: Ingress
```

ただし、可読性とメンテナンスの観点からあまり多くのリソースを1つのファイルで管理するのはおすすめしません。

コマンドでは、マニフェストファイルをフォルダごとまとめて読み込むこともできます。

フラグ

オプションのFlagを指定します。たとえば、-sまたは-serveオプションでKubernetesクラスターのマスターのアドレスとポートを指定できます。ただし、コマンドラインから指定したFlagは、デフォルト値および対応する環境変数を上書きするので注意してください。

コマンドの出力を変更するには、-oまたは-outputオプションで、出力形式を指定します。

出力フォーマット	説明
-o=custom-columns=<spec>	カンマで区切られたカスタム列のリスト
-o=custom-columns-file=<filename>	<filename>ファイル内のカスタム列
-o=json	JSON形式
-o=jsonpath=<template>	JSONPathで定義された形式
-o=jsonpath-file=<filename>	ファイルで定義したJSONPath形式
-o=name	リソース名のみ
-o=wide	追加情報を含めて表示
-o=yaml	YAML形式

また、--no-headersオプションを指定するとヘッダ情報を出力しません。

その他、コマンドの詳細なヘルプは以下を実行してください。コマンドのオプションの指定方法などが確認できます。

```
kubectl help
```

また、コマンドは、Kubernetesのバージョンによって変更になることもあります。最新の情報は以下の公式サイトを確認してください。

- **kubectl - Kubernetes**
  https://kubernetes.io/docs/reference/kubectl/kubectl/

A.2 Azure CLIコマンド

azコマンドは、Azureのサービスを操作することができます。ここでは、本書で紹介したコマンドを説明します。

Azureにログインする

コマンドを実行するとブラウザが起動し、サインインページが開きます。そこでコマンドの指示に従って認証コードを入力します。

```
$ az login
```

リソースグループの管理

Azureではリソースグループという論理的なグループでクラスターやレジストリ、ネットワークやストレージなどをまとめて管理します。

たとえば、次のコマンドはwestusリージョンに、「MyResourceGroup」という名前のリソースグループを作ります。

```
$ az group create -l westus -n MyResourceGroup
```

- **az group**
  https://docs.microsoft.com/ja-jp/cli/azure/group?view=azure-cli-latest#az-group-create

Azure Kubernetes Serviceの管理

AKSを操作するときは、az aksコマンドを使います。このコマンドでクラスターの作成や削除、スケールアップやアップデートができます。

コマンド	説明
az aks create	クラスターの作成
az aks delete	クラスターの削除
az aks disable-addons	アドオン機能の無効化
az aks enable-addons	アドオン機能の有効化
az aks get-credentials	クラスター接続のための認証情報取得
az aks get-upgrades	アップグレード可能なバージョンの取得
az aks get-versions	クラスターのバージョン取得
az aks install-cli	Kubectlコマンドのインストール
az aks list	クラスターの一覧表示
az aks scale	クラスターのスケール
az aks show	クラスターの詳細表示
az aks upgrade	クラスターのアップグレード

- **az aks**
  https://docs.microsoft.com/ja-jp/cli/azure/aks?view=azure-cli-latest

Azure Container Registriesの管理

ACRを操作するときは、az acrコマンドを使います。このコマンドでクラスターの作成や削除、スケールアップやアップデートができます。

コマンド	説明
az acr build	コンテナーイメージのビルド
az acr build-task	ビルドパイプラインの管理
az acr check-name	コンテナーレジストリ名のチェック
az acr config	コンテナーレジストリの設定
az acr create	コンテナーレジストリの作成
az acr credential	コンテナーレジストリの認証情報管理
az acr delete	コンテナーレジストリの削除
az acr import	コンテナーレジストリのインポート
az acr list	コンテナーレジストリの一覧表示
az acr login	dockerコマンドによるログイン
az acr replication	コンテナーレジストリのマルチリージョンへのレプリケーション
az acr repository	リポジトリの管理
az acr show	コンテナーレジストリの詳細表示
az acr show-usage	コンテナーレジストリの使用状況確認
az acr update	コンテナーレジストリのアップデート
az acr webhook	コンテナーレジストリのWebhook管理

- **az acr［公式サイト］**
  https://docs.microsoft.com/ja-jp/cli/azure/acr?view=azure-cli-latest

　その他、コマンドの詳細なヘルプは以下を実行してください。コマンドのオプションの指定方法などが確認できます。

```
$ az help
```

　また、コマンドはバージョンによって変更になることもあります。最新の情報は以下の公式サイトを確認してください。

- **Azure CLI**
  https://docs.microsoft.com/ja-jp/cli/azure/?view=azure-cli-latest

索引

記号

A

B

C

D

Q

R

S

T

さ

し

す

せ

て

に

ね

は

ふ

ほ

著者紹介

阿佐 志保（あさ しほ）

金融系シンクタンクなどで銀行／証券向けインフラエンジニア、製造業向けインフラエンジニアとして従事。都市銀行情報系基盤システム構築やシステム統廃合、証券会社向けバックオフィスシステムの共通基盤開発や統合認証基盤構築プロジェクト、石油／LNGプラント建設を行うエンジニアリング企業のシステム基盤構築プロジェクトなどを経験。出産で離職後、Linuxやクラウドなどを独学で勉強し、初学者向けの技術書を執筆。現在は日本マイクロソフト株式会社でパートナー向け営業活動や技術支援などに従事。主な著書『Windows8 開発ポケットリファレンス』（技術評論社）、『プログラマのためのDocker教科書』（翔泳社）など。趣味は手芸。

著者／監修者 紹介

真壁 徹（まかべ とおる）

株式会社大和総研に入社。公共向けパッケージシステムのアプリケーション開発からIT業界でのキャリアを始める。その後日本ヒューレット・パッカード株式会社に籍を移し、主に通信事業者向けアプリケーション、システムインフラストラクチャの開発に従事する。その後、クラウドコンピューティングとオープンソースに可能性を感じ、OpenStack関連ビジネスでアーキテクトを担当。パブリッククラウドの成長を信じ、日本マイクロソフト株式会社へ。Windowsでもオープンソースソフトウェアでも、Azureで動くのであれば幅広く支援するアーキテクトとして活動中。主な著書『Windowsコンテナー技術入門』『Microsoft Azure実践ガイド』（以上、インプレス）など。CNCF Certified Kubernetes Administrator。趣味はビール。

本文デザイン・装丁　轟木亜紀子（株式会社トップスタジオ）
DTP　株式会社トップスタジオ

しくみがわかるKubernetes（クーバネティス）
Azure（アジュール）で動かしながら学ぶコンセプトと実践知識

2019年 1月23日　初版 第1刷発行

著　　者　阿佐 志保（あさ しほ）
著者・監修　真壁 徹（まかべ とおる）
発 行 人　佐々木 幹夫
発 行 所　株式会社 翔泳社（https://www.shoeisha.co.jp）
印刷・製本　日経印刷株式会社

※本書のお問い合わせについては、IIページに記載の内容をお読みください。乱丁・落丁はお取り替えいたします。03-5362-3705 までご連絡ください。

ISBN978-4-7981-5784-9　Printed in Japan